微电子与集成电路先进技术丛书

用于集成电路仿真和设计的 FinFET 建模——基于 BSIM – CMG 标准

［印度］尤盖希·辛格·楚罕（Yogesh Singh Chauhan）

［美］达森·杜安·卢（Darsen Duane Lu）

［印度］史利南库马尔·维努戈帕兰（Sriramkumar Venugopalan）　著

［印度］苏拉布·坎德瓦尔（Sourabh Khandelwal）

［美］胡安·帕布鲁·杜阿尔特（Juan Pablo Duarte）

［加拿大］纳韦德·帕瓦多斯（Navid Paydavosi）

［美］阿里·尼日贾德（Ali Niknejad）

［美］胡正明（Chenming Hu）

陈铖颖　张宏怡　荆有波　译

机 械 工 业 出 版 社

随着集成电路工艺特征尺寸进入 28nm 以下节点，传统的平面 MOS-FET 结构已不再适用，新型的三维晶体管（FinFET）结构逐渐成为摩尔定律得以延续的重要保证。本书从三维结构的原理、物理效应入手，详细讨论了 FinFET 紧凑模型（BSIM – CMG）产生的背景、原理、参数以及实现方法；同时讨论了在模拟和射频集成电路设计中所采用的仿真模型。本书避开了繁杂的公式推导，而进行了更为直接的机理分析，力求使得读者从工艺、器件层面理解 BSIM – CMG 的特点和使用方法。

　　本书可以作为微电子学与固体电子学、电子信息工程等专业高年级本科生、研究生的专业教材和教师参考用书，也可以作为工程师进行集成电路仿真的 FinFET 模型手册。

译者序 »

进入 21 世纪以来，传统的以体硅结构为基础的 MOSFET 进入了纳米级阶段，摩尔定律能否延续受到日益严峻的挑战，因此三维晶体管 FinFET 应运而生。FinFET 通过鳍片对沟道电场进行控制，缓解了短沟道效应和泄漏电流的影响。作为 FinFET 工艺与设计沟通的桥梁，紧凑模型具有十分重要的地位。本书对符合工业界标准的 BSIM FinFET 模型（BSIM – CMG）进行了深入讨论。针对 FinFET 晶体管结构、量子效应、泄漏电流、寄生参数、噪声、基准测试、模型参数提取流程以及温度特性分别进行了分析，最后还对 BSIM – CMG 中的各类参数进行了详细说明。

本书可作为高等院校微电子与固体电子学、集成电路设计、电子信息工程等专业高年级本科生和研究生的相关教材，也可以作为半导体相关领域工程技术人员的参考书籍。

本书翻译工作由厦门理工学院微电子科学与工程系陈铖颖老师组织，并与厦门理工学院张宏怡教授和中国科学院微电子研究所通信与信息工程研发中心荆有波老师共同翻译完成。其中陈铖颖老师翻译了第 1～9 章，张宏怡教授翻译了第 10 章，荆有波翻译了第 11 和 12 章。厦门理工学院的魏聪、易璐茗和许新愉同学共同完成了全书的统稿和校对工作。

本书受到福建省本科高校一般教育教学改革研究项目（FBJG20180270）、国家自然科学基金项目（61704143）、福建省自然科学基金面上项目（2018J01566）、福建省新工科研究与改革实践项目、福建省教育科学"十三五"规划课题、厦门市教育科学规划课题、厦门市青年创新基金项目、厦门市科技创新战略研究项目、厦门理工学院教材建设基金资助项目的资助。

本书虽经过仔细审校，但由于译者水平有限，书中难免存在不当或欠妥之处，恳请读者批评指正。

陈铖颖

2019 年 12 月

原书前言 »

　　当打开这本书时，读者可能知道，由于其在功耗和速度方面的优势，第一个三维（3D）晶体管——FinFET 已经被工业界所采用，这是近年来半导体领域最大的新闻。FinFET 被称为 40 多年来半导体技术最剧烈的变革。

　　本书所有合著者都是或曾经是 BSIM 研究小组的成员，该研究小组创建了基于 FinFET 集成电路仿真和设计的符合行业标准的 FinFET 模型。自从 1997 年以来，一系列平面 CMOS 模型已被用于设计不同种类的集成电路产品，预估其累计销售额超过了万亿美元。人们期望 BSIM FinFET 模型在未来也会产生类似的巨大影响。

　　我们为集成电路设计工程师、器件工程师、研究人员以及微电子专业学生撰写了本书。本书介绍了 FinFET 和紧凑模型产生的背景、原理、结构以及实现方法；模拟和射频应用的模型；并对 BSIM FinFET 模型（BSIM – CMG）进行了深入讨论。本书从 FinFET 的原理开始讲起，到 FinFET 模型结束。即使十分熟悉 BSIM – CMG 模型的读者也可能会惊讶地发现，BSIM – CMG 模型可以实现对任意的鳍形状（如梯形、圆角、圆柱形，甚至不对称形状）FinFET 的建模。BSIM – CMG 模型采用非硅通道材料（SiGe、Ge 和 InGaAs）来对 FinFET 建模。因此本书可以作为进行集成电路仿真的 FinFET 模型的最佳手册。

　　我们在书中并没有大篇幅地展现模型和相应的公式。BSIM 团队的许多其他前成员为创建 BISM – CMG 做出了贡献。我们感谢他们对这本书做出的间接贡献。最值得注意的是，从 2004 年开始，Chung – Hsun Lin 和 Mohan Dunga 是 BSIM – CMG 的第一批学生开发人员。本书的其他直接或间接贡献者包括 Walter Li、Wei – Man Lin、Shijin Yao、Muhammed Karim、Chandan Yadav 和 Avirup Dasgupta。

　　我们感谢许多行业的 BSIM 用户，作为他们公司的雇员来说，他们的帮助使 BSIM – CMG 成为了更好的模型。经过为期两年的评估和对标准 FinFET 模型的选择，他们通过测试 beta 模型并指出了其在精确性或鲁棒性方面的不足之处。这些用户包括 R. Williams（IBM）；A. S. Roy，S. Mudanai（Intel）；K. W. Su，W. K. Lee，M. C. Jeng（TSMC）；J. S. Goo（Globalfoundries）；P. Lee（Micron Technology）；Q. Wang，J. Wang，W. Liu（Synopsys）；J. Xie，F. Zhao（Cadence）；A. Ramadan，S. Mohamed，A. E. Ahmed（Mentor Graphics）；P. O'Halloran（Tiburon Design Automation）；B. Chen，S. Mertens（Accelicon/Agilent，即现在的 Keysight Technologies）；J. Ma（ProPlus）；G. Coram（Analog Devices）。

最重要的是，我们要对我们的家人表示最深切的感谢，感谢他们能够容忍我们在办公室和计算机上的长时间工作。

同时我们也要感谢亲爱的读者们，感谢你们在使用过程中赋予本书以重要的意义。

目 录 ≫

第 **1** 章 »

FinFET——从器件概念到标准的紧凑模型

半导体行业成功的一部分秘诀在于其采取了渐进式的变革，而不是进行根本性的变革。平面 MOSFET 已经为电子行业服务了四十多年，已经多次成功通过缩小尺寸来获取先进的工艺制程，但却从未改变平面 MOSFET 的基本结构。然而对于平面 MOSFET，关于性能、功耗和敏感性变化的 IC 设计窗口已经缩小到极限，所以对晶体管结构进行重大变革是无法避免的。最新采用的 FinFET 作为一种更优质的晶体管，被称为是四十几年来半导体技术的重大变革。FinFET 缓解了 IC 行业在过去十年中所面临的性能、功耗和器件改良的困境，更为重要的是，它将晶体管器件从通往瓶颈的路径重新定向到新的路径，以便在光刻允许的情况下继续向前发展。

FinFET 作为一种全新的晶体管，需要一个新的设计理论基础，以实现基于 FinFET 的电路和产品设计。从计算角度考虑，这种理论基础是一个非常有效的数学模型，它能非常精确地表示 FinFET，被称为紧凑模型或 SPICE 模型。

本章将介绍 FinFET 是什么、其功能是什么，以及究竟是何种新型尺寸缩放概念促使了该发明的诞生。除此之外，本章还将介绍紧凑模型在半导体行业中的应用，以及业界最先出现并且占主导地位的标准紧凑模型 BSIM。这种 BSIM Fin-FET 模型让新一代集成电路的设计具有更高的性能、更低的功耗和更高的版图密度。

1.1 21 世纪 MOSFET 短沟道效应产生的原因

占据行业主导地位的 FinFET，其背后的基本概念究竟是什么？想要了解 FinFET，首先要了解 MOSFET 的本质。随着栅长的缩小，MOSFET 的 I_d-V_g 特性主要以两种方式衰减。如图 1.1 所示，首先，由于亚阈值摆幅 S 和 V_T 降低，所以通过降低 V_g 不能轻易关闭器件；其次，亚阈值摆幅和 V_T 对 L_g 的变化变得更加敏感，也就是说，器件变量的变化问题变得更加复杂，这些问题统称为短沟道效应。

图 1.2 所示为 20 世纪 MOSFET 中产生短沟道效应的根本原因[1]。电压 V_g 通过栅极与沟道之间的电容 C_g 来降低或升高沟道的电位（从而影响沟道和源极之间的势垒），从而控制晶体管的导通和关断。

在理想晶体管中，沟道电位仅由 V_g 和 C_g 控制；但是在实际晶体管中，V_d 也会通过 C_d 对沟道电位产生一定的影响。当 L_g 较大时，电容 C_d 比电容 C_g 小得多，漏极电压几乎不起作用，V_g 可以近似作为唯一的控制电压。但是随着 L_g 的减小，C_d 增加[1,2]，此时 V_g 已经不再是唯一的控制电压，并且在一些特殊情况下，V_g 对晶体管的控制比重甚至比 V_d 还小。

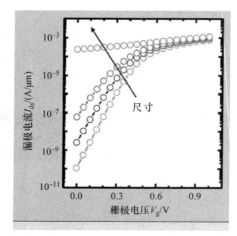

图 1.1 缩小栅极长度使得子 V_T 摆幅更大，而 V_T 和 I_{off} 对于栅极临界尺寸变化和随机掺杂波动变得更加敏感

如图 1.1 中的顶部曲线所示，V_d 可以作为单独控制量使器件导通，并且不受 V_g 的影响。在达到极限之前，得到图 1.1 中的其他衰减曲线。在 20 世纪，优良的解决方案是通过减小与 L_g 成比例的栅极氧化层厚度来增加 C_g。

然而，即便有理想的"零厚度"电介质，也存在限制 L_g 缩放的新来源。图 1.3 显示了漏极电流不必沿硅 – 电介质界面流动。如图 1.3 所示，远离栅极的泄漏通路比表面泄漏通路更差，因为它们仅受 V_g 的微弱控制，所以即使氧化物厚度为零，C_g 也很小。结果表明，在小 L_g 器件中，V_d 可以通过较大的 C_d 轻松降低沿着这些弱控制通路的势垒。

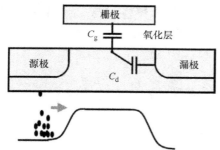

图 1.2 随着 L 的减小，C_d 增加，允许 V_d 像 V_g 一样控制沟道电位（底部）[1]。在 20 世纪，缩放栅极氧化物厚度是解决该问题的良好解决方案

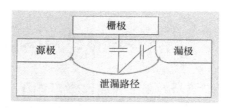

图 1.3 缩减至 20nm，甚至 0nm 厚的栅极电介质也不能阻止 V_d 沿着界面下方几纳米的泄漏通路降低势垒[1]

在确定了这一新根源后，加州大学伯克利分校的研究人员为美国政府国防高级研究计划局提出了一种新的薄体尺度概念和 FinFET 结构，以满足 1996 年对 25nm 以下开关器件提出的要求。

1.2　薄体 MOSFET 理论

在图 1.4 中，展示了一个 MOSFET 模型，它的主体是一块很薄的硅片，上下都有栅极。如果硅体很薄，则在源极和漏极之间形成的任何通路（任何潜在的泄漏通路）都不会远离一个或另一个栅极。薄体理论消除了抑制短沟道效应需要的重沟道掺杂。沟道掺杂在短期内仍可用于阈值电压的调节，但这一功能可以通过栅极金属功函数来实现，从而实现未来薄体晶体管的全部潜力。随机掺杂波动是器件变化的主要原因，因为它能够被消除，使得沟道载流子的迁移率和结漏得到了极大的改善。未掺杂的硅体降低了垂直于半导体和氧化物界面的电场，这将改善温度偏压不稳定（负偏压温度不稳定和正偏压温度不稳定）、栅极介质隧穿泄漏和损耗。

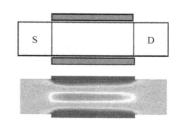

图 1.4　在图 1.3 中，薄硅体消除了泄漏通路，并且漏极电流密度在栅极附近较低，而在薄硅体中心（底部）最高[1]

1.3　FinFET 和一条新的 MOSFET 缩放路径

图 1.5 所示的 FinFET 是图 1.4 中薄体晶体管的可制造版本。薄硅体的形状像鱼鳍，并创造了通用的图案和蚀刻技术。鳍式场效应晶体管可以在硅绝缘体（Silicon on Insulator，SOI）或成本较低的衬底上制造。由于鳍式场效应晶体管比栅极厚度短，因此其结构为准平面结构，其加工方法与平面 MOSFET 的加工方法非常相似。

FinFET 是密集和可制造的。图 1.6 所示为唯一一个新的主要制造步骤，它就是浅沟道隔离（Shallow Trench Isolation，

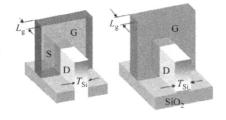

图 1.5　薄硅体 FinFET（$T_{Si} < L_g$）明显降低了短沟道效应，包括器件变化和 I_{off}

STI）氧化物的过腐蚀。与平面 MOSFET 相比，FinFET 占用的硅面积更少，因为 FinFET[3] 的沟道宽度（W）是包含鳍片截面所有侧面翅片的外围长度，且 W 可以显著大于鳍间距。图 1.6 中的多鳍片高度[4]可以提高 SRAM 的密度。在未来，

鳍片高度的增加可能会有利于光刻尺度的缩小。

在 2011 年，因特尔是最先将 FinFET 技术进行量产的公司，并发表报告称 FinFET 制造成本与传统的平面 MOSFET 技术相当，仅高出几个百分点。该报告还说明 FinFET 不需要特殊的制造设备。

当鳍片厚度（体厚）小于 L_g 时，短沟道效应得到很好的抑制，亚阈值摆幅基本是理论上最好的情况，室温下约为每十倍程 62mV（见图 1.7）。一条新的缩放路径诞生了：L_g 可以通过缩放鳍片（体）的厚度来调整。例如，如果光刻和蚀刻可以产生 5nm 的 L_g，那么它们就可以产生大约 5nm 的 T_{Si}。因此，条件 $T_{Si} \leq L_g$ 总是可以满足的。在 1999 年，报道了 18nm 与 45nm 工艺 FinFET、10nm 工艺 FinFET 的仿真结果[3]。不久之后，IC 制造商先后报道了 10nm 和 5nm 的 FinFET 的仿真结果[5]。

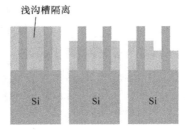

图 1.6　在浅沟道隔离（STI）化学机械抛光（左）之后，氧化物过蚀刻暴露出 FinFET 的鳍片（中间），多个鳍片高度（右）可以提高电路密度[5]

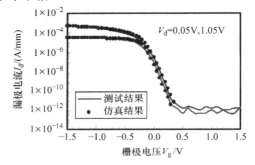

图 1.7　1999 年报道的 FinFET 具有出色的亚阈值摆幅、I_{off} 和未掺杂体，消除了随机掺杂效应。$L_g = 45nm$，$T_{Si} = 30nm$ [3]

在理论和实践上，FinFET 技术可以扩展到个位数的纳米量级。FinFET 技术可以将 IC 推向光刻尺度的尽头。除了标定外，研究人员还在制造Ⅲ - Ⅴ组材料和锗[6,7]的 FinFET。锗和Ⅲ - Ⅴ族材料，如 InGaAs，在本质上比硅具有更高的载流子迁移率，这可以显著提高器件性能。

1.4　超薄体场效应晶体管

1996 年，研究人员提出了两种实现薄体理论的方法，它们是 FinFET 和超薄体（Ultrathin Body，UTB）。尽管 FinFET 现在是主流的先进工艺，但通过对 Fin-FET 和超薄体的研究，可以看到 FinFET 的前景。FinFET 抑制短沟道效应的能力并不是因为它是三维的，尽管这使 FinFET 在布局密度方面具有优势。FinFET 结构由薄体结构发展而来，它消除了离栅极较远的半导体（潜在的泄漏路径）的存在。

将硅膜厚度或硅掺杂浓度从部分耗尽
SOI 降低到全耗尽 SOI（如从 40nm 降至
15nm）并不会改善短沟道效应，反而还
可能通过消除未耗尽硅体的地平面效应而
恶化短沟道效应[8]。然而，如果硅膜只
有几纳米厚，如图 1.8 所示，则通过消除
最坏的泄漏通路，短沟道效应可以得到很
好的抑制[9]。图 1.9 所示为超薄体的优
点：在超薄体状态下，仿真的泄漏电流每
下降大约 1nm，体厚度就会减少 10 倍。
目前超薄体的实现要求 SOI 衬底的硅膜均
匀性为 ±0.5nm，或者小于两个硅原子，

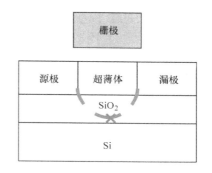

图 1.8　如果硅仅存在于离栅极几纳米
的范围内，则超薄体没有易受影响
的泄漏通路[7]

因此 5nm 超薄硅膜的不均匀性不会超过 ±10%。在未来，石墨烯、WSe_2 或 MoS_2
等二维半导体可能为超薄体晶体管提供最终的单分子薄体。

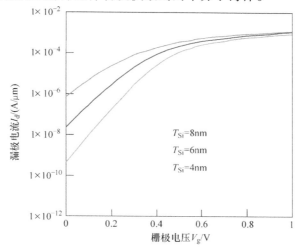

图 1.9　仿真显示，如果 $T_{Si} < L_g/4$，则超薄体 SOI 具有优异的 I_{off}
和亚阈值摆幅。在轻掺杂体中，$L_g = 20nm$，$V_{ds} = 1V$[7]

1.5　FinFET 紧凑模型——FinFET 工艺与集成电路设计的桥梁

设计基于 FinFET 的集成电路，需要一个用于电路仿真的 FinFET 模型。为了
进行 IC 设计，设计团队需要他们的代工伙伴或公司晶圆制造部门提供两样东西，
即设计规则和 SPICE 模型。SPICE 模型也称为紧凑模型，设计规则由每个制造公

司自己创建；SPICE 模型是一组很长的方程，能够非常准确、快速地再现非常复杂的晶体管特性，并用于 SPICE 仿真。此外，SPICE 模型也是大学为工业界提供的免费工业标准模型。

紧凑模型实际上是晶圆厂和 IC 设计者之间的"契约"。尽管工艺复杂性、电路规模和种类不断增加，但"第一块晶圆就能成功"在过去的十几年里已经成为一种常态，这主要是由于紧凑模型的准确度得到了提高。如果模型不能准确地描述晶体管的特性，那么再多的设计努力也无法保证设计的成功。模型方程包含可调参数，在自动参数优化工具的帮助下，工程师可以选择参数值，以便模型在端口电压、栅长和栅宽数值以及温度的整个工作范围内准确地再现电流、电容和噪声，最终结果的准确度在很大程度上取决于模型方程。紧凑模型可与 SPICE 仿真器一起直接用于电路的仿真和设计，或者它可以与"fast SPICE"一起使用，这在一定程度上降低了 SPICE 的准确度，从而达到了数个数量级的加速。一个好的紧凑模型必须非常准确，以避免昂贵的设计迭代，从而快速支持大型电路的仿真，并且在复杂电路中具有良好的收敛性（见图 1.10）。

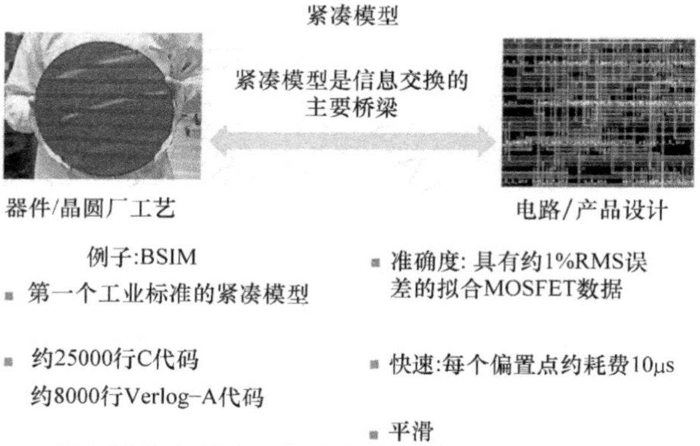

紧凑模型

紧凑模型是信息交换的主要桥梁

器件/晶圆厂工艺   电路/产品设计

例子:BSIM
- 第一个工业标准的紧凑模型

- 约25000行C代码
  约8000行Verlog-A代码

- 准确度: 具有约1%RMS误差的拟合MOSFET数据

- 快速:每个偏置点约耗费10μs

- 平滑

图 1.10   复杂器件和制造工艺决定了晶体管的电学行为，紧凑模型可捕获此信息，并可用于 IC 电路和产品设计

1.6   第一个标准紧凑模型 BSIM 简史

BSIM 代表"伯克利短沟道绝缘栅场效应晶体管模型"，绝缘栅场效应晶体管是 MOSFET 的一个古老名称。BSIM 是第一个工业标准模型，至今仍是最流行的紧凑模型。BSIM 的起源可以追溯到 1984 年发布的 BSIM1[10]，接着是 1988 年的 BSIM2[11]。

与此同时，伯克利的研究团队在 MOSFET 物理和技术方面进行了非常富有成效的平行研究。他们对多个器件的物理效应和行为的研究，逐渐建立了一套关于偏置和栅长、迁移率退化、速度饱和效应、输出电导、统一闪烁噪声理论等器件特性的模型。最终，这些模型成为 BSIM 模型新版本的组件。

BSIM3 融合了一些新的原始器件物理模型，这种方法明显不同于以前的所有紧凑模型，包括 BSIM1 和 BSIM2。这些模型使用了简单的器件物理学，并且非常依赖"曲线拟合"。例如，对于 I_d 和 V_d 的建模来说，这种方法也许是可以接受的，但对于跨导和高阶导数的建模是不够的。

BSIM3[12] 比以前的模型有了很大的改进，1995 年成立的工业标准组织 Compact Model Council 选择了 BSIM3v3 作为世界上第一个工业标准模型。不久之后，BSIM3 取代了 1995 年使用的几十种 SPICE 型号。BSIM 由加州大学伯克利分校（University of California，Berkeley）按照伯克利 SPICE 的传统免费提供给世界各地的用户。

1.7 核心模型和实际器件模型

所有的 MOSFET 紧凑模型都是从一个"核心模型"开始的，该模型模拟了一个超长沟道晶体管的原型。如图 1.11 所示，对于 IC 中使用的其他 99.99% 的晶体管，准确度能得以实现是基于许多附加的"真实器件模型"。随着 CMOS 工艺规模的不断扩大，真实器件效应已经成为主导效应，而不是次要效应，真实器件模型决定了电路仿真的准确性。而 BSIM 之所以出类拔萃，正是因为其精确的真实器件模型（参见第 4 章）。例如，输出电阻过去是用经验常数的厄利电压模型来建模的。BSIM3[10] 提出了三种不同的物理机制，即沟道长度调制、漏致势垒降低和热载流子诱导的体偏压效应。这三种机制都是用沟道长度，氧化物厚度，V_t、V_{ds}、V_{gs} 和 V_{bs} 的非线性多变量函数来建模的。精确的输出电阻模型对于

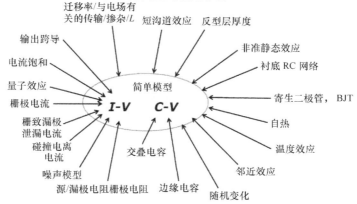

图 1.11 紧凑模型由简单（长沟道）模型和众多实际器件模型组成，
后者占模型的 90%，以保证整体准确度

模拟电路的设计是非常重要的，BSIM 输出电导模型在当时是成功的，并且今天也还在继续使用。

另一个例子是栅致漏极泄漏（Gate-Induced Drain Leakage，GIDL）。在发现这种新的漏极电流后，它被引入 BSIM3 中，并解释为栅漏电压引起的带-带隧穿电流[13]。一旦清楚地理解了这一机理，就可以建立一个简单的分析模型，它被证明对于所有后续的 MOSFET 技术都是非常准确的。

还有一个例子是闪烁噪声，或者叫作 $1/f$ 噪声。它将沟道反型载流子数目的起伏和库仑散射迁移率的起伏统一起来。它们可以是统一的，因为它们都是由于界面附近 SiO_2 中的电荷陷阱捕获和发射电子或空穴而产生的[14]。使用随机电报噪声测量方法对模型进行详细验证，但是这种噪声测量只能在长度和宽度很小的晶体管中观察到，以至于一个晶体管只能包含一个或两个可观察到的氧化物陷阱。从这些物理研究中得到了精确的 BSIM 统一的闪烁噪声模型。

更为复杂的真实器件模型包括栅极隧道泄漏模型、自加热模型、浮体模型和非准静态模型。真实器件模型占模型代码、仿真时间和模型开发工作量的80%～90%，它们负责紧凑模型和 IC 仿真的准确性。许多几年前开发的 BSIM 真实器件模型仍然适用于 FinFET 标准紧凑模型，并在其中使用。这些情况在第4~6章中做了说明。

展望未来，业界正试图引入 Ge 和 InGaAs 作为新的沟道材料来提高载流子迁移率。BSIM 模型能与这些先进的沟道材料一起工作吗？BSIM 研究人员发现，通过对模型参数值的适当调整和对模型方程微小而重要的更改，BSIM 模型非常适合用于先进的沟道材料器件。例如，图 1.12 显示了锗 FinFET 的 BSIM 模型在对迁移率模型进行微小改进时的良好结果。本章参考文献［15］对所做的改动进行了更详细的讨论。同样，如图 1.13[16]所示，InGaAs FinFET 也获得了很好的仿真结果。

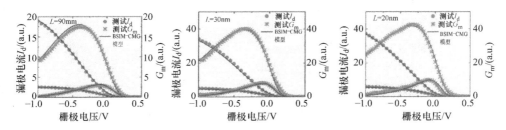

图 1.12　使用 BSIM-CMG 模型为锗 FinFET 建模（沟道长度分别为 $L=90nm$，30nm 和 20nm）。
通过对实际器件效果模型进行微小但重要的改进，
使得 BSIM-CMG 模型适用于先进沟道材料

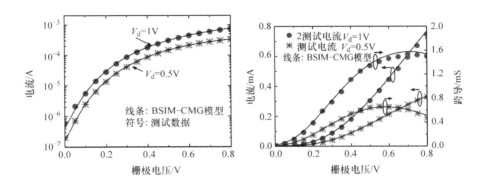

图 1.13　使用半导体（左）和线性（右）刻度上显示的 BSIM–CMG
模型建模，InGaAs FinFET 的传输特性展示了亚阈值和强反型区域
漏极电流模型。实验数据来自本章参考文献［6］

1.8　符合工业界标准的 FinFET 紧凑模型

BSIM 团队预计到业界将会采用 FinFET 技术，于是在 21 世纪中叶，他们开始开发一款 FinFET 紧凑模型，并于 2008 年正式发布。这款紧凑模型被称为 BSIM–CMG，CMG 代表"公共多栅"，"公共多栅"中的"公共"是指所有的多个栅极都是电连接的，并且共享一个公共栅极电压。"多栅"是对 FinFET 的一种比较流行的描述，有多种不同的结构，其中包括双栅、三栅和四栅。BSIM–CMG 甚至将纳米线或柱形晶体管建模为柱形栅极形状。如第 3 章所述，这些不同的 FinFET 结构可以通过选择适当的模型转换开关 GEOMOD 来建模，在用来制造 FinFET 的衬底上也可能有变化。它可以是体状的，也可以是 SOI 衬底。BSIM–CMG 可以通过型号选择开关 BULKMOD 在这两种衬底上对 FinFET 进行建模。

在业界决定采用 FinFET 工艺进行生产后，BSIM–CMG 被紧凑模型理事会毫无争议地选为工业标准 FinFET 模型。紧凑模型理事会成员包括主要的 IC 公司、无晶圆厂公司、设计自动化公司和 IC 制造厂，包括 Altera、ADI、Broadcom、Cadence、GlobalFounddries、IBM、Intel、Mentor Graphics、Qualcomm、Renesas、Samsung、Hynix、ST MicroElectronics、Synopsys、TSMC 和 UMC。BSIM–CMG 为基于 FinFET 的电路设计和产品开发提供了设计基础。接下来各章节将会讨论标准 FinFET 模型的所有重要方面。

参 考 文 献

[1] C. Hu, Modern Semiconductor Devices for Integrated Circuits, Pearson/Prentice Hall, New Jersey, 2010 (Chapter 7).

[2] Z. Liu, et al., Threshold voltage model for deep-submicrometer. MOSFET's, IEEE Trans. Electron Dev. 40 (1) (1993) 86–95.

[3] X. Huang, et al., Sub 50-nm FinFET: PMOS, IEDM Technical Digest, 1999, p. 67.

[4] A. Sachid, C. Hu, Denser and more stable FinFET SRAM using multiple fin heights, International Semiconductor Device Research Symposium (ISDRS), 2011, pp. 1–2.

[5] F.-L. Yang, et al., 5 nm-gate nanowire FinFET, VLSI Technology Symposium, 2004, pp. 196–197.

[6] J.J. Gu, X.W. Wang, H. Wu, J. Shao, A.T. Neal, M.J. Manfra, R.G. Gordon, P.D. Ye, 20-80 nm channel length InGaAs gate-all-around nanowire MOSFETs with EOT = 1.2 nm and lowest SS = 63 mV/dec, International Electron Devices Meeting, IEDM, 2012, pp. 27.6.1–27.6.4.

[7] B. Duriez, G. Vellianitis, M.J.H. van Dal, G. Doornbos, R. Oxland, K.K. Bhuwalka, M. Holland, Y.S. Chang, C.H. Hsieh, K.M. Yin, Y.C. See, M. Passlack, C.H. Diaz, Scaled p-channel Ge FinFET with optimized gate stack and record performance integrated on 300 mm silicon wafers, Electron Devices Meeting (IEDM), 2013, pp. 20.1.1–20.1.4.

[8] C.H. Wann, K. Noda, T. Tanaka, M. Yoshida, C. Hu, A comparative study of advanced MOSFET concepts, IEEE Trans. Electron Dev. 43 (10) (1996) 1742–1753.

[9] Y.-K. Choi, et al., Ultrathin-body SOI MOSFET for deep-sub-tenth micron era, IEEE Electron Dev. Lett. 21 (5) (2000) 254.

[10] B.J. Sheu, D.L. Scharfetter, C. Hu, D.O. Pederson, A compact IGFET charge model, IEEE Trans. Circuits Syst. 31 (8) (1984) 745–748.

[11] M.C. Jeng, P.K. Ko, C. Hu, A deep submicron MOSFET model for analog/digital circuit simulations, Technical Digest of International Electron Devices Meeting (IEDM), San Francisco, CA, 1988, pp. 114–117.

[12] J.H. Huang, Z.H. Liu, M.C. Jeng, K. Hui, M. Chan, P.K. Ko, C. Hu, BSIM3 Manual, University of California, Berkeley, 1993.

[13] T.Y. Chan, J. Chen, P.K. Ko, C. Hu, The impact of gate-induced drain leakage current on MOSFET scaling, Technical Digest of International Electron Devices Meeting (IEDM), Washington, D.C., 1987, pp. 718–721.

[14] K.K. Hung, P.K. Ko, C. Hu, Y.C. Cheng, A unified model for the flicker noise in metal-oxide-semiconductor field-effect transistors, IEEE Trans. Electron Dev. 37 (3) (1990) 654–665.

[15] S. Khandelwal, J.P. Duarte, Y.S. Chauhan, C. Hu, Modeling 20-nm germanium FinFET with the industry standard FinFET model, IEEE Electron Dev. Lett. 35 (7) (2014) 711–713.

[16] S. Khandelwal, J.P. Duarte, N. Paydavosi, Y.S. Chauhan, M. Si, J.J. Gu, P.D. Ye, C. Hu, InGaAs FinFET modeling with industry standard compact model BSIM-CMG, Nanotech 2014.

第2章

基于模拟和射频应用的紧凑模型

2.1 概　　述

　　紧凑模型是工艺技术和电路设计师之间的桥梁。紧凑模型通常以设计工具包的形式，以易于获取的方式封装整个工艺的所有相关细节，使设计人员能够在熟悉的环境中进行仿真，从而评估器件对重要电路和系统参数的影响，而不必了解模型的物理细节和实现细节。实际上，大多数设计人员对紧凑模型的内部结构并不了解，但他们希望模型能够尽可能准确地捕捉器件的状态。模拟电路设计者期望能够准确预测偏置点，小信号参数，如跨导、输出电阻、电容、热噪声和闪烁噪声，以及器件匹配特性。由于设计人员无法控制器件的设计，他们只能改变工作点和器件的几何形状，因此他们希望模型具有良好的物理可伸缩性。射频设计需要精确预测功率增益、噪声（热噪声和闪烁噪声）、线性度和功率。

　　FinFET 器件出现于一个 COMS 技术在模拟电路和射频/微波电路中扮演着重要角色的时代。虽然工艺的等比例缩小使器件速度提高了几个数量级，允许其在毫米波和亚太赫兹范围内工作，但电压调节和较低的本征增益一直是模拟设计的一个挑战。基于此种情形，大多数设计师都不愿意转向运用先进的工艺节点，因为数字模块往往是唯一在面积和功耗方面受益的。在这点上，FinFET 器件可以提供一个改变，改善输出电阻（本征增益）和低电容。由于先进工艺的运行会耗费高昂的制造成本，故模拟/射频兼容的 FinFET 模型将提供一个有利的条件来探索设计，而不产生任何制造成本。

　　本章将重点介绍模拟电路和射频电路的重点性能指标，并将它们与 FinFET 紧凑模型中的各个模块相关联。因此，本章将作为本书其余部分的过渡，突出各个模块的重要性和紧凑模型的属性。

2.2　重要的紧凑模型指标

首先确定可用于评判紧凑模型的重要指标。如果没有这些度量指标，就很难从与电路设计密切相关的可量化方面来衡量紧凑模型的准确度。度量指标捕获模型的本质，它们对设计人员很重要；换句话说，它们与重要电路构件的性能密切相关。度量标准分为模拟和射频两类，射频度量是一个超集，包含着模拟度量，这是不言而喻的。换句话说，射频紧凑模型首先应该满足评估的模拟标准，因为它们将构成模型的核心基础。

2.3　模拟电路指标

经典的模拟设计主要关注的是放大器的增益带宽积。这是由于放大器（运算放大器和跨导放大器）作为核心模块的广泛应用，及其利用反馈将这些模块线性化，使它们的性能在整个过程和温度变化中可预测。在满足速度要求的同时，应选择器件电流最小以实现功率最小化。此外，噪声在模拟电路中至关重要，它决定了信号处理链的分辨率或动态变化范围的下限。

动态变化范围的上限由电压摆幅决定，而电压摆幅与放大器（晶体管）的供电电压和线性度有关。在许多情况下，反馈的应用使得线性度成为次要的问题，其本质上是通过牺牲增益来换取各个阶段的线性化。由于较低的电源电压和较低的本征增益，闭环系统的环路增益随着工艺的发展而下降，使得非线性问题在模拟应用中变得突出。所以人们正在探索开环设计，通过依靠数字处理技术来测量和纠正误差。

事实上，模拟设计包含着越来越多的混合信号设计，纯模拟设计非常少见，或主要局限于高压应用。FinFET器件将处于一个极度混合的信号环境中，其采样时间和电荷处理将与传统的线性电压/电流模拟技术并行进行。此外，FinFET器件将构成开关的核心，用于调谐和校准。且这些应用中的器件通常会经历电压偏移，使器件极性反转（源漏开关），因此要求模型具有对称性。在采样时间系统中，信号相关的电荷注入对于量化模拟信号处理中的非线性和系统误差具有重要意义。

2.3.1　静态工作点　★★★

在很多时候，模拟设计可归结为设计正确的偏置晶体管。电路拓扑通常是根据性能要求来选择的，电路设计人员的工作是确保晶体管在工艺变化和温度变化的情况下仍然能够保持合适的静态工作点。这是一项具有挑战性的任务，因为电源电压可达 1V，而且通常几乎没有裕度，迫使设计人员使用偏置以补偿器件阈值电压 V_T 随其他器件的反向变化而变化。这意味着他们将信任模型温度或工艺变化的能力（如晶体管几何尺寸和掺杂）。因此它的电流–电压特性必须建立在一个能够从根本上预测这些变化的物理基础上，这给紧凑模型带来了巨大的挑战。经常有学习紧凑模型建模的学生会问，为什么不能简单地将紧凑建模简化为曲线拟合中的数学问题。其有部分原因在于，在没有任何器件物理学知识的情况下，根据测量数据拟合 $I-V$ 曲线的数学模型无法预测物理参数（如掺杂或温度）发生微小变化时的 $I-V$ 曲线。理论上，紧凑模型可以捕捉到所有的变化，但是技术上没办法进行数以千计的组合实验来捕获这些变化，而是依靠紧凑模型来再现这些变化。

这种对物理趋势的依赖与对准确度的要求形成了对比。绝对准确度是不现实的，实际的样品与用于测量 $I-V$ 曲线的测试结构是存在差异的。这种工艺偏差在制造具有微观尺寸的集成电路中是不可避免的。事实上，值得注意的是能够使器件特性达到业内的准确度水平，因为现代最小尺寸的器件由于掺杂原子的浓度有限而受到限制。然而由于尺寸小，电荷载流子和掺杂浓度小，器件性能正从根本上受到量子力学的限制。

大多数紧凑模型是以使用长沟道伪二维晶体管形成的电路为核心建立起来的。晶体管电荷的 $Q-V$ 特性仅用垂直场导出，而电流则是通过沿沟道引入切向场而得到的。这种方式的优点在于它允许在不使用数值积分的情况下导出一个封闭形式的方程。其最精确的解是所谓的表面电动势解，它将器件电荷与沿沟道的表面电位联系起来。缺点是表面电压与器件端口电压之间的关系尚不明确，需要利用牛顿–拉斐逊式迭代来确定解。此外，这种方法对于表面电动势的灵敏度要求很高，需要非常精确的收敛计算。但是仔细研究核心方程的收敛特性可以使这些迭代终止于固定次数的迭代，其实际上是展开循环。这些"玩具"模型的优点是它们是通过物理推导得到的，因此可以从累积、耗尽、弱反型到中强反型的电压漂移中捕捉器件的物理行为。最重要的是，该模型可以预测 $I-V$ 特性和 $Q-V$ 特性在不同阶段的反型层的变化，即从弱反型到中反型再到强反型。中等反型区对于模拟电路的运行越来越重要，因为它允许设计人员以速度换取增益和高跨导效率。

自饱和能力是紧凑模型的另一个重要方面。换句话说，当漏极电压从几十毫伏变化到电源电压时，电流的饱和应以一种自然平滑的方式过渡。在经典的长沟道晶体管中，饱和是由所谓的夹断效应引起的。在现代器件中，由于强电场效应引起载流子高速饱和，使饱和现象发生得较早。一旦器件饱和，$I-V$ 特性曲线再发生变化的原因归咎于器件的输出电导，它是各种复杂机制的汇总，如沟道长度调制、漏致势垒降低和碰撞电离。对于模拟电路来说，正确预测该工作区域曲线的斜率是至关重要的，因为本征增益将由 $I_{ds} - V_{ds}$ 特性曲线的斜率决定。

最后，泄漏电流在离散时间和低功耗应用中有极其重要的作用。与数字电路类似，当器件"关闭"时，泄漏电流也会引起关注，而这种情况发生在器件的偏压远低于阈值电压时。在截止区，实际器件会产生很小的电流，但是这样的小电流可以快速释放一个小电容的电荷量，这会给电容的电压采样和电量存储带来误差。

如何量化这些观测现象呢？给定尺寸的晶体管（W 和 L）的 $I - V$ 曲线可体现出最显著的特性。例如，不同 V_{ds} 下的 I_{ds} 与 V_{gs} 的关系曲线图（见图 2.1a）直接揭示了模型在绝对偏置电压下预测器件电流的能力。如果器件在弱反型或中等反型存在偏差，则采用对数图更有效，因为对数图能显示出更大的变化范围（见图 2.1b）。电流与漏源电压或 I_{ds} 与 V_{ds} 的关系曲线图（见图 2.2）则显示了一个紧凑模型的电流饱和特性，以及该模型在饱和状态下的准确性，这对于预测输出电导是至关重要的。如稍后会讨论到的，使用小信号参数更容易观测到输出电导，但是从原始的 $I - V$ 曲线也可以观测到某些趋势，例如预测电流的大小。尽管绝对准确度并不重要，但这种持续的差异揭示了紧凑模型中缺少某些器件物理学配置（或者器件提取没有完全完成）。

如果器件具有体端口，那么通过改变体偏置和观察模型的可预测性，也应该将体偏置效应包括在这些图中。在这个图中，可以观察到器件的阈值电压发生了变化。如果有两个独立的栅极可用，则应该为两个栅极绘制曲线。在实际应用

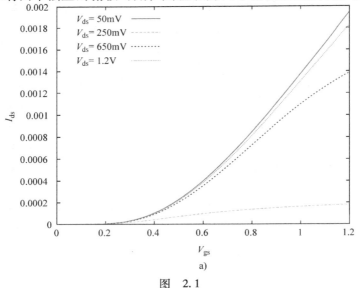

a)

图 2.1

a) 不同 V_{ds} 下的 I_{ds} 与 V_{gs} 关系曲线图

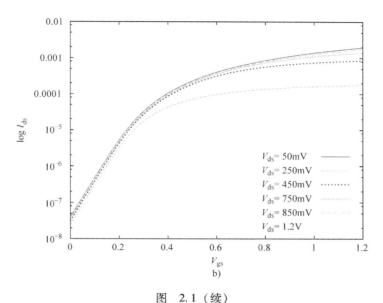

图　2.1（续）

b）不同 V_{ds} 下的 $\log I_{ds}$ 与 V_{gs} 关系曲线对数图

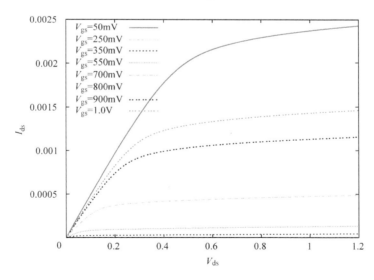

图2.2　在不同 V_{gs} 下的 I_{ds} 与 V_{ds} 关系曲线

中，许多"后栅"将用于泄漏控制（阈值偏移），并可能无法反型沟道，因此曲线与那些体器件非常相似。对于没有体接触的"共栅"器件，V_{gs} 的曲线是其唯一相关的曲线。在这种情况下，使用脉冲模式来测量 $I-V$ 特性曲线以避免自热是很重要的。即使大多数器件都有完全耗尽的薄鳍片，但在适当的条件下，部分

耗尽可能会在 $I-V$ 特性曲线引入缺陷，这一曲线应该被正确地模拟。不同背栅极/体偏置的直流和脉冲测量揭示出这些器件的复杂性，并应验证模型，以再现这些效果。

2.3.2　几何尺寸缩放　★★★

除了偏置点，设计人员控制的唯一其他变量是晶体管的几何形状。模拟电路广泛地使用 L 和 W 来换取速度增益，与数字电路不同，L 的非最小值应用于许多电路中。此外，电路设计者扫描关键晶体管的 W 和 L 以优化性能也并不少见。这意味着紧凑模型必须对 W 和 L 都具有极大的可扩展性。事实上，一个优秀的设计师会使用固定的 W 并扫描晶体管叉指 N_f 的数量，其数量对于 FinFET 而言等效于的缩放鳍片的数量。在这方面，FinFET 的缩放会受到更多限制，但是自然会遵循优选工艺来缩放器件（当匹配是关注点时）。

在缩放的极端情况下，短沟道效应是众所周知的物理现象，利用纳米级模型可以很好地解决这一问题。特别是由于不均匀的掺杂分布，沿沟道和源/漏极区域的复杂二维（或三维）电场会影响器件的有效阈值电压 V_T。缩放长度还会产生更明显的漏致势垒降低，这在 FinFET 的双栅结构中得到改善。V_T 与通道长度的关系图（见图 2.3a）是紧凑模型的一个重要指标，因为阈值电压在电路设计中起着至关重要的作用。如果观察到场效应晶体管的行为与沟道反型量（沟道电荷）直接相关，即直接受到 V_T 的影响，那么 V_T 的重要性就很容易被认识到。这就是为什么模拟设计者关心"过驱动"电压（长沟道器件的 $V_{gs} - V_T$），因为

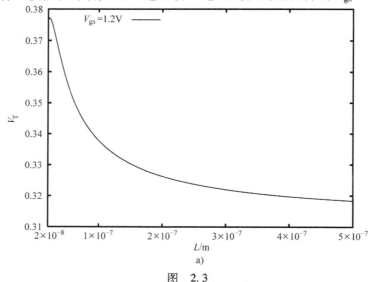

图　2.3

a）器件阈值电压 V_T 与沟道长度 L 的关系

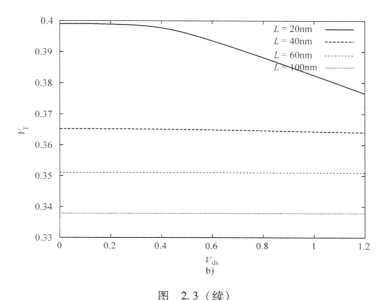

图 2.3（续）

b）在沟道长度 L 不同时，漏极电压 V_{ds} 与 V_T 的函数关系

它相对于阈值对栅极偏置进行归一化，阈值因器件的不同而变化，并且是温度的函数。有趣的是，在大多数 FinFET 工艺中，只允许最小沟道长度，这意味着只能通过堆叠器件实现沟道长度更长的器件。对所有的短沟道器件来说，漏致势垒降低的影响是非常重要的，可以从图 2.3b 中了解到，阈值电压随漏极偏压的增加而变化（减小）。FinFET 器件的关键优势之一是由于两个栅极提供的强沟道管制减弱了漏致势垒降低的影响。

由于晶体管是三维结构，因此几何尺寸的影响并不是微不足道的，尤其是考虑晶体管的外部寄生元件时，如器件的电阻和电容。事实上，FinFET 器件比同类器件具有更大的电容，因此，为设计人员提供最大的灵活性来扩展器件以优化性能是非常重要的。最后，良好的邻近效应对复杂器件的影响是众所周知的，这迫使设计者在版图中使用许多虚拟叉指以减小对阈值电压和迁移率变化的影响。这些主要是器件的外部效应，必须对其进行很好的建模和捕获。考虑到 FinFET 的尺寸较小及其三维结构，应力和应变的影响更加明显，并且可能对器件产生有利有弊的影响。

2.3.3 变量模型 ★★★

捕获器件的变化是异常重要的，变化有多种来源，包括系统波动和随机波动。系统变化包括版图相关效应，例如作为到阱距离函数的阈值电压 V_T 的变化，而随机变化由掺杂分布和光刻变化中的自然变化引起。这些变化通常分为紧密排列晶体管器件间的不匹配，芯片以及晶片与晶片之间的变化，通常称为工艺变化。换句话说，通常人们感兴趣的是单个晶体管在不同芯片间的变化以及同一芯片内的一对"匹配"晶体管之间的变化。由于电路成品率受电路性能的影响非常大，因此设计人员不遗余力地确保电路能够在所有可能的工艺、电压和温度变化下工作。通常的做法是为特定工艺角提供晶体管参数，例如晶体管（以及诸如电阻和电容的其他器件）的"快速""典型"和"慢"工艺角。如果只考虑晶体管的变化，由于使用了两种类型的晶体管（n 型 MOSFET 和 p 型 MOSFET），则必须检查五个独立的工艺角，通常称为 SS，FF，SF，FS 和 TT（S 表示"慢"，F 表示快速，T 表示典型）。

虽然工艺角模型在工业中很普遍，但在大多数情况下它们实际上是过于极端的。工艺角代表的情况通常是在实践中极少发生的最坏情况（Six Sigma），其设计满足工艺角情况的电路需要超安全标准的设计，从而产生更大的面积和更高的电流消耗。实际上，更有吸引力的方法是统计变化，即通过改变如掺杂水平和光刻尺寸等变化的实际物理参数来导出模型卡。这强调了物理推导对紧凑模型的必要性，使得基本物理参数的统计变化引起模型卡参数的正确变化。当模型是非物理的时，很难提出一组基本参数来改变模型卡以匹配观察到的晶体管变化测量值。即使对方程中非物理原点的紧凑模型进行主分量分析，也没有得到令人满意的结果。

精确的失配模型是模型的另一个关键要求。事实上，人们可能会争辩说，失配终究是模拟电路设计师的最大敌人。其原因归咎于模拟电路需要高水平的共模抑制和电源不灵敏性。例如，图 2.4 中的电路是模拟电路中放大器和滤波器的典型构建模块。它作为一种差分电路实现，以抑制信号的共模变化和电路中的电源变化。

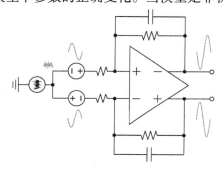

图 2.4　如果电路完全平衡，则全差分电路可以抑制电源噪声和其他共模噪声

电源噪声是不可避免的，特别是当电路处于混合信号环境中时，数字电路会产生电源噪声和衬底噪声。如果电路是完全平衡的，则这种噪声同样会出现在放大器的正负两侧，当输出信号进行差分测量时，此噪声可以被消除，这需要良好的共模抑制。放大器的正极和负极之间的任何失配都会产生不平衡，从而限制了噪声的消除量。此外，这些差分电路中失配引起的直流偏移量必须被消除，这给电路带来了额外的复杂性。

为了对抗失配，模拟电路设计人员可以缩放晶体管尺寸和偏置点，或完全拒绝一个工艺节点，转而运用另一个。良好的失配模型再次依赖于物理导出的紧凑模型，该模型可以准确地预测关键参数的变化，例如 V_T 随着掺杂和光刻的变化。

2.3.4 本征电压增益 ★★★

模拟设计中最重要的指标之一是放大器的直流增益，其受到现代器件中输出电阻的限制。如图 2.5 所示，诸如差分级的关键模块，其增益与晶体管的跨导 g_m 和输出电阻 r_o 的乘积有关。实际上，必须考虑 n 型 MOSFET 和 p 型 MOSFET 的输出电阻，因此该度量表示单级放大器增益的最大上限

$$A_0 = g_m(r_{on} \parallel r_{op}) < g_m r_{on} = \frac{g_m}{g_{ds}} \tag{2.1}$$

直流增益很重要，因为它决定了闭环放大器的准确度。希望得到高的直流增益，使多级反馈放大器的环路增益最大化。

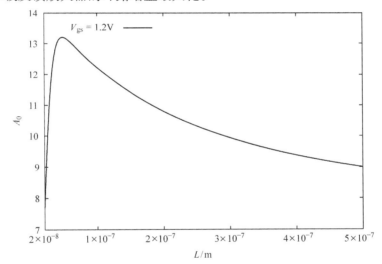

图 2.5　器件本征增益 A_0 作为沟道长度 L 的函数

较大的环路增益可以转换为对放大器失真的大幅抑制。同时它还确保了较高的直流增益，这在很大程度上与温度和工艺无关。

直流增益是一个很好的紧凑评估指标，是两个小信号参数的比值，其比值是器件中电流/电压关系的一阶导数。直流增益不是器件宽度的函数（对于一阶），因为当缩小 W 时，g_m 和 g_o 都以相同的比例增加。由于其对 g_m 和 g_o 的影响，直流增益是沟道长度 L 的强函数。

FinFET 比体器件具有明显的优势，因为 FinFET 器件在相同的沟道长度下提供了更高的本征增益，主要是如上所述，双栅结构保持对漏极有更好的沟道控制，因此漏致势垒降低的影响减弱。这就是为什么将式（2.1）重写为 g_m（栅极控制）和 g_{ds}（漏极控制）的比值。

有趣的是，器件本征增益取决于器件偏置电流。为简单起见，这里采用简单的二次方律方程

$$A_0 = \frac{g_{\mathrm{m}}}{g_{\mathrm{ds}}} = \frac{2I_{\mathrm{ds}}/V^*}{I_{\mathrm{ds}}/V_{\mathrm{A}}} = \frac{2V_{\mathrm{A}}}{V^*} \tag{2.2}$$

在式（2.2）中，将跨导与器件的过驱动电压和厄利电压 V_{A} 相关联。对于长沟道器件，V^* 等于 $V_{\mathrm{ds,sat}}$ 或漏源饱和电压。由于漏极侧的零偏压，故此时 $V_{\mathrm{ds,sat}} = V_{\mathrm{gs}} - V_{\mathrm{T}}$，导致沟道的夹断。在短沟道器件中，由于高场效应，$V_{\mathrm{ds,sat}} \neq V^*$，因此可以将其定义为 I_{ds} 和 g_{m} 的比值

$$V^* = \frac{2I_{\mathrm{ds}}}{g_{\mathrm{m}}} \tag{2.3}$$

其中重要的一点是通过最佳过驱动电压可以使本征增益最大化，如图 2.6 所示。随着器件中电流的减小，器件最终离开强反型区域，当其接近弱反型时，器件漏极电流成为栅源偏置的指数函数，类似于双极型器件。这意味着 V^* 接近常数，该常数与热电压有关

$$V^* = \frac{2I_{\mathrm{ds}}}{[1/(nV_{\mathrm{T}})]I_{\mathrm{ds}}} = 2nV_{\mathrm{T}} = 2n\frac{kT}{q} \tag{2.4}$$

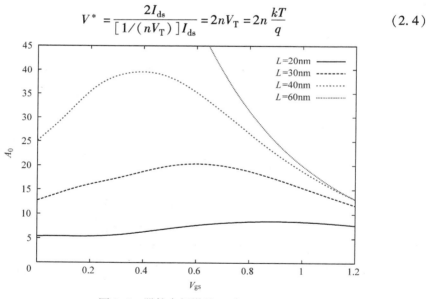

图 2.6　器件本征增益 A_0 与 V_{gs}

其中，$n < 1$ 与栅极电压如何通过分压器控制表面电势有关

$$n = \frac{C_{\mathrm{ox}}}{C_{\mathrm{ox}} + C_{\mathrm{dep}}} \tag{2.5}$$

在极限 $n \to 1$ 中，V^* 在室温下接近 50mV。$g_{\mathrm{m}}/I_{\mathrm{ds}}$（有时称为跨导效率）与 V_{gs} 的关系曲线如图 2.7 所示。正如所料，器件偏置电流归一化跨导峰值，用于

低过驱动值或弱反型操作。绘制反比关系可以得到有效的过驱动电压 V^*，如图 2.7b 所示。为了比较，还绘制了二次方律关系，清楚地显示了 V_{gs} 下降到阈值电压以下时的偏差。

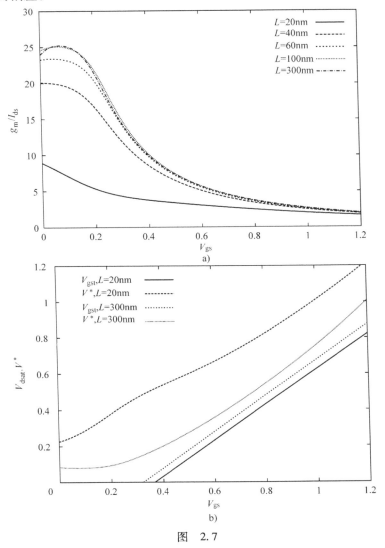

图 2.7

a）器件跨导率 g_m/I_{ds} 与 V_{gs} 的关系曲线 b）有效过驱动电压与 V^* 与 $V_{gs} - V_T$ 的比较曲线。对于长沟道器件而言匹配得很好，对于短沟道器件而言，所绘制的曲线又是十分不同了

对于不同的沟道长度 L，本征增益通常被绘制为 V_{ds} 的函数，如图 2.8 所示。当 V_{ds} 较低时，器件处于晶体管区，输出电阻较小，增益较小。一旦 V_{ds} 导致器件饱和，输出电阻增大，增益达到最大化。当 V_{ds} 较大时，高漏极电压，如漏致势

垒降低和碰撞电离电流的有害影响会再次降低增益。

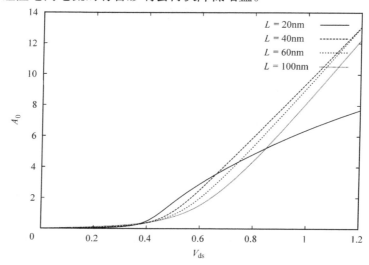

图 2.8　器件本征增益 A_0 与 V_{ds} 作为沟道长度 L 的函数

　　为了更清楚地看到这些关系，可以将 g_m 绘制为 V_{gs} 和 V_{ds} 的函数，如图 2.9 所示。可以观察到，随着栅极过驱动电压的增加，g_m 的绝对值增加。对于电流的扩散分量，当过驱动电压较低时，由于电流对栅极电压的高度依赖性，使得 g_m 呈指数增加 。然而使用较高偏置电压会增大 I_{ds}/V_{gs} 曲线的斜率与电流增加的比值；另一方面，如果考虑电流的漂移分量，则电流与沟道中的电荷量和载流子速率成正比。沟道电荷与栅极偏压成正比，因此对于固定的迁移率，期望 g_m 线性增加。实际上，对于低电场，由于库仑散射及其反型层的屏蔽作用，迁移率将增大，并且 g_m 的增加比线性增长时更快；另一方面，由于高电场效应，知道载流子迁移率最终会降低，因为当载流子靠近硅－绝缘体界面时，其表面散射会导致迁移率降低。g_m 作为 V_{ds} 的函数可以分为两个区域：①在晶体管区，增大 V_{ds} 将增大电流，因此总 g_m 增加；②当器件接近饱和时，人们会期望 g_m 达到饱和。

　　在短沟道场效应晶体管中，输出电阻 $r_o = 1/g_{ds}$ 具有很强的偏置依赖性，特别是对漏极电压的依赖，如图 2.10 所示。由于漏极电压对沟道电荷具有直接影响，因此在晶体管区中器件的输出电导非常大。实际上，对于一阶电路，器件的 g_{ds} 等于该区域中器件的 g_m，且由于反型层的存在，改变栅极具有与改变漏极相同的影响，使得漏极端与栅源极一样有效。

　　长沟道器件在所谓的夹断区中，器件端口不再直接限制沟道电荷，输出电导急剧下降。在实践中，漏极仍然调制着耗尽区宽度，通过沟道长度调制间接影响器件，使电流随着漏极偏压的增加而增大，从而使 g_{ds} 也增大。

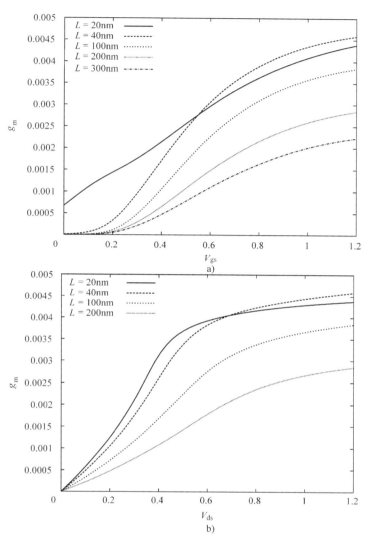

图 2.9　器件跨导 g_{m} 与 V_{gs} 和 V_{ds} 的关系

a) V_{gs}　b) V_{ds}

漏极端口在短沟道器件中甚至具有更大的影响，不仅是因为沟道长度 δL 对于 L 的相对大小的增加，还因为漏致势垒降低的影响。由于短沟道器件中的复杂二维电场，漏极上的高电压产生一个高电场，将电荷储存在耗尽区。这种电荷共享反过来意味着更多的电子可以流入沟道，从而降低器件的阈值。幸运的是，对于 FinFET 来说，器件阈值的降低提高了内部增益。最后，随着电压的进一步增大，高场区的碰撞电离会进一步增大电流，从而降低输出电阻。

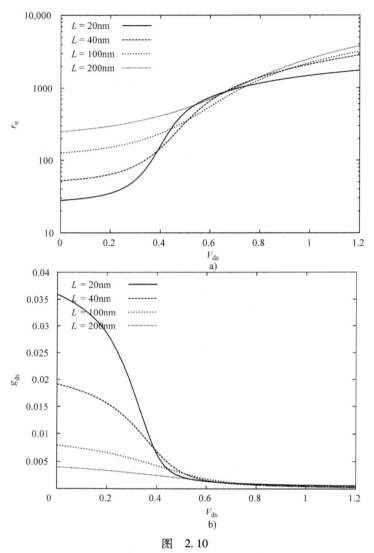

图 2.10

a）器件输出电阻 r_o 与 V_{ds} 的关系　b）$g_{ds} = 1/r_o$ 与 V_{ds} 的关系

2.3.5 速度：单位增益频率 ★★★

在模拟电路中，直流增益在电路功能中仅仅起到一半的作用。虽然在亚阈值区内进行的操作能够提高增益，尤其是跨导效率，但在实际运用中由于这种操作会降低器件运行速度，所以很少会采用这种方法。因此，只有运行速度极慢的电路才能够在这个区域内工作，而其他大部分电路则需要在中等反型或强反型下才能进行工作。

通常用器件的单位增益频率 f_T，或者是以晶体管电流增益为单位的频率来计算晶体管的运行速度。当 $i_d = g_m v_{gs}$ 且 $v_{gs} j\omega(C_{gs} + C_{gd}) = i_s$ 时，将 i_d 和 i_s 相除，得到

$$A_i = \frac{i_d}{i_s} = \frac{g_m}{j\omega(C_{gs} + C_{gd})} \qquad (2.6)$$

当 $|A_i| = 1$ 时，得到单位增益频率

$$\omega_T = 2\pi f_T = \frac{g_m}{C_{gs} + C_{gd}} \qquad (2.7)$$

一开始，在模拟（和数字）电路中 f_T 所起的重要作用并没有特别明显。为此，如图 2.11a 所示，让简单级联放大器中的一个单级放大器驱动另一个相同的放大器。这种方法使得放大器的本征增益提供第一级增益，并且其 3dB 带宽会受到高阻抗节点中极点值的限制。

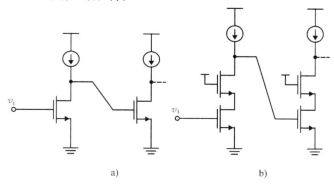

图 2.11

a）两个共源放大器之间的级联 b）两个共源共栅放大器之间的级联

$$\omega_0 = \frac{1}{r_{o,1}\left[(1 + |A_2|)C_{gs,2} + C_{d1,tot}\right]} \qquad (2.8)$$

式中，$C_{d1,tot}$ 为所有漏电容之和（$C_{ds} + C_{gd} + C_{wire} + \cdots$），且通过提高第二级输入电容来提高电路的增益 A_2，从而得到密勒乘法的效果。如果第二级是一个在栅极和漏极之间电压增益很小的共源共栅放大器，那么可以使 A_2 的增益小于单位增益，从而使其对电路的影响最小。当忽略密勒效应时，将会得到

$$\omega_0 = \frac{1}{r_o(C_{gs} + C_{d,tot})} \qquad (2.9)$$

此时的 ω_0 为上限值。在大多数应用中，将这个放大器置于一个反馈回路中，使得特征频率为

$$A_0 \omega_0 < g_m r_o \frac{1}{r_o(C_{gs} + C_{d,tot})} = \frac{g_m}{C_{gs} + C_{d,tot}} \approx \omega_T \qquad (2.10)$$

这与晶体管本身的单位增益相似。因此可以近似看出，放大器的最大增益带宽积实际上会受到器件单位增益频率的限制，即使在数字电路中 f_T 也起着同样重要的作用。当考虑一个简单门电路，例如反相器的时间常数时，若这个反相器的扇出系数为一个固定值，即当这个反相器驱动另一个与之相同的反相器时，其负载电容值大约是 $C_{gs} + C_{d,tot}$。即使放电电流的组成形式很复杂，但对于第一级电路，仍可以把晶体管看作是一个电导值为 $g_{ds} = g_m$（在晶体管区域）的开关，因此，放电的时间可以表示为

$$\tau_T = \frac{C_{gs}}{g_m} = \frac{1}{\omega_T} \tag{2.11}$$

图 2.12 显示了不同沟道长度下 f_T 随 V_{gs} 变化的曲线图。这条曲线已经包含了 g_m 的偏置效应和几何尺寸之间的相关性。器件的极间电容之间也有相关性，包括栅源电容 C_{gs} 和栅漏电容。值得注意的是，由于使用 g_m 和 C 的直流分量将无法得到高频下 f_T 的值，所以通常使用散射参数来测量 f_T。这点将在本书的第 2.4 节中再次进行讨论。

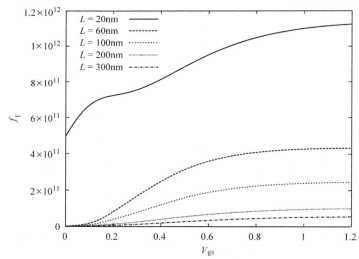

图 2.12　对于一系列沟道长度 L，器件单位增益频率 f_T 随着 V_{gs} 的变化而变化

在长沟道器件中，由于 C_{gd} 只产生于栅端和漏区之间较小的交叠处，所以 C_{gs} 通常起着主要作用。在实际生产的器件中，可能有相当一部分电容来源于电路中的非本征电容。在现代器件中，由于栅极–漏极交叠区域占了相当大的一部分，从而使得 C_{gd} 能够与 C_{gs} 一样起着主要的作用。但在 FinFET 中，三维器件结构的存在使得大量边缘电容 C_{gd} 的电容值比在同等器件中的值更大。由于这些原因，FinFET 中的 f_T 与相同体器件下的 f_T 相比更容易受到影响。但在现实中，大

部分器件无法缩小到 FinFET 的尺寸，因此这样的比较是不公平的，所以就需要一个较好的非本征场效应晶体管模型来配合其本征模型。

2.3.6 噪声 ★★★

由于已经充分了解了热噪声对鳍片的影响，因此可以将热噪声看作其他模型的核心部分。当漂移电流占主导地位时，热噪声是沟道电导的函数，而扩散分量会在中等反型区和弱反型区中产生散粒噪声。一个好的模型能够以平滑和均匀的方式准确得到漏极电流产生的所有噪声。鳍片饱和区中的噪声在混入额外噪声后变得更加复杂，用漏极电流的点噪声方差中的参数 γ 来表示这个额外噪声

$$\overline{i_{d,n}^2} = 4kTg_{ds,ch}\gamma\delta f \tag{2.12}$$

式中，$g_{ds,ch}$ 为沟道电导。对于长沟道器件，考虑到漏极的沟道增量区对热噪声的影响，一般认为 $\gamma = 2/3$。长沟道器件也可以通过栅极氧化层电容在栅极进行耦合，从而产生相关的栅极噪声电流。对于短沟道器件，晶体管漏极发生的热电子效应会使得 γ 大于 1。如图 2.13 所示，γ 与漏极和栅极之间偏压的曲线关系图能够检测器件是否符合紧凑模型。如果用 g_m 而不是用 $g_{ds,ch}$（器件"线性区"中的漏源电导）来定义 γ，就会得到 γ 大于 1 这一错误结论。这是因为噪声来自沟道中的物理电阻，而该电阻是从源极的反型层到漏极附近的区域内获得的。如前面所讲到的，当晶体管工作在线性区中时有 $g_m = g_{ds}$。

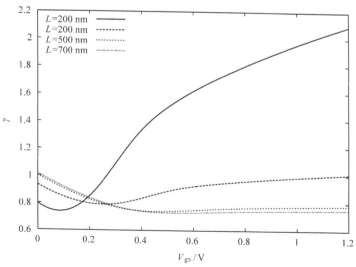

图 2.13 额外噪声系数 γ 和栅极偏压 V_{gs} 的关系曲线

已知弱反型中的噪声极值，可以得到散粒噪声电流 $2qI_{ds}$，因此可以推测，鳍片中的热噪声会随着器件由强反型进入弱反型过程中偏压的变化而发生平稳变

化。当器件在强反型下工作时，γ 和 V_{ds} 在饱和状态下的关系图才会具有物理意义。通过推导共源放大器和共栅放大器的噪声系数，可以理解 γ 的重要性所在。低频下共源放大器的输出总噪声为

$$\overline{i_o^2} = g_m^2 \, \overline{v_{R_s}^2} + \overline{i_d^2} = g_m^2 4kTR_s\delta f + 4kTg_{ds,ch}\gamma\delta f \qquad (2.13)$$

从中可以得到噪声系数为

$$F = 1 + \frac{g_{ds,ch}\gamma}{g_m^2 R_s} = 1 + \frac{\gamma/\alpha}{g_m R_s} \qquad (2.14)$$

在许多应用中，R_s 为固定值并且 g_m 会受到功耗的限制，这就表明了 γ 会决定噪声极值。由于没有电流增益，因此一般的共栅放大器对 γ 更为敏感。

$$\overline{i_o^2} = \overline{i_{R_s}^2} + \overline{i_d^2} = 4kTG_s\delta f + 4kTg_{ds,ch}\gamma\delta f \qquad (2.15)$$

噪声系数的最小边界值为

$$F = 1 + \frac{(g_m/\alpha)\gamma}{G_s} \qquad (2.16)$$

共栅放大器优于共源放大器的地方在于当共栅放大器的 $g_m = R_s$ 时可以获得宽带阻抗匹配，此时噪声系数为

$$F = 1 + \frac{\gamma}{\alpha} \qquad (2.17)$$

在后面的章节还将得到相位噪声的最小值与 γ 有关这一结论。

特别是当为了得到器件尺寸时，闪烁噪声在模拟电路中也起着同样重要的作用。鳍片中闪烁噪声的频谱与大多数含有模拟信号器件的频率会发生重叠（直流到 10s 或兆赫兹）。因此设计人员一般会通过调整器件尺寸，使得闪烁噪声对器件的影响达到最小（见图 2.14）。特别是当设计人员为使噪声最小化而选择不同的沟道长度 L 时，一般在闪烁噪声模型中采用物理方法，从而得到闪烁噪声随偏压的关系。

在 FinFET 中，所有的本征噪声都来自沟道和栅极氧化界面中的陷阱。非本征寄生元件，如栅极、源极和漏极中的物理电阻也会产生噪声。通过绘制噪声参数与偏压的关系图来分清各种噪声的来源：与偏压有关的噪声通常来自本征器件，而固定噪声则是由外部激励源引起的。也可以用相关的噪声电压和电流源的输入对来表示鳍片中的噪声，这种方法不仅有利于设计人员进行电路设计，并且能够为模型测试提供一个好的度量标准。一些电路仿真器可以仿真并画出这些参数的二端口电路，通过这些电路图去检测输入噪声源所发生的物理变化。其中这些输入噪声不仅来自本征噪声，同时也来自非本征噪声。

2.3.7 线性度和对称性 ★★★

1. 谐波失真

线性度，即模拟电路的输出信号（放大或缓冲）与输入信号的一致程度。

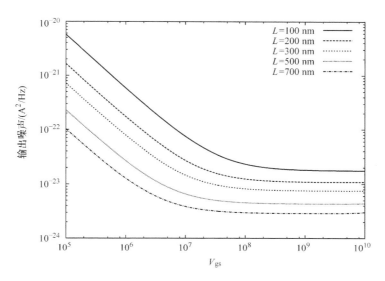

图 2.14　对于一系列沟道长度为 L 的器件，其漏极噪声
电流谱密度与频率有相同的偏压 V_{gs}

尽管人们对它的重视程度不如增益和速度，但它仍然是一个重要的度量标准。这是由于大多数模拟电路都有反馈，并且这种反馈能够抑制电路回路增益对器件造成的失真。由于开环放大器是射频电路中较为常见的放大器，因此器件的非线性度仍然是一个重要的指标。在现代纳米级器件中，尽管环路增益不断下降（由于本征增益的下降），但线性度仍然发挥着更为重要的作用。此外，当把鳍片看成开关时，器件所产生的失真会和信号一起在时间域中进行采样和处理。

由于用端口电压的非线性方程表示鳍片的 $I-V$ 特性，因此很容易知道器件的何处会产生失真。

$$I_{ds} = f(V_{gs}, V_{ds}, V_{bs}) \qquad (2.18)$$

将上述关系扩展为 V_{gs} 的泰勒级数，同时保持 V_{ds} 和 V_{bs} 不变，不考虑直流电压，会得到非线性 G_m 的幂级数表达式。

$$i_{ds} = g_{m1} v_{gs} + g_{m2} v_{gs}^2 + g_{m3} v_{gs}^3 + \cdots \qquad (2.19)$$

式中的小写符号表示交流量，g_{m1} 只表示器件的跨导。特性曲线的曲率会产生高阶系数，这些系数表示了栅源电压的交流点与静态工作点在偏置点附近的差值。可以利用漏源电压用相同的方式推导出一个幂级数

$$i_{ds} = g_{ds1} v_{ds} + g_{ds2} v_{ds}^2 + g_{ds3} v_{ds}^3 + \cdots \qquad (2.20)$$

一般来说，当栅源电压和漏源电压都发生变化时，可以得到二维幂级数。但是为了简单起见，在实际应用中通常只计算一维幂级数。寻找谐波失真（Harmonic Distortion，HD）的点是测量模块的非线性度中最常见的方法，即用纯正弦

波驱动放大器并观察输出谐波的波形。

$$i_{ds} = g_{m1}A_{gs}\cos(\omega t) + g_{m2}A_{gs}^2\cos^2(\omega t) + g_{m3}A_{gs}^3\cos^3(\omega t) + \cdots \quad (2.21)$$

例如，式 $\cos^2 x = 0.5(1 + \cos 2x)$ 中包含了直流分量和二次谐波的二次方项。同样三次方项的展开式为

$$\cos^3 x = \cos x \cos^2 x = 0.5(\cos x + \cos x \cos 2x) \quad (2.22)$$

$$= \frac{1}{2}\left[\cos x + \frac{1}{2}(\cos x + \cos 3x)\right] \quad (2.23)$$

$$= \frac{3}{4}\cos x + \frac{1}{4}\cos 3x \quad (2.24)$$

上述式子中包含了基波信号和三次谐波。

一般来说，利用复指数之和的二项展开式，不难得到第 n 个奇数幂是从基波和每一个奇次谐波（第一、第三、第五…第 n）中产生谐波，而第 n 个偶数幂是从直流（零、第二、第四、第六…第 n）中产生所有偶次谐波。

换句话说，即偶次谐波会产生直流电压，且偶次谐波产生的次数会小于 n（$0 \times \omega$，$2 \times \omega$，$\cdots$，$n \times \omega$）。而奇次谐波会产生基波，奇次谐波产生的次数也会小于 n（$1 \times \omega$，$3 \times \omega$，$\cdots$，$n \times \omega$）。

因此当输入正弦信号时，能够写出输出漏极电流的谐波方程

$$i_{ds} = \left(g_{m1}A_{gs} + \frac{3}{4}g_{m3}A_{gs}^3 + \cdots\right)\cos\omega t \quad (2.25a)$$

$$+ \left(\frac{1}{2}g_{m2}A_{gs}^2 + \cdots\right)\cos 2\omega t \quad (2.25b)$$

$$+ \left(\frac{1}{4}g_{m3}A_{gs}^3 + \cdots\right)\cos 3\omega t + \cdots \quad (2.25c)$$

重要的是，每个谐波的表达式都是幂级数在无穷大处的展开式，但是对于偏离偏置点较小的谐波，展开式中幂次最低的项为决定项。最后重要的一点是，虽然这一过程看起来像是在不断减小，但实际上它是在"小信号"或"弱"失真的假设中总结出来的。例如，对于一个实际生产的器件，当把等式放入幂级数后就会得到一个归一化电压 v_{gs}/V^*（过驱动电压），或者在弱反型中，只要归一化电压的偏移很小，$v_{gs}q/kT$ 就能够逐渐提高器件的功率，从而在幂级数中得到逐渐减小的电压值。在以上这些条件下，器件是否会产生失真取决于幂级数中幂次最低的项。

在这些弱失真条件下，将谐波失真定义为谐波振幅与基波的比值。比如：

$$HD_2 = \frac{V_{2\omega}}{V_{\omega}} = \frac{g_{m2}(A_{gs}^2/2)}{g_{m1}A_{gs}} = \frac{1}{2}\frac{g_{m2}}{g_{m1}}A_{gs} \quad (2.26)$$

和

$$\text{HD}_3 = \frac{V_{3\omega}}{V_\omega} = \frac{g_{m3} \ (A_{gs}^3/4)}{g_{m1} A_{gs}} = \frac{1}{4} \frac{g_{m3}}{g_{m1}} A_{gs}^2 \tag{2.27}$$

如图 2.15 所示，当扫描正弦输入信号的振幅时，二次谐波的幅度呈四次方增长，而三次谐波则呈三次方增长，因此它们的谐波失真比为比它们小一阶的幂律（线性和二次）。当振幅超过小信号失真的范围时，斜率会发生变化，最终高阶项为决定项。

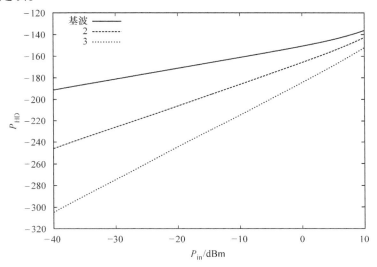

图 2.15　曲线 2 和 3 的特征斜率表示了在对数坐标上 2ω 和 3ω 处的谐波失真电流与施加在栅极/源极上的输入振幅 P_{in}（dBm）之间的关系，此时偏压 V_{gs} 为固定值。$g_{m3} = 0$ 会使得 HD_3 的曲线短暂下降，而这个点被称为特殊偏压点或者是 MOSFET 的"最佳位置"

为了说明过驱动电压的重要性，图 2.16 所示为 HD_2 和 HD_3 与 V_{gs} 的曲线关系图。用 V_{gs} 改善谐波失真的物理原因与一个简单的事实有关，即器件中的电场与过驱动电压有关，而在低电场下谐波失真的线性相关性会比预期的更好。

不仅能够利用跨导的非线性结构来定义谐波失真，也可以用同样的方法计算器件中其他电流/电压。虽然跨导结构非线性是最常见的非线性类型，但由于输出电导的非线性与跨导结构的非线性相同，因此输出电导的非线性也会成为一个潜在的影响因素。因为谐波失真会对器件的偏压点造成较大的影响，所以很难用通用的度量标准进行定义。建模工程师应该要防止模型在不同的偏压范围（包括 V_{gs} 和 V_{ds}）下再次出现失真，而且最重要的是要确保谐波失真的斜率在弱输入中遵循上述关系。例如，当输入很弱时，曲线 3 的斜率就是三次谐波信号的斜率，任何偏离此斜率的紧凑模型都表明这个模型存在问题。

之所以能够用幂级数进行定义并证明曲线 3 的斜率确实是正确的斜率，是因

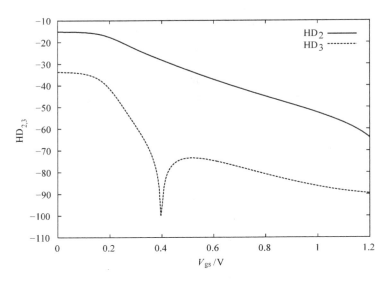

图 2.16　HD_2 和 HD_3 与拥有固定摆幅 v_{gs} （$-30dBm$） 的偏压 V_{gs}
之间的关系。注意 HD_3 的 "最佳位置"

为假设所有紧凑模型的曲线都是光滑和无限可微的。但是，如果紧凑模型的电源突变为非线性源，那么得到的非光滑曲线将不符合假设。一个典型的例子是上面的 "if" 语句在紧凑模型中会改变器件的 $I-V$ 特性。如果信号在 "if" 语句所在的区域附近有偏差，那么即使是很小的偏差，在 $I-V$ 传输中也会产生弯折（没有定义斜率的点）。在足够强的信号下，所有奇次谐波对基波功率所产生的影响会打破这一假设，并且导致斜率急剧变化，但这只发生在器件很难进行工作（深度压缩）时。虽然无法检查一系列的谐波失真，但最好要从 HD_2 检查到 HD_5，使得所有曲线的斜率都满足在假设中得到的斜率。由于一个晶体管的大信号参数会产生失真，因此必须进行瞬态仿真或稳态仿真。比如可以用 SpectreRF 中的 "shooting" 法或 ADS 中的谐波平衡法对稳态周期进行分析。用快速傅里叶变换来计算输出波形并画出谐波功率曲线，从而在瞬态仿真中获得相同的结果。经典的电路仿真软件 SPICE 中还包括一个类似于 AC 分析的 disto 语句，但也包括了对高次谐波的研究。

2. 增益压缩

由于器件的非线性度，增益压缩经常发生在所有器件中，因此增益压缩是一个非常重要的度量。例如，图 2.17 所示为器件的有效跨导 G_m 与输入摆幅的关系曲线图。正如所想的那样，对于小的输入电压 v_{gs}，有 $G_m = g_m$，但是随着摆幅增大，跨导就会发生变化。G_m 之所以会发生这种变化，是因为所有满足 $I-V$ 关系的奇次谐波会产生基波电流（在幂级数中对于 $k>1$ 有 $g_{m,2k-1}$），而这些电流

与 g_{m1} 所产生的基波同相或反相。根据式（2.25），可以得到基本输出电流的振幅为

$$i_{\mathrm{ds},\omega} = g_{m1} v_{gs} + \frac{3}{4} g_{m3} v_{gs}^2 + \cdots \tag{2.28}$$

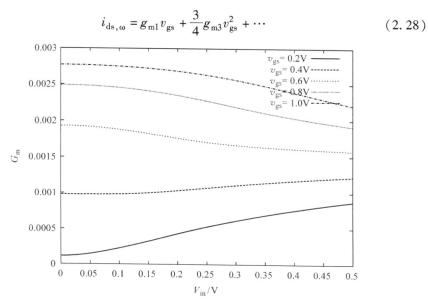

图 2.17　跨导增益压缩与信号摆幅 v_{gs}

如果用栅极驱动 v_{gs} 的振幅从而获得归一化电流，就会得到有效跨导为

$$G_m = \frac{i_{\mathrm{ds},\omega}}{v_{gs}} = g_{m1} + \frac{3}{4} g_{m3} v_{gs}^2 + \cdots \tag{2.29}$$

因此，可以发现有效跨导与栅源电压 v_{gs} 的偏移有关。对于振幅较小的栅源电压，当小信号趋于最小值，即 $v_{gs} \rightarrow 0$ 时，可以得到 $G_m = g_{m1}$。但对于振幅较大的栅源电压，跨导会随着 g_{m3} 符号的变化增加或减少，跨导的增加或者增益的增加被称为增益扩展。同样，增益的减小被称为增益压缩。在图 2.17 中，当器件在弱反型中出现偏差时，由于器件 $I-V$ 特性曲线的指数性质，增益会发生扩展。对于较高的偏压点，鳍片中高的场迁移率效应会导致增益压缩。

应该注意的是已经明确知道增益会存在于元件 G_m 和 R_o 中，由于器件的输出摆幅（电压裕度）和输出电阻 R_o 有限，因此也会发生增益扩展。在实际应用中，g_m 和 R_o 会共同决定整个电路的增益压缩特性。

由于所有晶体管都工作在不变的电压裕度中，因此电源和地轨会限制电压的振幅，并且增益会随之下降，最终导致增益发生压缩（见图 2.18）。特别在增益扩展和压缩区域中，压缩后的形状与器件的非线性度有关，是衡量紧凑模型准确度的一种好方法。例如，高场效应和迁移率退化使得 G_m 发生压缩。虽然 $I-V$

特性曲线可以直接体现高场效应和迁移率所带来的影响，但这里主要通过 $I-V$ 特性曲线的斜率来了解这些因素所带来的影响。

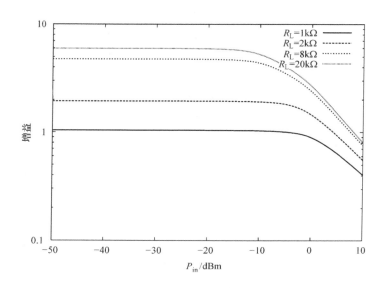

图2.18　电压增益压缩与信号摆幅 P_{in}（dBm）的关系。理想的电感器的漏极偏压为1.2V，负载电阻 R_L 也会发生变化。请注意，高阻值的 R_L 具有较高的增益，但由于漏极电压摆幅（而不是 G_m 压缩）使得电压增益较早发生压缩

3. 记忆效应

为了简单起见，忽略鳍片中所有非线性电容，这就意味着假定漏极电流是栅源电压和漏源电压的瞬时函数，但实际中并非如此。由于鳍片的端部会同时存在线性电容和非线性电容，故对于这种复杂的情况，选择 Volterra 级数进行计算而不是用幂级数[1]。实际上，大多数模拟电路忽略了这些所谓的记忆效应。如果器件的工作频率远低于晶体管的截止频率和放大器的极点，使得信号通过晶体管时，其振幅不会发生衰减或相位偏移，则这个准静态假设就是合理的。这些条件通常适用于在模拟电路中处理信号，但不适用于谐波。

4. 交调失真

实际上器件很少放大单音信号，一般来说只处理复杂信号。对于线性时不变电路，只需要描述系统的频率响应（或等效于时域中的脉冲响应），而对于非线性电路，甚至是无记忆电路，不单单描述一个单音信号，也要描述双音信号、三音信号，通常到 n 次谐波的影响，从而了解系统对一般信号的响应。由于这样做较为复杂，因此几个信号之间的交调是常见的度量标准，而最常见的度量标准是

双音响应和相关的交调信号（通常任意双音之间都会产生谐波）。将在 2.4 节再次讨论交调失真。

2.3.8　对称性　★★★

紧凑模型的对称性在模拟电路中也是一个重要的度量标准，当器件在采样电路和整流电路（如射频混频器）中作为开关时，其偏压约为 $V_{ds} = 0V$。正如人们曾经认为的那样，虽然紧凑模型的不对称性既不是由模型中的漏源交换产生的，也不是由源参考电压引起的，但如果处理不当，这两种因素都可能使器件产生不对称性。例如，通常用"if"语句交换具有物理对称性的鳍片内部的源极/漏极，由于"源极"和"漏极"之间的大小关系仅由偏压点定义（对于 n 型鳍片有 V_{ds} >0V），因此在电路仿真过程中偏压点可能会改变 V_{ds} 的符号。该模型通常以有限的准确度将一个引出端作为漏极并检测符号的变化。换句话说，对于某些较小的 ϵ，当 $V_{ds} < \epsilon$ 时会发生漏源交换。这将在传输曲线的 $V_{ds} = 0V$ 处产生一个需要进行平滑处理的小的弯折。

Gummel 对称性测试用于检测鳍片模型中的对称性问题。图 2.19 是用于激励 $V_{ds} = 0V$ 的电路。对于均匀掺杂的鳍片，希望漏极电流是 v_x 的奇函数。

$$I_d(v_x) = -I_d(-v_x) \qquad (2.30)$$

所以

$$i_x(v_x) = \frac{1}{2}[I_d(v_x) - I_s(v_x)] \qquad (2.31)$$

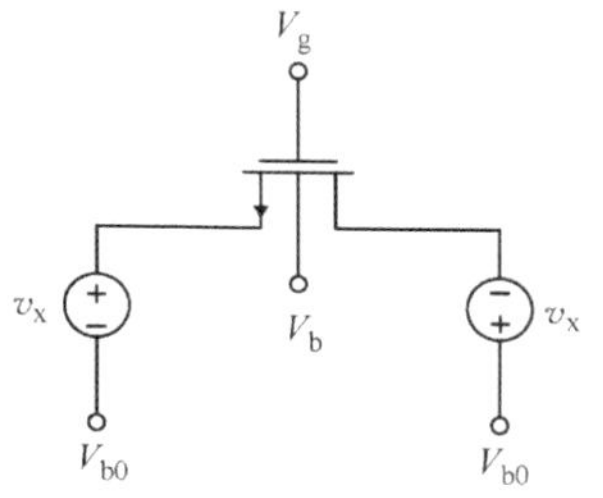

图 2.19　Gummel 对称性测试电路

对于一个设计合理的紧凑模型，期望 i_x 是 v_x 的光滑函数，并且在 $v_x = 0V$ 处具有连续性，这意味着对于 n 阶导数，有 $\mathrm{d}^n i_x / \mathrm{d} v_x^n$。由于波形的对称性，在物理方面期望当 $v_x = 0V$ 时 $i_x = 0A$ 且 $\mathrm{d}^2 i_x / \mathrm{d} v_x^2 = 0$。例如，图 2.20 所示为 FinFET 公共多栅（Common Multigate，CMG）模型一阶和二阶导数平滑并且连续的曲线图。除了电流外，Gummel 对称电路的远端电荷还应满足对称性和光滑性的物理条件。当 v_x 从负数变为正数时，分别画出此时 MOSFET（Q_g、Q_s、Q_d 和 Q_b）的栅极、源极、漏极和体电荷的图像。电荷对 v_x 的导数在 $v_x = 0V$ 附近连续，且不存在间断点。

此外，当器件对称时，Q_s 和 Q_d 在 $v_x = 0V$ 处的导数相等且互为相反数。当 $v_x = 0V$ 时，理想器件在电容 C_{gs} 和 C_{gd} 中也应表现出对称性。类似的结论在 C_{bs}、C_{bd}、C_{dd} 和 C_{ss} 中也成立。

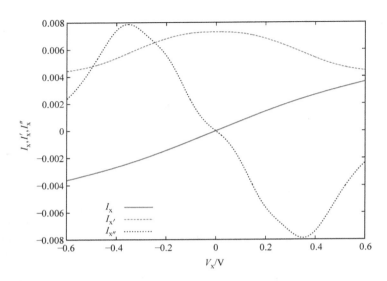

图 2.20　BSIM - CMG FinFET 模型的 Gummel 对称性实验

2.4　射频电路指标

一个好的模拟紧凑模型是一个好的射频紧凑模型的基础。除了之前提到的模拟电路中的重要指标外，射频电路也需要紧凑模型中的新模块来得到栅极电阻、衬底电阻和非准静态（Non - Quasi - Static，NQS）效应。因为许多射频电路不存在反馈，所以它们对晶体管产生的失真更为敏感，同时对模型的准确度也提出了更高的要求。最后，由于可以使用变压器来调节寄生电容参数，因此电容所产生的误差也较小。此外，对速度而言，尽管 f_T 仍然发挥着重要作用，但已经不是最好的衡量标准。

2.4.1　二端口参数　★★★

在高频作用下，二端口参数往往取决于晶体管。与混合 π 模型或完整的紧凑模型不同，二端口参数之所以重要是因为其既有历史原因，又有实际原因。由于过去没有详细了解器件的性能和非本征寄生元件，尤其是当元器件在 f_T 附近工作时，不知道非准静态效应对模型很重要，因此紧凑模型相对简单。包含本征器件和封装寄生元件的射频模型已经变得非常复杂，无法进行手工分析（见图 2.21）。为了在了解元器件性能的过程中避免这个问题，设计人员通常利用高频下所测量的二端口参数，而不是通过 $I - V/C - V$ 曲线推断模型的性能。

二端口参数有许多局限性，其中一点是它们在小信号下得出的假设与频率相关。

　　但是，许多射频电路（除了功率放大器）在窄频（即窄带通信）的基础上能够在弱信号（从空气中获得的信号）中工作，特别是在没有信号干扰的情况下，小信号窄带假设是成立的。此外，通过在偏压点范围内测量二端口（或三/四端口）参数，或者通过构造一个查表模型来获得调制信号的动态特性。二端口参数的好处在于它们之间是完全通用的，并且在特定频率下得到的所有晶体管的动态特性（根据定义）也是相同的。此外，二端口参数还能够用来回答关于晶体管器件的一些非常普遍

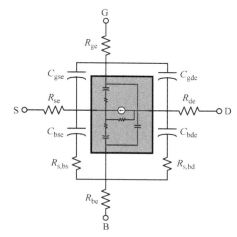

图 2.21　一个完整的鳍片模型除了外部
寄生元件，还包含本征晶体管

的问题，例如"器件的最大功率增益是多少？"为此，下面将广泛运用二端口参数和理论知识对这些问题进行探讨。

　　通常把一个待测器件的二端口参数比作一个紧凑模型，但由于电路设计者和器件工程师对电路和小信号等效电路更多是靠直觉，因此一般很难直接从这些参数中得到细节。通常是用等效电路表示二端口参数来解决上面的问题，例如常见的混合 π 模型，进而更加直观地了解模型与测量值的匹配程度。由于二端口参数会受到频率的影响，因此等效电路也会变化，但如果选择合适的二端口，则仍然可以得到稳定的参数。如果在共源结构中考虑晶体管的二端口参数，如图 2.22 所示，那么很容易证明等效 π 电路与参数 γ 相关，如下所示：

$$Y_{11} = Y_{\pi} + Y_{\mu} \tag{2.32}$$

$$Y_{22} = Y_{o} + Y_{\mu} \tag{2.33}$$

$$Y_{21} = g_{m} - Y_{\mu} \tag{2.34}$$

$$Y_{12} = - Y_{\mu} \tag{2.35}$$

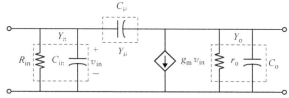

图 2.22　利用以下所得到的关系式，可以将 γ 参数直接转换为电路的 π 参数。
但由于这个模型较为简单，因此此时的参数与频率有关

可以从测量结果中得到四个关于 π 电路参数的方程:

$$Y_\pi = Y_{11} + Y_{12} \tag{2.36}$$

$$Y_\mu = -Y_{12} \tag{2.37}$$

$$Y_o = Y_{22} + Y_{12} \tag{2.38}$$

$$G_m = Y_{21} - Y_{12} \tag{2.39}$$

需要注意的是，Y_μ 和 G_m 的表达式通常比较复杂。C_μ 的实部反映了晶体管中的反馈在高频时会发生相移，而 G_m 的虚部在正向时也会发生相移。为了简化计算，可以从振幅/相位来考虑 G_m。

$$G_m = |G_m| \angle G_m \tag{2.40}$$

实际上由于栅极电阻与频率为常数，所以也可以将 Y_π 的输入网络从并联变为串联

$$Y_\pi = j\omega C_\pi + G_\pi = \frac{1}{[1/(j\omega C_{gs})] + R_g} \tag{2.41}$$

另一方面，输出网络也变得更加简单

$$Y_o = j\omega C_{ds} + g_o \tag{2.42}$$

虽然整个晶体管是由这些电容和电阻组成的，但实际上是由本征器件和包括衬底在内的非本征寄生元件产生的许多电容一起组成的。由于版图不同可能会产生一些差异，因此无法用共源极表示法得到含有源端寄生参数的模型准确度。由于用二端口进行表示较不完整，因此一般会选择三端口或四端口（对于器件的背栅极或第二栅极）进行表示。对于一个典型的器件，π 电路的参数如图 2.23 所示。由于这些参数在窄频中一般为常数，因此可以得到器件在静态工作点下工作时的一些参数。

2.4.2 速度需求 ★★★

射频电路的工作频率从几兆赫兹到几千兆赫兹，从所谓的射频频谱到毫米波频谱，甚至到"太赫兹"频率下。为了利用新的带宽同时能够最大限度地提高通信速率，人们要求尽可能快地运行电路。对于模拟电路，f_T 可以很好地代替用于估计电路的增益带宽积。但是在射频电路中，通过调谐电容寄生元件，晶体管可以在窄带上以超过 f_T 的频率工作。那么晶体管的正确度量标准是什么呢？

下面从一个简单的练习开始，推导图 2.24 所示调谐放大器级联的增益和带宽。这里，每级电压增益不受输出电阻的限制，而是受电感品质因数 Q_L 的限制

$$A_v = g_m r_o \parallel R_L \approx g_m Q_L \omega L \tag{2.43}$$

对于确定的器件跨导 g_m，希望最大化 Q_L 和电感 L，希望使用尽可能小的电感，以尽量减小其物理面积。然而，L 的值不是任意的，至少它必须超过下一级电容。为了简单起见，假设电路中没有添加明确的电容，所以 $C_L = C_{gs} + C_{gd}$。为

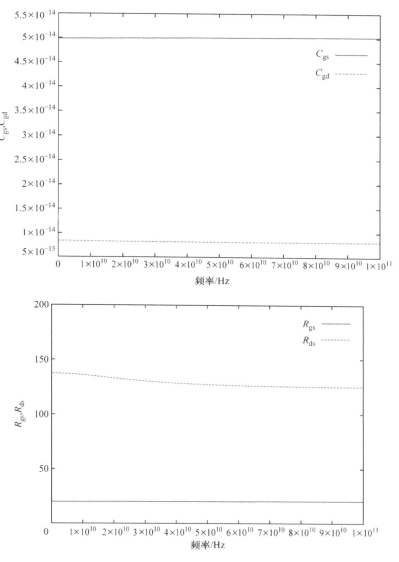

图2.23　核心器件中电容和电阻 π 参数与频率的关系。在一个较宽的频率范围内，这些参数为常数，并与常用的混合 π 等效电路模型密切相关

了最小化 C_{gd}，可以用以上的级联结构，所以对于一阶结构有

$$A_v = g_m Q_L \omega L = g_m Q_L \frac{1}{\omega C_{gs}(1+\mu)} = \frac{g_m}{C_{gs}(1+\mu)} \frac{Q_L}{\omega} \qquad (2.44)$$

有趣的是，可以在式（2.44）中发现 f_T

$$A_v \approx \frac{f_T}{f} Q_L \qquad (2.45)$$

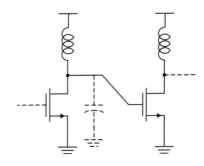

图2.24　调谐放大器级的级联。选择 L 将每个晶体管的漏极的电容寄生元件调谐到所需工作频率

这说明中心频率 f 乘以增益受 f_T 和 Q_L 积的限制，这也促使人们认识到无源器件在射频频率下所起的重要作用。但这个方程是基本方程吗？不是的，因为这里只采用了一个固定拓扑结构的共源放大器，并在相同的级联级中找到了每级的电压增益。

一个更基本的问题是晶体管在最佳条件下能获得的最大增益是多少？一个相关的问题是，从晶体管中获得功率增益的最大频率是多少？

射频电路的一个独特方面是功率增益往往比电压增益更重要，因为射频电路必须驱动固定阻抗（或由固定电阻驱动），通常值为50Ω。在这种情况下，一个更相关的问题是能从晶体管中获得的最大增益是什么？二端口理论中著名结论增益最大化是通过双共轭匹配实现的，或者换句话说，通过设计源和负载导纳与两个端口的输入和输出导纳共轭匹配。

$$Y_S = Y_{in}^* = \left(y_{11} - \frac{y_{12} z_{21}}{y_{22} + Y_L} \right)^* \qquad (2.46)$$

$$Y_L = Y_{out}^* = \left(y_{22} - \frac{y_{12} y_{21}}{y_{11} + Y_S} \right)^* \qquad (2.47)$$

式中，y_{ij} 为二端口（晶体管）的两个端口 y 的参数；Y_S 和 Y_L 为源导纳和负载导纳。如果这些值是固定的（如通过天线端口），那么可以使用阻抗变换网络来获得上面给出的最佳 Y_S 和 Y_L。一个非常有趣的结果是，如果上述源/负载阻抗存在，则可获得的最大增益由如下公式给出：

$$G_{max} = \frac{Y_{21}}{Y_{12}} \left(K - \sqrt{K^2 - 1} \right) \qquad (2.48)$$

式中，$K \geqslant 1$ 为二端口的稳定性系数，表示如下：

$$K = \frac{2 \Re(Y_{11}) \Re(Y_{22}) - \Re(Y_{12} Y_{21})}{|Y_{12} Y_{21}|} \qquad (2.49)$$

稳定的二端口网络中有 $K \geqslant 1$，这意味着它不会因任何物理负载或源导纳而振荡 $[\Re(Y_{S|L} > 0)]$。根据定义，不稳定的二端口具有无限的增益，因为它为零输入生成输出信号，这就是为什么要选择限制为 $K \geqslant 1$。由于增益随着稳定系数的减小而增大，因此常用的度量是最大稳定增益（Maximum Stable Gain，MSG）。

$$MSG = G_{\max} \mid _{K=1} = \frac{Y_{21}}{Y_{12}} \qquad (2.50)$$

理解最大稳定增益度量的方法是假设有条件稳定的二端口，这样 $K<1$。不稳定性意味着两个端口的输入和/或输出导纳具有负实部，$\Re(Y_{S|L}<0)$。可以通过故意增加端口的损耗使这两个端口保持稳定，直到净实部为零，$\Re(Y_{S|L}=0)$。此时，二端口处于有条件稳定的状态，其增益由最大稳定增益给出。当增加更多的损耗使二端口更稳定的同时，也降低了增益。

一个例子也许可以说明这一点。考虑图 2.25 所示为简单场效应晶体管放大器的混合 π 模型。在非常低的频率下，场效应晶体管是无条件稳定的，因为 C_μ 提供了可忽略的反馈。但在较高频率下，对于感性负载，很容易看出输入导纳为负实部，因为流过反馈电容的电流与漏极处的电压具有正交相位关系。

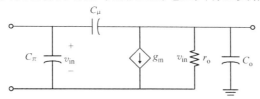

图 2.25　简单场效应晶体管放大器的混合 π 模型

$$i_\mu = (v_g - v_d)j\omega C_\mu \approx [v_g - v_g(-g_m j\omega L)]j\omega C_\mu \qquad (2.51)$$

$$= v_g(j\omega C_\mu - g_m \omega^2 L C_\mu) \qquad (2.52)$$

$$\Re(Y_{in}) = \Re(\frac{i_\pi + i_\mu}{v_g}) = -g_m \omega^2 L C_\mu \qquad (2.53)$$

更精确的关系可以直接从完整的二端口参数中推导出来

$$Y_{in} = Y_{11} - \frac{Y_{12}Y_{21}}{j\omega L + Y_{22}} \qquad (2.54)$$

这些关系可以简化为

$$Y_{in} = j\omega(C_\pi + C_\mu) - \frac{-j\omega C_\mu g_m}{g_0 + j\omega C_o + [1/(j\omega L)]} \qquad (2.55)$$

$$\approx j\omega(C_\pi + C_\mu) - \frac{-j\omega C_\mu g_m}{1/(j\omega L)} \qquad (2.56)$$

$$\Re(Y_{in}) \approx -g_m \omega^2 L C_\mu \qquad (2.57)$$

这符合上面的直观计算。关键是当感性负载对器件输出电导和电纳有较高的电纳时，该近似在频率范围内是有效的。这种情况在实际器件中很容易发生。为了使器件稳定，可以在器件上增加栅极电阻，也可以通过增加并联（或串联）电阻的方式来增加负载电压的实部分量，而不是虚部分量。通过这样做，可以将稳定系数提高到 $K=1$。

器件的最大增益取决于 K 的值。当 $K < 1$ 时，最大增益是通过稳定器件获得的，由最大稳定增益给出。当 $K > 1$ 时，最大增益由式（2.48）给出。典型器件的最大增益图如图2.26所示。如前所述，在 K 与单位1相交处，曲线上有一个拐点。

对于示例器件，可以从式（2.49）中得到 K 值，表示如下：

$$K = \frac{\Re\left[\, j\omega C_{\mu}\left(g_{m} - j\omega C_{\mu}\right)\,\right]}{\omega C_{\mu}\,\sqrt{g_{m}^{2} + \omega^{2} C_{\mu}^{2}}} \tag{2.58}$$

$$= \frac{\omega C_{\mu}}{\sqrt{g_{m}^{2} + \omega^{2} C_{\mu}^{2}}} \tag{2.59}$$

对于感兴趣的频率范围，$\omega C_{\mu} \ll g_{m}$，可得

$$K \approx \frac{\omega C_{\mu}}{g_{m}} < 1 \tag{2.60}$$

这表明晶体管是有条件的稳定，如前面所预测的。请注意，这里忽略了实际器件中的物理栅极电阻，这改变了上述计算，因为这里假设 $\Re\,(Y_{11}) = 0$。

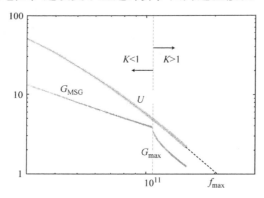

图2.26　二端口晶体管的最大增益出现在两个区域中。当 $K < 1$ 时，最大增益由最大稳定增益给出。对于更高的频率，当 $K > 1$ 时，最大增益为 G_{max} 或者此时的增益

1. 最大单位功率增益频率 f_{max}

晶体管高频性能最常见的品质因子是最大振荡频率 f_{max}，或等效表示为可以从晶体管获得功率增益的最高频率。可以像之前一样使用一个简单的混合 π 模型，模型中引入栅极电阻并忽略了 C_{μ}（为了简单起见），如图2.27所示。在这种情况下，由于单侧性（$Y_{12} = 0$，可以通过阻抗匹配源和负载，直接得到最大增益），可得

$$Z_{s} = Z_{in}^{*} = \left(R_{g} + \frac{1}{j\omega C_{gs}}\right)^{*} = R_{g} + j\omega L_{s} \tag{2.61}$$

$$Y_{\mathrm{L}} = Y_{\mathrm{out}}^{*} = (G_{\mathrm{o}} + \mathrm{j}\omega C_{\mathrm{ds}})^{*} = G_{\mathrm{o}} + \mathrm{j}\omega L_{\mathrm{d}} \qquad (2.62)$$

在这些匹配条件下，由于电抗被源/负载吸收，因此很容易计算功率增益，而无需使用完整的二端口参数，如图 2.27 所示。

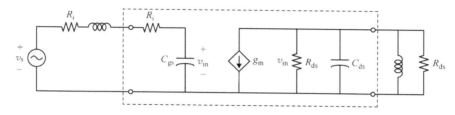

图 2.27　用于计算功率增益的场效应晶体管的简单模型。
该模型不包括反馈电容，但包括栅极电阻

$$P_{\mathrm{in}} = \frac{1}{2}V_{\mathrm{in}}I_{\mathrm{in}} = \frac{1}{2}\frac{v_{\mathrm{s}}}{2}\frac{v_{\mathrm{s}}}{2R_{\mathrm{i}}} = \frac{1}{8}\frac{v_{\mathrm{s}}^{2}}{R_{\mathrm{i}}} \qquad (2.63)$$

$$P_{\mathrm{L}} = \frac{v_{\mathrm{o}}^{2}}{2r_{\mathrm{o}}} = \frac{1}{2r_{\mathrm{o}}}\left(\frac{g_{\mathrm{m}}r_{\mathrm{o}}}{2}v_{\pi}\right)^{2} = \frac{1}{2r_{\mathrm{o}}}\left(\frac{g_{\mathrm{m}}r_{\mathrm{o}}}{2}\frac{v_{\mathrm{s}}}{2R_{\mathrm{i}}}\frac{1}{\omega C_{\pi}}\right)^{2} \qquad (2.64)$$

取它们的比值，并注意到 $g_{\mathrm{m}}/C_{\pi} \approx \omega_{\mathrm{T}}$，这里有一个简单的功率增益表达式，表示如下：

$$P_{\mathrm{L}} = \left(\frac{\omega_{\mathrm{T}}}{\omega}\right)^{2}\frac{r_{\mathrm{o}}}{R_{\mathrm{i}}^{2}}\frac{1}{32}v_{\mathrm{s}}^{2} \qquad (2.65)$$

$$G_{\mathrm{p}} = \frac{P_{\mathrm{L}}}{P_{\mathrm{in}}} = \frac{1}{4}\left(\frac{r_{\mathrm{o}}}{R_{\mathrm{i}}}\right)\left(\frac{\omega_{\mathrm{T}}}{\omega}\right)^{2} \qquad (2.66)$$

现在可以得到晶体管提供功率增益的最大频率 $f_{\max}$，表示如下：

$$G_{\mathrm{p}} = 1 = \frac{1}{4}\left(\frac{r_{\mathrm{o}}}{R_{\mathrm{i}}}\right)\left(\frac{f_{\mathrm{T}}}{f_{\max}}\right)^{2} \qquad (2.67)$$

$$f_{\max} = \frac{f_{\mathrm{T}}}{2}\sqrt{\frac{r_{\mathrm{o}}}{R_{\mathrm{i}}}} \qquad (2.68)$$

虽然晶体管模型较为简单，但这个方程非常深入，因为它将最大功率增益与器件 f_{T} 或单位增益频率联系起来。这肯定了将 f_{T} 作为射频和模拟电路的一个重要指标的信心，但它也表明 f_{T} 并不是完整的。如果输出电阻 r_{o} 比器件输入电阻 R_{i} 大，则器件的 $f_{\max}$ 实际上可能大于 f_{T}。例如，可以证明 R_{i} 取决于栅极多晶硅电阻和从栅极终端看到的沟道电阻（栅极交流信号穿过栅极氧化物流出沟道，流入源极和漏极）。在极限情况下，如果用多个叉指器件以尽量减小物理栅极电阻（见图 2.28），则只有沟道电阻对 R_{i}[2] 有贡献（见 2.4.3 节）。

$$R_{\mathrm{i}} \approx \frac{1}{5g_{\mathrm{m}}} \qquad (2.69)$$

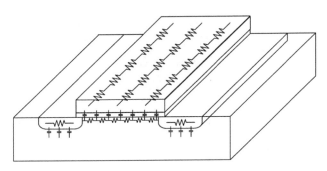

图 2.28　栅极电阻来源于两个组成部分：物理栅极材料（通过使用多个叉指器件的布局最小化）
和实际的沟道电阻（不可避免且与布局无关）

所以有

$$f_{\max} = \frac{f_T}{2}\sqrt{\frac{r_o}{1/(5g_m)}} = \frac{f_T}{2}\sqrt{5g_m r_o} = \frac{f_T}{2}\sqrt{5A_0} \qquad (2.70)$$

因为对于任何重要的晶体管有 $A_0 > 1$，所以有 $f_{\max} > f_T$。这里忽略了反馈电容 C_μ，它也起着关键作用。通过更深入的分析可以得出 $f_{\max}$[3] 的表达式，这与国际半导体技术路线图[4] 所采用的表达式非常相似，表示如下：

$$f_{\max} \approx \frac{f_T}{2\sqrt{R_g\left(g_m C_{gd}/C_{gg}\right) + \left(R_g + r_{ch} + R_s\right)g_{ds}}} \qquad (2.71)$$

式（2.71）突出了器件最小化损耗的重要性，例如漏极电阻 R_d、源极电阻 R_s 和栅极电阻 R_g（在混合 π 模型中是 R_i 的一部分，其余来自 r_{ch}）。这些寄生元件很大程度上是由版图和工艺技术决定的，这是测试本征和非本征晶体管模型的一个很好的指标。

在射频电路中，可以通过并联一个电感 L_μ 来中和电容，使其在任何给定频率和窄带上产生共振。在差分电路中，我们可以使用交叉耦合匹配电容来中和电容，如图 2.29 所示。实际上，最佳 L_μ 能完全抵消电容的值吗？

对于场效应晶体管，有 $Y_{21} \approx g_m$ 和 $Y_{12} \approx j\omega C_{gd}$，所以可得最大稳定增益为

$$\mathrm{MSG} = \left|\frac{Y_{21}}{Y_{12}}\right| \approx \frac{g_m}{\omega C_{gd}} \qquad (2.72)$$

这意味着当通过中和的方式减少有效 C_{gd} 时，增益增加。

$$\mathrm{MSG} \approx \frac{g_m}{\omega\left(C_{gd} - C_n\right)} \qquad (2.73)$$

式中，C_n 是中和的量。可以看出，在这种情况下，表示为

$$\mathrm{MSG} = \sqrt{\frac{g_m^2}{\omega^2\left(C_{gd} - C_n\right)} + 1} \qquad (2.74)$$

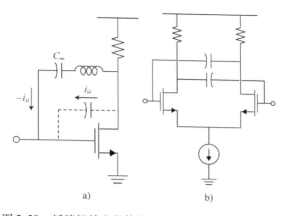

图 2.29　抵消场效应晶体管中反馈电容 C_{gd} 的两种技术

a）在并联中添加一个电感以使电容共振　b）在全差分或平衡放大器中使用交叉耦合，以在并联中产生在宽频范围内工作的负电容

相应的稳定系数为

$$K = \left[1 + \frac{2g_g g_{ds}}{\omega^2 (C_{gd} - C_n)^2} \right] \mathrm{MSG}^{-1} \qquad (2.75)$$

稳定性要求 $K > 1$，这可以在中和值 n 的范围内得到

$$n_1 \leqslant n \leqslant n_2 \qquad (2.76)$$

式中，n 为中和的相对量，表示为

$$n = \frac{C_n}{C_{gd}} \qquad (2.77)$$

n 的临界值出现在

$$n_1 = 1 - \frac{1}{\omega C_{gd}} \sqrt{\frac{g_g g_{ds}}{U - 1}} \qquad (2.78)$$

$$n_2 = 1 + \frac{1}{\omega C_{gd}} \sqrt{\frac{g_g g_{ds}}{U - 1}} \qquad (2.79)$$

式中，U 为二端口的梅森单向增益，这些将在下一步进行讨论。实际上，最大增益发生在这些临界点，而不是 $n = 1$，最大增益可计算为[5]

$$G_{max} = 2U - 1 \qquad (2.80)$$

那么 U 是什么？它与二端口的功率增益有什么关系？

2. 梅森单向增益 U

高频晶体管特性最重要的指标之一是 U，即梅森单向增益[6]。U 背后的想法有一段有趣的历史，在本章参考文献［7］中有详细描述。U 的定义是四端口无损嵌入下的二端口功率增益，如图 2.30 所示。其目的是提供无损的"反馈"，使二端口单边化，然后在这些条件下，U 是从二端口获得的增益，表示如下：

$$U = \frac{|Y_{21} - Y_{12}|^2}{4[\Re(Y_{11})\Re(Y_{22}) - \Re(Y_{12})\Re(Y_{21})]} \quad (2.81)$$

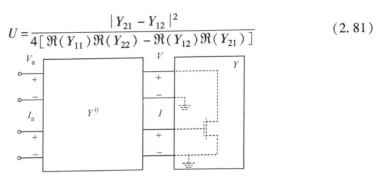

图2.30　二端口网络 Y 嵌入到四端口网络 Y^0 中，提供无损反馈以使器件单边化

U 函数有几个重要特性：

1）如果 $U > 1$，则两个端口处于活动状态；如果 $U \leqslant 1$，则两个端口处于无源状态。

2）U 是在无损嵌入下器件的最大单边功率增益。

3）U 是三端器件的最大增益，与公共端无关。

这些特性有助于 U 的广泛使用并作为测试晶体管功率增益的度量标准，出于同样的原因，在测试紧凑模型时也是一个很好的度量标准。与最大稳定增益不同，U 对器件的损耗十分敏感。这是因为即使 $K < 1$，也可以在器件周围添加一个网络，使其单边化，因此是稳定的，然后可以在此配置中，从器件中提取最大稳定增益。可以看出，与最大稳定增益相比，器件中的损耗越小，可以提取的增益就越大，而最大稳定增益实际上要求在 $K < 1$ 时增加损耗以稳定器件。基于这些原因，将一个模型与最大稳定增益的数据进行匹配，要比使用 U 更容易。U 是获得功率增益真正重要的函数，因此选择它作为度量标准。

U 是能获得的最大可能的功率增益吗？正如已经在中和的情况下看到的，实际上它不是最大值。当中和提供 $2U - 1$ 的增益时，可以显示最大的可能增益高达[8]

$$G_{\max} = 2U - 1 + 2\sqrt{U(U-1)} \approx 4U \quad (2.82)$$

2.4.3　非准静态模型　★★★

在大多数紧凑模型的推导中，$I-V$ 关系和 $C-V$ 关系是独立推导出来的，其隐含的假设是电荷对外部电压产生的瞬时响应。这种假设称为准静态假设，即如果一个器件的终端电压变化足够慢，那么期望通过 $C-V$ 关系和 $I-V$ 关系能够准确描述流入晶体管的电流。但能以多快的速度去考虑这个假设的有效性呢？电荷要经过多长的距离才会流入沟道中？一个非常简单的计算方式可以表达为与沟道充电相关的 RC 时间常数大约是沟道电阻 R_{ds} 乘以栅极氧化物电容 C_{gs}。正如所见，晶体管区的沟道电阻 R_{ds}，或等于晶体管区的沟道电导 G_{ds}，或等于饱和状态下器件的 g_m。所以用这个近似，时间常数为

$$\tau = \frac{1}{g_m} \cdot C_{gs} = \frac{C_{gs}}{g_m} = \frac{1}{\omega_T} \qquad (2.83)$$

由此可见，器件 f_T 又起到了重要作用。如果接近器件 f_T，则准静态假设就开始失效。

为了在紧凑模型中看到这一点，可以绘制 Y_{11} 的实部和虚部，其中端口 1 是栅极，端口 2 是漏极。对于一个实际器件，期望看到的是 Y_{11} 的实部，这是由于沟道电导和栅极 – 沟道电容的分布特性。然而，在准静态模型中，栅极源阻抗是纯无功的，Y_{11} 的实部只能由 C_{gd} 的反馈产生。在图 2.31a 中，通过绘制 $\Re$（Y_{11}）和一个模型的 π 模型分量 R_{gs} 来证明这一点，该模型具有开启和关闭的非准静态效果（NQSMOD = 0，参数描述见附录 A）。非常明显，非准静态电阻对整个器件有重要的影响。正如所见，器件中的损耗对确定器件的最大可用增益起着重要作用。如果没有这个电阻，则得到的非物理结果是，一个器件有无限的可用增益（不考虑反馈），因为输入将在无功负载中不消耗任何功率，而输出将产生功率。

还可以通过观察有效跨导 G_m 与频率的关系来观察非准静态效应的频率依赖性。将 Y 参数中的有效跨导定义为正向减去反向短路跨导

$$G_m = |Y_{21} - Y_{12}| \qquad (2.84)$$

对于物理器件，希望 G_m 随频率下降，但是图 2.32 所示的无准静态效应的模型仿真显示了相反的趋势，并预测了器件在高频下的跨导会变得更好。利用非准静态模型，可以观察到晶体管的正确工作状态，并通过测试加以验证。注意，需要本章参考文献［9］中描述的完整分段模型来完全获得此效应。

目前已经开发了各种技术通过 SPICE 模型仿真非准静态效应。由于 SPICE 本质上是一个“常微分方程”求解器，因此它不能处理分布式分量。为了模拟分布效应，需要使用集总电路来近似分布性质。例如，弛豫时间近似法模拟了沟道[10]中的电荷不足或剩余时，其衰减到归一化准静态值，时间常数类似于 $1/\omega_T$。非准静态模型也可以集中到栅极电阻模型中（并添加到物理栅极电阻中）[11]。最精确的模型使用电荷分割和连续性关系来模拟沟道中的非均匀电荷分布[12,13]。这些不同的模型在图 2.32 中进行了比较，表明每个模型都有一个频率范围，且在各自的频率范围内具有较好的性能。只有当器件频率超过 f_T 时，才有必要调用非准静态模型。

2.4.4　噪声　★★★

通常可以根据等效输入噪声电压/电流源及其相关性分析二端口的噪声性能（见图 2.33）。将输入噪声电流分成两个分量，一个分量与噪声电压相关（“平

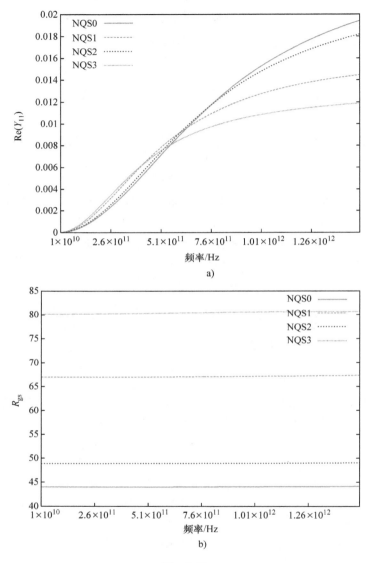

图 2.31

a) Y_{11} 的实部表明非准静态效应的影响 b) 栅极电阻 R_{gs} 的一个额外的分量

行"），另一个分量与噪声电压不相关（"垂直"），于是得到

$$i_n = i_c + i_u \qquad\qquad (2.85)$$

其中假设 $\langle i_u, v_n \rangle = 0$，且

$$i_c = Y_c v_n \qquad\qquad (2.86)$$

所以可以得到

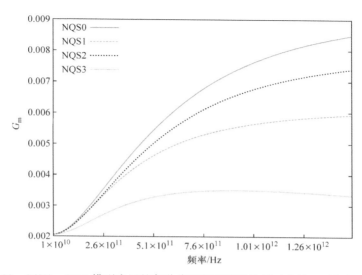

图 2.32 BSIM – CMG 模型内置的各种非准静态模型及其对有效 G_m 影响的比较

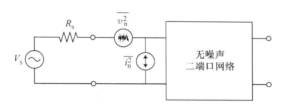

图 2.33 一般二端口噪声网络可以分为无噪声二端口和两个相关噪声源
以及输入和/或输出。这里显示了单输入的二端口网络

$$v_{eg} = v_n (1 + Y_c Z_s) + Z_s i_u \tag{2.87}$$

1. 最小可实现噪声系数 F_{min}

利用该模型，可以通过寻找最佳的源阻抗来计算噪声系数并将其最小化。设
$\overline{v_n^2} = 4kTBR_n$，$\overline{i_u^2} = 4kTBG_u$ 和 $\overline{v_s^2} = 4kTBR_s$，可以得到

$$F = 1 + \frac{R_n |1 + Y_c Z_s|^2 + |Z_s|^2 G_u}{R_s} \tag{2.88}$$

如果设 $Y_c = G_c + jB_c$，$Y_s = Z_s^{-1} = G_s + jB_s$，不难证明将 F 最小化的最佳源阻
抗由式（2.89）给出

$$B_{opt} = B_s = -B_c \tag{2.89}$$

$$G_{opt} = G_s = \sqrt{\frac{G_u}{R_n} + G_c^2} \tag{2.90}$$

可获得的最小噪声系数为

$$F_{\min} = 1 + 2G_c R_n + 2\sqrt{R_n G_u + G_c^2 R_n^2} \tag{2.91}$$

通过一些代数运算，可以得出[14]

$$F = F_{\min} + R_n R_s \mid G_{opt} - G_s \mid^2 \tag{2.92}$$

R_n 被称为噪声敏感度参数。这一术语很清楚，因为与最佳噪声系数的偏差率是由 R_n 确定的。如果一个二端口的 R_n 值很小，那么就可以牺牲噪声匹配来获得增益。但是，如果 R_n 很大，就必须注意噪声匹配。$\text{NF}_{\min}$（$F_{\min}$ 的对数形式）与器件偏置 V_{gs} 如图 2.34 所示。这些曲线表明在 20GHz 的固定频率上，使用一系列沟道长度 L 证明了增加器件 f_T（最小化 L）可以改善噪声系数的趋势。

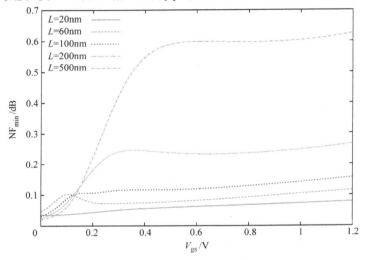

图 2.34　对于一组沟道长度 L，最小场效应晶体管噪声与偏置电压 V_{gs} 的关系

2. 场效应晶体管噪声的简单模型

考虑与源 R_s、栅极电阻 R_g、沟道电阻 R_{ch} 和负载 R_L 相关的噪声源，表示如下：

$$\overline{v_s^2} = 4kTBR_s$$

$$\overline{v_g^2} = 4kTBR_g$$

$$\overline{i_d^2} = 4kTBg_{d0}\gamma$$

$$\overline{i_L^2} = 4kTBG_L$$

忽略其相关性（除了栅极的物理热噪声），栅极噪声可用于对栅极的沟道噪声进行建模。这称为 Pospierski 噪声模型，它与测量值非常匹配[15]。

$$F = 1 + \frac{\overline{v_g^2}}{\overline{v_s^2}} + \frac{\overline{i_d^2} + \overline{i_L^2}}{g_m^2 \overline{v_s^2}} \tag{2.93}$$

$$= 1 + \frac{R_g}{R_s} + \frac{g_{d0}\gamma + G_L}{R_s g_m^2} \qquad (2.94)$$

如果假设 $g_m = g_{d0}$（在长沟道情况下），则有

$$F = 1 + \frac{R_g}{R_s} + \frac{\gamma}{g_m R_s} + \frac{G_L G_s}{g_m^2} \qquad (2.95)$$

如果使 g_m 足够大，则栅极电阻将主导噪声。栅极电阻有两个组成部分，即物理栅极电阻和感应沟道电阻。

$$R_g = R_{poly} + \delta R_{ch} = \frac{1}{3} \frac{W}{L} R_\square + \frac{1}{5} \frac{1}{g_m} \qquad (2.96)$$

对于最优化的源阻抗，可以得到

$$F_{min} = 1 + 2\left(\frac{\omega}{\omega_T}\right)\sqrt{g_m R_g \gamma} \qquad (2.97)$$

在尽可能优化版图的情况下，得到了 $R_g = 1/5g_m$ 和

$$F_{min} = 1 + 2\left(\frac{\omega}{\omega_T}\right)\sqrt{\gamma/5} \qquad (2.98)$$

这里可以再次看到 f_T 和 γ 起着核心作用。

3. 相位噪声

由于来自器件的随机噪声，振荡器没有 delta 函数功率谱，而是在振荡频率处有一个非常尖锐的峰值（见图 2.35）。然而，当远离中心频率时，噪声功率谱

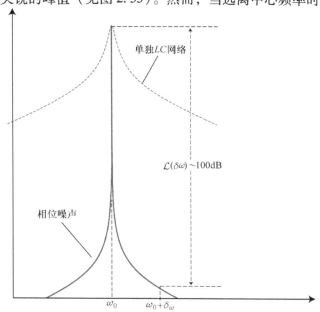

图 2.35　由于电子器件中的噪声会改变振荡周期（抖动），
因此振荡器的功率谱在频域中的宽度是有限的

的振幅会很快下降。例如，当偏移量仅为 0.01% 时，手机振荡器的相位噪声比载波低 100dB。请注意，噪声的形成不是由于构建具有更大带宽振荡器的 *LC* 谐振器或晶体谐振器造成的。

相位噪声的重要性在于它对射频通信产生了诸多限制。例如，传输链中的相位噪声会将功率"泄漏"到相邻信道中，如图 2.36 所示。由于传输的功率很大，比如大约 30dBm，而窄带系统中的相邻信道可能仅位于 200kHz 以外⊖，这就需要对发射机频谱进行严格的规范。

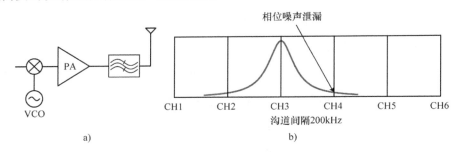

图　2.36
a）在典型的上变频发射机中，"本振"具有相位噪声，这是由驱动天线的功率
放大器放大的　b）此相位噪声泄漏到相邻信道，使接收器无法或难以区分信号和噪声

在接收链中，本振不是一个完美的三角函数。这一事实意味着存在一个连续的本振，它可以与干扰信号混合并在相同的中频下产生能量。这里可以观察到一个相邻的信道信号和本地振荡器的"裙带"混合，并落在来自所需信道的弱中频信号的顶部。

在数字通信系统中，相位噪声会导致较低的噪声容限。从图 2.37 可以看出相位噪声导致正交相移键控调制的星座图扩散。在正交频分复用系统中，宽带被分成多个子信道。相位噪声导致载波间干扰和数字通信误码率下降。

4. 相位噪声推导：洛伦兹谱

虽然相位噪声的完全推导需要求解随机微分方程，但可以用一个非常简单的线性时不变模型来获得。很容易证明 v_0 的功率谱可以表示为[16,17]

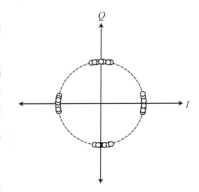

图 2.37　发射机和接收机的理想
星座图会因射频载波和时钟中用于
调制和采样数据的"抖动"或
相位噪声而退化

⊖　实际上，这些是流行的 2G 数字移动标准 GSM 的规格。

$$v_{o} = \overline{i_{n}^{2}} \frac{R_{1}^{2}}{[1 - (g_{m}R_{1}/n)]^{2} + 4Q^{2}(\delta\omega^{2}/\omega_{0}^{2})} \tag{2.99}$$

因此，对于白噪声，噪声具有洛伦兹形态。对于感兴趣的偏移频率有

$$4Q^{2}\frac{\delta\omega^{2}}{\omega_{0}^{2}} \gg \left(1 - \frac{g_{m}R_{1}}{n}\right)^{2} \tag{2.100}$$

归一化为峰值的频谱由式（2.101）给出

$$\left(\frac{v_{o}}{V_{o}}\right)^{2} \approx \frac{\overline{i_{n}^{2}}R_{1}^{2}}{V_{o}^{2}}\left(\frac{\omega_{0}}{\delta\omega}\right)^{2}\frac{1}{4Q^{2}} \tag{2.101}$$

式（2.101）是李森方程的形式。它简洁地将振荡器噪声表示为信号功率上的噪声功率（N/S），其除以 Q^{2} 后下降为 $1/\delta\omega^{2}$。

5. 相位噪声和闪烁噪声

正如所见，相位噪声取决于器件噪声，这与之前对线性增益的分析类似。也就是说，在某一频率偏移处的相位噪声是由同一频率的器件噪声产生的。但在简单的线性时不变模型中，忽略了晶体管工作点的重要准周期时变性质。如图 2.38 所示，这种与混频器类似的时变特性使低频噪声混合，并出现在射频载波周围。因此，在射频电路中，低频噪声（由于闪烁噪声的影响）也很重要，不能忽视。

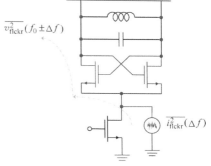

图 2.38　来自低频的噪声，如电流源中的闪烁噪声，通过振荡器的时变"混频器"作用向上变频到射频域

2.4.5　线性度 ★★★

在射频频率下，除了谐波失真指标外，还需要特别考虑互调失真，尤其是奇数阶互调。这是因为许多射频系统都是窄带的，所以带通网络可以衰减掉所需波段之外的失真产物，例如谐波，但奇数阶互调产物会落入波段中，无法滤除。此外，即使是偶数阶互调产物也具有直流分量，这在直接转换应用中很重要，因为大多数信号处理都在基带（DC）上完成的。

为了推导一般非线性的互调，可以采用与以前相同的方法。考虑将双音信号应用于由幂级数描述的无记忆非线性系统中。

$$i_{ds} = g_{m1}(V_{gs1}\cos\omega_{1}t + V_{gs2}\cos\omega_{2}t) + g_{m2}(V_{gs1}\cos\omega_{1}t + V_{gs2}\cos\omega_{2}t)^{2} + \cdots \tag{2.102}$$

如果只关注第二个功率项，则会发现除了 $2\omega_{1,2}$ 处的谐波，还产生了一个新的二阶互调（IM_{2}）项

$$g_{\mathrm{m2}}(V_{\mathrm{gs1}}\cos\omega_1 t + V_{\mathrm{gs2}}\cos\omega_2 t)^2 = g_{\mathrm{m2}}V_{\mathrm{gs},1,2}^2\frac{1+\cos 2\omega_{1,2}}{2}$$
$$+ 2V_{\mathrm{gs1}}\cos\omega_1 t V_{\mathrm{gs2}}\cos\omega_2 t \qquad (2.103)$$

后一项可以简化为

$$= \cdots + g_{\mathrm{m2}}V_{\mathrm{gs1}}V_{\mathrm{gs2}}\big[\cos(\omega_1+\omega_2)t + \cos(\omega_1-\omega_2)t\big] \qquad (2.104)$$

这两个"和与差"频率项是二阶互调项。它们相对于基波的功率比用于定义 IM_2（通过对两个输入施加相等的电压）

$$\mathrm{IM}_2 = \frac{g_{\mathrm{m2}}V_{\mathrm{gs},1}^2}{g_{\mathrm{m1}}V_{\mathrm{gs}}} = \frac{g_{\mathrm{m2}}}{g_{\mathrm{m1}}}V_{\mathrm{gs}} \qquad (2.105)$$

对于无记忆系统，IM_2 实际上与 HD_2（二次谐波）相关〔见式（2.26）〕，如下：

$$\mathrm{IM}_2 = 2\mathrm{HD}_2 \qquad (2.106)$$

如果系统中有内存，则这种关系显然会被破坏。一个简单的低通滤波器会衰减 HD_2，但会使 $\omega_1 - \omega_2$ 处的低频差分功率保持不变。

以类似的方式，可以从这里开始分析三阶双音响应。

$$= \cdots + g_{\mathrm{m3}}(V_{\mathrm{gs1}}\cos\omega_1 t + V_{\mathrm{gs2}}\cos\omega_2 t)^3 \qquad (2.107)$$

$$= \cdots + g_{\mathrm{m3}}(V_{\mathrm{gs1}}\cos\omega_1 t + V_{\mathrm{gs2}}\cos\omega_2 t)^2(V_{\mathrm{gs1}}\cos\omega_1 t + V_{\mathrm{gs2}}\cos\omega_2 t) \qquad (2.108)$$

$$= \cdots + g_{\mathrm{m3}}V_{\mathrm{gs1}}V_{\mathrm{gs2}}\Big[\frac{1}{2}(\cos 2\omega_{1,2}+1) + \cos(\omega_1+\omega_2)t + \cos(\omega_1-\omega_2)t\Big]$$
$$(V_{\mathrm{gs1}}\cos\omega_1 t + V_{\mathrm{gs2}}\cos\omega_2 t) \qquad (2.109)$$

将乘积展开，看到现在的项在 $2\omega_2 + \omega_1$ 和 $2\omega_1 + \omega_2$ 处，由以下给出：

$$\Big(\frac{1}{2}+\frac{1}{4}\Big)\cos(\omega_1+\omega_2)t \times \cos\omega_{1,2}t \qquad (2.110)$$

以及在 $2\omega_2 - \omega_1$ 和 $2\omega_1 - \omega_2$ 的项给出如下：

$$\Big(\frac{1}{2}+\frac{1}{4}\Big)\cos(\omega_1-\omega_2)t \times \cos\omega_{1,2}t \qquad (2.111)$$

这些被称为三阶互调项或 IM_3。计算三阶互调与基频的比例（每个谐波的功率相等）

$$\mathrm{IM}_3 = \frac{g_{\mathrm{m3}}V_{\mathrm{gs}}^3(3/4)}{g_{\mathrm{m1}}V_{\mathrm{gs}}} = \frac{3}{4}\frac{g_{\mathrm{m3}}}{g_{\mathrm{m1}}}V_{\mathrm{gs}}^2 \qquad (2.112)$$

可以看到 IM_3 也有许多与 HD_3 相同的特性，事实上，对于无记忆系统，它们的关联系数为3。IM_3（实际上是所有奇数阶互调产物）的显著不同之处在于，在波段中或在原始双音频率附近产生了频谱分量。特别是这些谐波在 $2\omega_2 - \omega_1$ 和 $2\omega_1 - \omega_2$ 处，因为在窄带系统中 $\omega_1 \approx \omega_2$，所以这些失真分量在带内下降，并可能造成最大危害。正是因为这个原因，IM_3 在射频系统中发挥着如此重要的作用。

基波输出信号与频率 $\omega_2 - \omega_1$（第二阶）、$2\omega_2 - \omega_1$（第三阶）处失真谐波之间关系如图 2.39 所示。基波曲线和二阶、三阶曲线之间的距离是对数刻度轴上的互调值。截距（外推）是另一个用来描述三阶和二阶互调的数据。根据定义，在截距处，V_{IIP} 是输入信号电平，这样失真产物和基波输出具有相等的幅度。

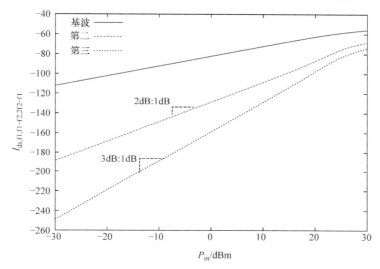

图 2.39 基波及第二和第三互调产物的功率是信号功率的函数。互调产物的信号功率每 dB 增加 2dB 和 3dB，与基波的距离是对数刻度轴上的互调比

图 2.40 中绘制了 IM_3 和 IM_2 与信号功率的对比图。这些图与 HD 图非常相似，在分贝刻度轴上的斜率分别为 2 和 1。与之前的图相比，斜率为 1 时需要减去产生非线性功率的斜率，因为 IM_2 和 IM_3 是根据基波归一化的比值。

对于二阶失真产物有

$$\text{IM}_2 = 1 = \frac{g_{\text{m2}}}{g_{\text{m1}}} V_{\text{IIP},2} \tag{2.113}$$

$$V_{\text{IIP},2} = \frac{g_{\text{m1}}}{g_{\text{m3}}} \tag{2.114}$$

对于三阶失真产物有

$$\text{IM}_3 = 1 = \frac{3}{4} \frac{g_{\text{m3}}}{g_{\text{m1}}} V_{\text{IIP},3}^2 \tag{2.115}$$

$$V_{\text{IIP},3} = \sqrt{\frac{4}{3} \frac{g_{\text{m1}}}{g_{\text{m3}}}} \tag{2.116}$$

截点优势在于可以计算该（或测量）它一次，然后对于任何给定的输入信号电平功率，可以简单地应用规则，即 IM_3 关系为从截点增加 1dB，输出就增长 2dB，而 IM_2 关系为从截点增加 1dB，输出就增长 1dB。

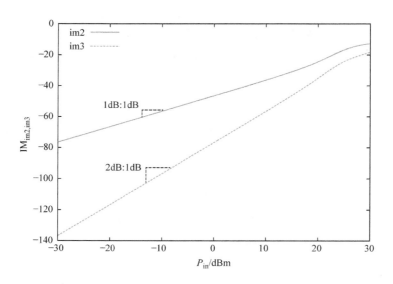

图 2.40 IM_2 和 IM_3 作为信号功率的函数，信号功率每增加 1dB，其斜率分别为 1dB 和 2dB

1. 记忆效应

如前所述，对于射频系统，期望电路中的任何电抗，例如器件电容，将与晶体管非线性产生的失真产物相互作用，并衰减（或放大）失真产物。这个额外的复杂问题是通过使用 Volterra 系列[1]代替 Power 系列来处理的。此外，电容中的任何非线性（如 C_{gs} 随信号功率变化）也会产生失真产物。这意味着在射频应用中，需要准确提取 $I-V$ 和 $C-V$ 的关系。从紧凑模型角度来看，一个简单的解决方案是将注意力放在器件的 $C-V$ 曲线上，并确保良好的拟合。与 $I-V$ 曲线的情况类似，拟合需要具有较好的理论基础，不仅绝对值必须能够与测试数据进行拟合，而且曲线必须平滑和对称，这是因为失真产物是由 $C-V$ 曲线的导数产生的。由于篇幅限制，此处省略了这一细节的讨论。

2. 其他失真指标

虽然 IM_2 和 IM_3 是理解窄带系统中失真产生的良好工具，但当实际调制应用于晶体管时，所有互调产物都会产生失真，导致信号频谱扩大。这称为频谱再生，除了调制模式的损坏，它还引入不需要的带外干扰，特别是对相邻信道（在频分复用系统中）的干扰。调制模式中的失真是由误差矢量大小来测量的，它测量了由于非线性（和噪声）导致的与理想星座点的偏差。由于这些指标更适用于系统级，而不是器件级，因此很难直接用于紧凑模型。在实际应用中，如果互调产品符合多个谐波次序，那么这是一个很好的现象，表明紧凑模型很好地表示了失真产物。特别是，互调产物也必须与不同的谐波间隔相匹配（即使简单的理论预测互调产物不依赖于谐波间隔，更详细的 Volterra 系列分析将显示出不同的情况）。此外，应使用三个或三个以上的输入信号来模拟宽带调制的效果，例如正交频分复用或多音信号。

2.5 总 结

如今，紧凑模型在工艺和电路之间起着关键的结合作用，适用于各种应用，包括精密模拟、数字、混合信号以及射频和毫米波应用。这些广泛的应用对紧凑模型的准确性提出了严格的要求，需要广泛的测试和验证。本章研究了用于模拟和射频应用的紧凑模型的重要特性，已经看到诸如阈值电压变化、本征增益、器件单位增益 f_T、最大振荡频率 f_{max}、最小可实现噪声系数 F_{min} 和梅森单边增益 U 等常用指标在评估紧凑模型的准确度方面都发挥了重要作用，还发现获得线性度、器件变化性、对称性和其他参数指标也很重要。在接下来的章节中，将集中讨论直接影响这些指标的紧凑模型模块。

参 考 文 献

[1] W.J. Rugh, Nonlinear System Theory: The Volterra-Wiener Approach, Johns Hopkins University Press, Baltimore, 1981.

[2] A.M. Niknejad, Electromagnetics for High-Speed Analog and Digital Communication Circuits, Cambridge University Press, Cambridge, 2007.

[3] C. Doan, S. Emami, A. Niknejad, R. Brodersen, Millimeter-wave CMOS design, IEEE J. Solid State Circuits 40 (1) (2005) 144–155.

[4] International Technology Roadmap for Semiconductor, RF and Analog/Mixed-Signal Technologies (RFAMS). Available from: http://www.itrs.net/.

[5] Z. Deng, A. Niknejad, A layout-based optimal neutralization technique for mm-wave differential amplifiers, in: IEEE Radio Frequency Integrated Circuits Symposium (RFIC), May 23–25, 2010, pp. 355–358.

[6] S.J. Mason, Power gain in feedback amplifiers, Trans. IRE Professional Group Circuit Theory CT-1 (2) (1954) 20–25.

[7] M.S. Gupta, Power gain in feedback amplifiers, a classic revisited, IEEE Trans. Microw. Theory Tech. 40 (5) (1992) 864–879.

[8] S.V. Thyagarajan, A.M. Niknejad, Manuscript in preparation.

[9] S. Venugopalan, From Poisson to silicon—advancing compact SPICE models for IC design (Ph.D. dissertation), Electrical Engineering and Computer Sciences, University of California at Berkeley, Technical Report No. UCB/EECS-2013-166, http://www.eecs.berkeley.edu/Pubs/TechRpts/2013/EECS-2013-166.html.

[10] M. Chan, K. Hui, R. Neff, C. Hu, P.K. Ko, A relaxation time approach to model the non-quasi-static transient effects in MOSFETs, in: International Electron Devices Meeting, Technical Digest, December 1994, pp. 169–172.

[11] X. Jin, J.-J. Ou, C.-H. Chen, W. Liu, M.J. Deen, P.R. Gray, C. Hu, An effective gate resistance model for CMOS RF and noise modeling, in: International Electron Devices

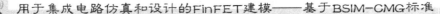

Meeting (IEDM), Technical Digest, December 1998, pp. 961, 964.

[12] A.J. Scholten, R. van Langevelde, L.F. Tiemeijer, R.J. Havens, D.B.M. Klaassen, Compact MOS modelling for RF CMOS circuit simulation, Simulation of Semiconductor Processes and Devices, Springer, Vienna, 2001, pp. 194–201.

[13] H. Wang, T.-L. Chen, G. Gildenblat, Quasi-static and nonquasi-static compact MOSFET models based on symmetric linearization of the bulk and inversion charges, IEEE Trans. Electron Devices 50 (11) (2003) 2262–2272.

[14] D.M. Pozar, Microwave Engineering, second ed., Wiley, New York, NY, 1997.

[15] M.W. Pospieszalski, On the measurement of noise parameters of microwave two-ports, IEEE MTT-S Int. Microw. Symp. Digest 34 (4) (1986) 456–458.

[16] D. Leeson, A simple model of feedback oscillator noise spectrum, Proc. IEEE 54 (2) (1966) 329–330.

[17] A.M. Niknejad, R.G. Meyer, Design, Simulation and Applications of Inductors and Transformers for Si RF ICs, Kluwer Academic Publishers, Boston, 2000.

第❸章 »

FinFET核心模型

在电路模拟器的实现中，紧凑模型比其他数值方法更受欢迎，因为前者除了具有良好的计算效率外，还具有良好的准确度[1]。紧凑模型良好的准确度主要依赖于其物理量与数学推导背后的假设。确实，FinFET是在纳米尺寸范围内构建的，所以精确的紧凑模型必须包括多种物理效应，即电荷量子化、栅极氧化层隧穿、栅极电容退化、短沟道效应等。

大多数紧凑模型都是基于"核心模型"实现的。核心模型是通过长沟道假设得到的，也称为渐变沟道近似（Gradual – Channel Approximation，GCA）[2]。核心模型简化了诸如电荷量子化、栅极氧化层隧穿等其他的物理效应。由于核心模型提供了一个连续、平滑的数学框架基础，这对于一个鲁棒性强的模型是十分关键的因素，所以核心模型对于完整的紧凑模型是十分重要的。在此背景下，通过加入表示先进物理效应的修正项，可以进一步改进核心模型[1,3]。通常情况下，核心模型是通过在渐变沟道近似条件下求解泊松方程，并假设载流子符合玻尔兹曼统计而得到的。即使利用渐变沟道近似和玻尔兹曼统计缓解了求解泊松方程的难度，直接解析解也只适用于无掺杂双栅场效应晶体管（Double – Gate FET）[4]和圆柱形全环绕场效应晶体管（Cylindrical Gate – All – Around，Cy – GAA）[5]的情况。在这两类情况中，三维泊松方程可以化简为一维形式。如果包含了掺杂引起的耗尽电荷，则泊松方程将变得高度非线性。此时，要得到直接解析解是一个极大的挑战[3,6–8]。然而，在实际FinFET器件中，需要将掺杂用于现代系统片上技术所需的多阈值电压器件中，以实现更好的功耗和性能权衡[10]，所以必须开发包含掺杂效应的核心模型。由于FinFET缺乏结构对称性，所以对于复杂的FinFET几何结构，要得到直接解析解则会变得更加困难[11]。事实上，非对称几何结构的紧凑模型，如三栅（TG）、矩形全环绕（Re – GAA）或π栅场效应晶体管在文献中很少出现，而只有通过广泛使用拟合参数或数值技术才能实现[11–14]。然而，与其他对称几何结构相比，这些不对称几何结构只需要更为简单的制造工艺[15]。所以，对于具有复杂几何结构的FinFET，建立其基于物理的核心模型,对于全面理解紧凑模型和电路设计具有重要意义。

对于不同的 FinFET 几何结构,如双栅[3,4,6-7,15-18]、三栅[10,11,19]、矩形全环绕和圆柱形全环绕[10,12,13]结构,都已经有相应的紧凑模型提出。BSIM - CMG 的核心模型是一个表面势模型,它是基于掺杂双栅 FinFET 的泊松方程解而建立的。利用在沟道上获得的表面电势来获得沟道内的迁移电荷,最终计算出器件的漏极电流。3.1 节将对该模型进行描述。近年来,工程师在 BSIM - CMG 中加入了一种新的核心模型,由于其能够描述多个具有复杂截面的 FinFET 的电行为,因此被称为统一的 FinFET 紧凑模型[22],将在 3.2 节讨论这种 BSIM - CMG 的前景。

3.1 双栅 FinFET 的核心模型

BSIM - CMG 中使用的核心模型是基于长通道双栅 FinFET 的泊松方程解,假设沟道中存在有限的掺杂,以模拟当前用于 FinFET 制造的掺杂沟道[9]。由于掺杂 FinFET 的泊松方程具有很高的非线性,因此很难直接求出其泊松方程的解析解。为了克服这一限制,采用摄动法近似求解体掺杂情况下的泊松方程[3]。

一个双栅 FinFET 的二维横截面如图 3.1 所示,将其作为模型推导的参考。假设反型载流子具有渐变沟道近似和玻尔兹曼分布,同时只考虑移动的载流子,那么泊松方程可以表示为

$$\frac{\partial^2 \psi(x,y)}{\partial x^2} = \frac{q}{\varepsilon_{ch}} \left[n_i e^{\frac{\psi(x,y) - \psi_B - V_{ch}(y)}{V_{tm}}} + N_{ch} \right] \quad (3.1)$$

式中,$\psi(x,y)$ 为沟道中的静电势;q 为电子电荷;n_i 为本征载流子浓度;ε_{ch} 为沟道(也就是鳍状体)介质常数;V_{tm} 为热电压($k_B T/q$),k_B 和 T 分别为玻尔兹曼常数和绝对温度;V_{ch} 为沟道中的准费米势 [$V_{ch}(0) = V_s$, $V_{ch}(L) = V_d$],它只有 y 轴方向的空间相关性;N_{ch} 为沟道掺杂,且 $\psi_B = V_{tm} \ln(N_{ch}/n_i)$。需要注意的是,式(3.1)是一个一维的泊松方程,由于长沟

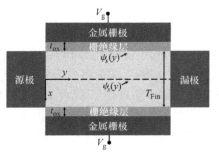

图 3.1 对称的双栅 FinFET

道特性(考虑渐变沟道近似的情况)和 z 轴上双栅结构的对称性,这里不考虑其他二维的情况。在其他 FinFET 几何结构中,沟道长度和鳍状体横截面较为复杂,所以必须求解三维泊松方程。

不同情况下,由式(3.1)得到的鳍片电势与鳍片位置坐标的关系如图 3.2 ~ 图 3.4 所示。式(3.1)采用有限元法进行数值求解,以生成鳍电位的数据。从这些结果来看,有几个关键点必须与传统的平面 MOSFET 进行对比。

例如，如图3.2和图3.3所示，中心电位并不像平面 MOSFET 中的体电位那样固定。实际上，中心电位随偏压条件的不同而不同，在强反型工作状态下趋于固定值。此外，FinFET 可能不需要对沟道使用高掺杂浓度来抵消短通道效应。在这种情况下，轻掺杂鳍状体会增加载流子迁移率，并降低由随机掺杂波动引起的器件参数变化。如图3.2所示，轻掺杂沟道意味着亚阈值区间内的电动势大部分较为平坦，这使得移动载流子和亚阈值电流与鳍片厚度成正比。所以，为了降低泄漏，鳍片厚度必须减小。对于多阈值 FinFET 来说，在沟道中加入掺杂物也是一个很好的选择[9]。采用重掺杂鳍片的电动势变化如图3.3所示。亚阈值区域的电动势由于离子化掺杂而弯曲，离子化掺杂根据掺杂量和鳍体的厚度来改变器件的阈值。最后，如图3.3所示，另一个需要重要关注的点是，当鳍片厚度减小时，沟道中心的电势增加。中心电动势的增加会增加鳍片中心移动载流子的数量，在那里迁移率大于表面，因此这些载流子可以获得更高的迁移率。图3.2和图3.3是通过一个不适合紧凑模型的数值解得到的，因此，下面将从式（3.1）开始提出一个紧凑模型。

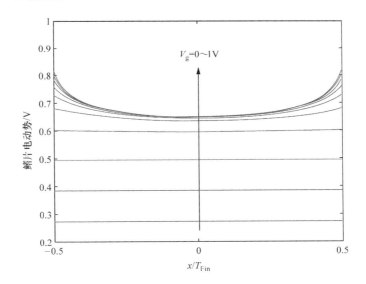

图3.2　对于轻掺杂鳍片，由式（3.1）得到数值解中鳍片电动势和位置坐标的关系。其中 $N_{ch}=1\times10^{15}\,\mathrm{cm}^{-3}$，$T_{Fin}=20\mathrm{nm}$，$t_{ox}=1\mathrm{nm}$，$V_{ch}=0\mathrm{V}$

为了得到式（3.1）中沟道的电动势，遵循摄动法，ψ 重写为

$$\psi(x,y)\approx\psi_1(x,y)+\psi_2(x,y) \tag{3.2}$$

式中，ψ_1 为没有电离掺杂 N_{ch} 影响时，反型载流子产生的电动势，由下式（3.3）得到

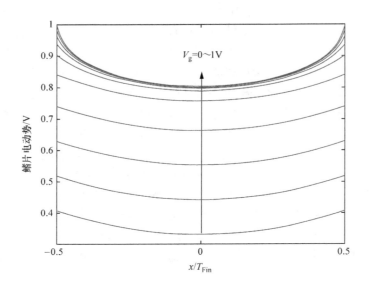

图3.3　对于掺杂鳍片，由式（3.1）得到数值解中鳍片电动势和位置坐标的关系。
其中 $N_{ch} = 5 \times 10^{18} \, cm^{-3}$，$T_{Fin} = 20nm$，$t_{ox} = 1nm$，$V_{ch} = 0V$

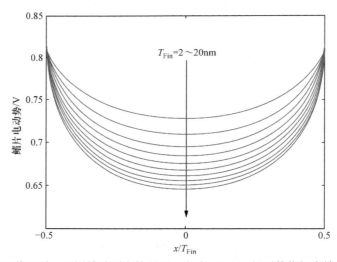

图3.4　在强反型偏置时，不同鳍片厚度情况下，由式（3.1）得到数值解中鳍片电动势和位置
坐标的关系。其中 $N_{ch} = 1 \times 10^{15} \, cm^{-3}$，$V_{ch} = 0V$，$T_{Fin} = 20nm$，$t_{ox} = 1nm$，
$V_g = 1V$；当 T_{Fin} 减小时，中心电动势增加，这会增加鳍片中心的移动载流子数量

$$\frac{\partial^2 \psi_1(x,y)}{\partial x^2} = \frac{q n_i}{\varepsilon_{ch}} e^{\frac{\psi_1(x,y) - \psi_B - V_{ch}(y)}{v_{tm}}} \tag{3.3}$$

ψ_2 是电离掺杂 N_{ch} 存在，而没有反型载流子影响时产生的电动势，也称为扰动势，由式（3.4）得到

$$\frac{\partial^2 \psi_2(x,y)}{\partial x^2} = \frac{qN_{ch}}{\varepsilon_{ch}} \tag{3.4}$$

双栅 FinFET 的几何对称结构使得电场 ε_x 在沟道中心的垂直分量为零，这样可以将式（3.3）二次积分，得到 $\psi_1(x,y)$ 为体中心电动势 $\psi_0(y)$ 的函数

$$\psi_1(x,y) = \psi_0(y) - 2V_{tm}\ln\left\{\cos\left[\sqrt{\frac{q}{2\varepsilon_{ch}V_{tm}}\frac{n_i^2}{N_{ch}}e^{\frac{\psi_0(y) - V_{ch}(y)}{V_{tm}}}} \times \frac{x}{2}\right]\right\} \tag{3.5}$$

为了得到 ψ_2，在沟道中心使得 $\varepsilon_x = 0$，并设 $\psi_2(x=0, y=0)$。之后再对式（3.4）进行二次积分，可以得到

$$\psi_2(x,y) = \frac{qN_{ch}x^2}{2\varepsilon_{ch}} \tag{3.6}$$

通过计算鳍片表面的 ψ_1 和 ψ_2 之和，可以得到沿表面任意点 y 处的表面电动势 ψ_s：

$$\psi_s(y) \approx \psi_1(-T_{Fin}/2, y) + \psi_2(-T_{Fin}/2, y) \tag{3.7}$$

由高斯定律和沟道 – 绝缘体界面的边界条件，可以得到第二个重要公式

$$V_{gs} = V_{fb} + \psi_s(y) + \varepsilon_{ch}\varepsilon_{xs}/C_{ox} \tag{3.8}$$

式中，V_{gs} 为栅极电压；V_{fb} 为平带电压；C_{ox} 为单位面积的栅极氧化层电容，可以由 ε_{ox}/T_{ox} 给出，其中 ε_{ox} 和 T_{ox} 分别为氧化层介电常数和氧化层厚度；ε_{xs} 为表面电场的垂直分量，可以通过对式（3.1）积分得到

$$\varepsilon_{xs} = \sqrt{\frac{2qn_i}{\varepsilon_{ch}}\left\{V_{tm}\left[e^{\frac{\psi_s(y)}{V_{tm}}} - e^{\frac{\psi_0(y)}{V_{tm}}}\right]e^{\frac{-\psi_B - V_{ch}(y)}{V_{tm}}} + e^{\frac{\psi_B(y)}{V_{tm}}}[\psi_s(y) - \psi_0(y)]\right\}} \tag{3.9}$$

式（3.7）和式（3.8）表示可用于获得 ψ_0 和 ψ_s 的自洽方程组。然而，通过改变变量

$$\beta = \sqrt{\frac{q}{2\varepsilon_{ch}V_{tm}}\frac{n_i^2}{N_{ch}}e^{\frac{\psi_0 - V_{ch}}{V_{tm}}}}\frac{T_{Fin}}{2} \tag{3.10}$$

式（3.7）和式（3.8）可以重写为一个公式

$$f(\beta) \equiv \ln\beta - \ln(\cos\beta) - \frac{V_{gs} - V_{fb} - V_{ch}}{2V_{tm}} + \ln\left(\frac{2}{T_{Fin}}\sqrt{\frac{2\varepsilon_{ch}V_{tm}N_{ch}}{qn_i^2}}\right)$$

$$+ \frac{2\varepsilon_{ch}}{T_{Fin}C_{ox}}\sqrt{\beta^2\left(\frac{e^{\frac{\psi_{pert}}{V_{tm}}}}{\cos^2\beta} - 1\right)} + \frac{\psi_{pert}}{V_{tm}^2}[\psi_{pert} - 2V_{tm}\ln(\cos\beta)] = 0 \tag{3.11}$$

式中，ψ_{pert} 由 $x = T_{Fin}/2$ 处的 ψ_2 得到。式（3.11）是关于 β 的一个隐式方程，必须用数值方法求解。所以一旦得到 β 的值，就可以进一步得到表面电动势和沟道

中电荷的值。由式（3.11）得到的表面电动势，以及不同掺杂浓度时式（3.1）的数值解如图3.5所示。图3.6所示为沟道中的掺杂浓度决定了器件的阈值电压，它表示在不同掺杂浓度时，从提出的紧凑模型和图3.6的数值解中获得的移动电荷密度。在轻掺杂双栅FinFET中，沟道的厚度以线性方式决定了沟道中的移动载流子电荷密度，如图3.7所示。

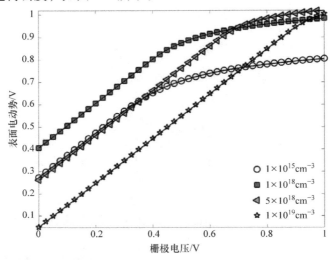

图3.5　在不同沟道掺杂情况下，当 $V_{ds}=0V$ 时，从模型（图中用线条表示）和数值仿真（图中用符号表示）中得到的双栅 FinFET（$T_{Fin}=20nm$）的 V_g 和表面电动势的关系

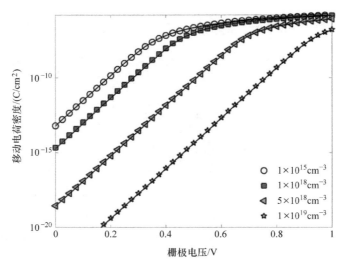

图3.6　在不同沟道掺杂情况下，当 $V_{ds}=0V$ 时，从模型（图中用线条表示）和数值仿真（图中用符号表示）中得到的双栅 FinFET（$T_{Fin}=20nm$）的 V_g 和移动电子电荷密度的关系

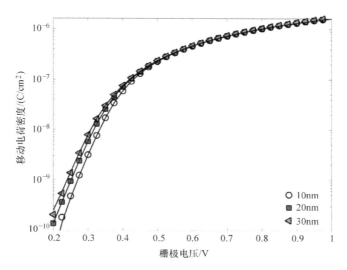

图 3.7   在不同沟道掺杂情况下，当 $V_{\mathrm{ds}} = 0\mathrm{V}$ 时，从模型（图中用线条表示）和数值仿真（图中用符号表示）中得到的双栅 FinFET（采用本征鳍片沟道）的 V_{g} 和移动电子电荷密度的关系

使用数值方法求解式（3.11）并不适用于紧凑建模应用，因为使用它们会增加计算时间并可能导致不收敛问题[23]。因此，式（3.11）首先使用初始猜测的分析近似值求解，然后进行两次四次修正迭代[31]。这种方法使模型在数值上具有较好的鲁棒性和准确度。分别设 $V_{\mathrm{ch}} = V_{\mathrm{s}}$ 和 $V_{\mathrm{ch}} = V_{\mathrm{d}}$ 来计算源极和漏极的表面电动势 ψ_{s}、ψ_{d}。对于一个轻掺杂的体，可以进一步简化式（3.11）来加速仿真过程[3]。在 BSIM – CMG 模型中，可以通过设置参数 COREMOD 来实现这个加速。针对圆柱形栅极几何结构，本章参考文献［21］推导出了一个单独的模型，并进行了详细讨论。

为了完成核心模型，从漂移扩散方程的解中得到了 BSIM – CMG 漏源电流 I_{ds} 模型，假设长沟道双栅 FinFET 满足

$$I_{\mathrm{ds}}(y) = \mu(T) W Q_{\mathrm{inv}}(y) \frac{\mathrm{d}V_{\mathrm{ch}}}{\mathrm{d}y} \tag{3.12}$$

式中，$\mu(T)$ 为低电场时，与温度有关的迁移率；W 为整体有效宽度；Q_{inv} 为体中单位面积的反型电荷。通过采用准费米电势，式（3.12）包含了漂移和扩散两种传输机制。对式（3.12）两侧进行积分，并考虑沿沟道方向上，在准静态工作状态下 I_{ds} 为常数，可以用积分形式来表示式（3.12）。

$$I_{\mathrm{ds}} = \frac{W}{L} \mu(T) \int_{Q_{\mathrm{inv,s}}}^{Q_{\mathrm{inv,d}}} Q_{\mathrm{inv}} \left(\frac{\mathrm{d}V_{\mathrm{ch}}}{\mathrm{d}Q_{\mathrm{inv}}} \right) \mathrm{d}Q_{\mathrm{inv}} \tag{3.13}$$

式中，L 为有效沟道长度；$Q_{\mathrm{inv,s}}$ 和 $Q_{\mathrm{inv,d}}$ 分别为源端和漏端的反型电荷密度，可以表示为

$$Q_{\mathrm{inv,d/s}} = C_{\mathrm{ox}}(V_{\mathrm{gs}} - V_{\mathrm{fb}} - \psi_{\mathrm{d/s}}) - Q_{\mathrm{bulk}} \tag{3.14}$$

式中，Q_{bulk} 为固定的耗尽层电荷，并由 $qN_{\mathrm{ch}}T_{\mathrm{Fin}}$ 得到。而 $\psi_{\mathrm{d/s}}$ 则通过解式 (3.11) 得到。式 (3.13) 中的 $\mathrm{d}V_{\mathrm{ch}}/\mathrm{d}Q_{\mathrm{inv}}$ 项可以用一个简单但精确的 Q_{inv} 隐式方程作为 Q_{inv} 的函数来计算[3]

$$Q_{\mathrm{inv}}(y) \approx \sqrt{2qn_{\mathrm{i}}\varepsilon_{\mathrm{ch}}V_{\mathrm{tm}}}\, \mathrm{e}^{\frac{\psi_{\mathrm{s}}(y)-\psi_{\mathrm{B}}-V_{\mathrm{ch}}(y)}{2V_{\mathrm{tm}}}}\sqrt{\frac{Q_{\mathrm{inv}}(y)}{Q_{\mathrm{inv}}(y)+Q_0}} \tag{3.15}$$

式中，$Q_0 = Q_{\mathrm{bulk}} + 5C_{\mathrm{Fin}}V_{\mathrm{tm}}$，且 $C_{\mathrm{Fin}} = \varepsilon_{\mathrm{ch}}/T_{\mathrm{Fin}}$。利用这种近似，可以对式 (3.13) 进行积分，得到 I_{ds} 的基本公式

$$I_{\mathrm{ds}} = \mu(T)\frac{W}{L}\left[\frac{Q_{\mathrm{inv,s}}^2 - Q_{\mathrm{inv,d}}^2}{2C_{\mathrm{ox}}} + 2V_{\mathrm{tm}}(Q_{\mathrm{inv,s}} - Q_{\mathrm{inv,d}}) - V_{\mathrm{tm}}Q_0\ln\left(\frac{Q_0 + Q_{\mathrm{inv,s}}}{Q_0 + Q_{\mathrm{inv,d}}}\right)\right] \tag{3.16}$$

需要注意的是，Q_{inv} 电荷值可以通过式 (3.11) 和式 (3.13) 得到。一个从模型以及数值仿真中得到的漏极电流的例子如图 3.8 所示。结果表明，BSIM-

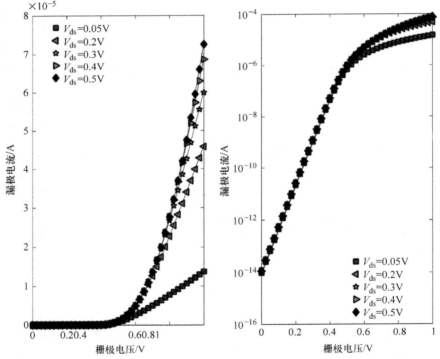

图 3.8 在不同 V_{ds} 值时，从模型（图中用线条表示）和数值仿真（图中用符号表示）中得到的双栅 FinFET（采用本征鳍片沟道）的 V_{g} 和漏极电流的关系，线性关系（左图）和指数关系（右图）。其中 $H_{\mathrm{Fin}} = L = 1\mu\mathrm{m}$，$t_{\mathrm{ox}} = 1\mathrm{nm}$，$N_{\mathrm{ch}} = 1\times10^{18}\mathrm{cm}^{-3}$，$\mu_{\mathrm{e}} = 100\mathrm{cm}^2/(\mathrm{V}\cdot\mathrm{s})$，仿真中栅极的功函数等于 4.6eV

CMG 模型构建了 FinFET 在亚阈值、晶体管和饱和条件下的工作行为。

3.2 统一的 FinFET 紧凑模型

在工业界，很少出现矩形横截面的 FinFET。事实上，无论是特定工艺还是由于制造变化，工业界所用的 FinFET 的横截面都是不均匀的，类似于梯形[24,25]，如图3.9 所示。为了获得鳍片形状对器件性能的影响，构建一个复杂截面的 FinFET 紧凑模型是非常重要的。本节将针对具有复杂鳍片截面的器件，提出统一的 FinFET 紧凑模型。诸如双栅、圆柱形全环绕栅、矩形全环绕栅以及梯形三栅 FinFET 都可以利用该框架进行建模。如图 3.10 所示，将一个统一的核心模型用于不同结构的 FinFET，对于不同结构的FinFET，只是模型参数有所区别。对于不同的器件类型和尺寸，这些参数都会预先计算好。本书提出的核心模型与之前版本的

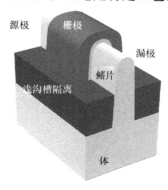

图 3.9　具有复杂鳍片截面的 FinFET 三维示意图，鳍片形状与本章参考文献［24，25］中报告的工业界鳍片形状相似

BSIM－CMG模型一样，可以应用于短沟道的子模型[27]。同时，本节讨论的模型已经加入到 BSIM－CMG 模型中。

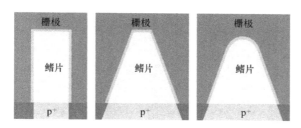

图 3.10　具有复杂鳍片形状的 FinFET 截面示意图。左边的结构表示一个完全矩形的鳍片，右面的两个结构分别表示无圆角和有圆角的梯形鳍片。由于特定制造工艺或随机结构变化，这些结构可能与典型的矩形 FinFET 形状不同。利用所提出的统一的紧凑模型，可以得到各器件的电学行为

研究人员已经提出了多种复杂截面形状 FinFET 的紧凑模型。本章参考文献［10］采用双栅 FinFET[4]和圆柱形全环绕栅 FinFET[5]紧凑模型组合，为不同形状的未掺杂或轻掺杂 FinFET 开发了紧凑模型。本章参考文献［27］通过获得每种结构的等效沟道厚度，将未掺杂或轻掺杂的 FinFET 的紧凑模型扩展到具有不

同横截面形状的 FinFET 模型。本章参考文献 [28, 29] 也为不同横截面形状的 FinFET 建立了紧凑模型, 这种新的掺杂 FinFET 模型是采用一种统一的模型架构来构建的。在本节中, 基于本章参考文献 [22] 的方法, 提出一种归一化的统一的 FinFET 核心模型[22]。从双栅以及圆柱形全环绕栅 FinFET 的泊松方程中得出归一化的电荷模型, 这会导致移动电荷和施加在终端电压之间具有单一闭合关系, 如下所示[22]:

$$v_g - v_o - v_{ch} = -q_m + \ln(-q_m) + \ln\left(\frac{q_t^2}{e^{q_t} - q_t - 1}\right) \tag{3.17}$$

其中

$$v_o = v_{fb} - q_{dep} - \ln\left(\frac{2qn_i^2 A_{ch}}{v_T C_{ins} N_{ch}}\right) \tag{3.18}$$

$$q_t = (q_m + q_{dep}) r_N \tag{3.19}$$

在之前的公式中, v_g 和 v_{ch} 是归一化的栅极和沟道电动势, 可以表示为

$$v_g = \frac{V_g}{v_T} \tag{3.20}$$

$$v_{ch} = \frac{V_{ch}}{v_T} \tag{3.21}$$

q_m 和 q_{dep} 是归一化的移动和耗尽电荷

$$q_m = \frac{Q_m}{v_T C_{ins}} \tag{3.22}$$

$$q_{dep} = \frac{-qN_{ch}A_{ch}}{v_T C_{ins}} \tag{3.23}$$

r_N 可以表示为

$$r_N = \frac{A_{Fin} C_{ins}}{\varepsilon_{ch} W^2} \tag{3.24}$$

式中, A_{ch} 为沟道面积; N_{ch} 为沟道掺杂; W 为沟道宽度; C_{ins} 为单位长度的绝缘层电容。需要注意的是, 在式 (3.17) 右侧, 有三项决定了沟道中的电荷: 一个线性项, 它在强反型区是十分重要的; 第一个对数项, 在亚阈值区起主要作用; 最后一个对数项, 在中等反型区中占主要矛盾。所以, 式 (3.17) 可以以连续而平滑的方式, 在所有偏置情况下表示沟道中的移动载流子浓度, 这对于电路仿真成功是十分重要的。

归一化漏极电流由泊松载流子输运方程[22]的解得到, 并表示为

$$i_{ds} = \left[\frac{q_m^2}{2} - 2q_m - q_H \ln\left(1 - \frac{q_m}{q_H}\right)\right]\Big|_{q_{m,s}}^{q_{m,d}} \tag{3.25}$$

其中有

$$q_{\mathrm{H}} = \frac{1}{r_{\mathrm{N}}} - q_{\mathrm{dep}} \tag{3.26}$$

将漏极电流归一化后得到

$$i_{\mathrm{ds}} = \frac{-I_{\mathrm{ds}}L}{\mu_{\mathrm{m}} v_{\mathrm{T}}^2 C_{\mathrm{ins}}} \tag{3.27}$$

在不同偏置条件下，式（3.25）中的三项决定了电流的行为特征：第一个二次项，主要在饱和区和晶体管区起作用；第二个线性项，在晶体管区和亚阈值区十分重要；最后一个对数项，在亚阈值区和中等反型区起作用。这表明式（3.25）可以以连续而且显著的表示方法，表征所有器件工作区间的漏极电流特性，也就是通常所说的亚阈值区、线性区和饱和区。考虑每一个区间的工作状态，所提出的模型可以化简为更简单的形式。在亚阈值区，漏极电流近似为

$$I_{\mathrm{ds}} \approx \frac{\mu}{L} v_{\mathrm{T}}^2 C_{\mathrm{ins}} \exp\left(\frac{V_{\mathrm{g}} - V_{\mathrm{th}}}{v_{\mathrm{T}}}\right) \times \left(1 - \exp\frac{-V_{\mathrm{ds}}}{v_{\mathrm{T}}}\right) \tag{3.28}$$

式中，V_{th} 为 FinFET 的阈值电压[30]。需要注意的是，对于未掺杂器件，式（3.28）独立于 C_{ins}，所以，式（3.28）可以进一步简化为

$$I_{\mathrm{ds}} \approx A_{\mathrm{ch}} \frac{\mu}{L} v_{\mathrm{T}} q \frac{n_{\mathrm{i}}^2}{N_{\mathrm{ch}}} \exp\left(\frac{V_{\mathrm{g}} - V_{\mathrm{fb}}}{v_{\mathrm{T}}}\right)\left(1 - \exp\frac{-V_{\mathrm{ds}}}{v_{\mathrm{T}}}\right) \tag{3.29}$$

在轻掺杂 FinFET 中，利用式（3.29），可以得出为了减小泄漏电流必须缩小 A_{ch} 的结论。在线性区和饱和区的漏极电流可以近似表示为

$$I_{\mathrm{ds}} \approx \frac{\mu}{L} C_{\mathrm{ins}} (V_{\mathrm{g}} - V_{\mathrm{th}} - V_{\mathrm{ds}}/2) V_{\mathrm{ds}} \tag{3.30}$$

$$I_{\mathrm{ds}} \approx \frac{\mu}{2L} C_{\mathrm{ins}} (V_{\mathrm{g}} - V_{\mathrm{th}})^2 \tag{3.31}$$

式（3.30）和式（3.31）是传统长通道 CMOS MOSFET 二次模型中众所周知的等式。

对于结果需要注意，只需要四个不同的模型参数来对 FinFET 建模，即 A_{ch}、N_{ch}、W 和 C_{ins}。如图 3.11 所示，利用这些参数，对于不同的沟道掺杂浓度，就可以对具有简单横截面的 FinFET（如双栅 FinFET）进行精确建模。双栅 FinFET 的模型参数如下[22]：

$$A_{\mathrm{ch}} = H_{\mathrm{Fin}} T_{\mathrm{Fin}} \tag{3.32}$$

$$W = 2H_{\mathrm{Fin}} \tag{3.33}$$

$$C_{\mathrm{ins}} = \frac{\varepsilon_{\mathrm{ins}}}{\mathrm{EOT}} W \tag{3.34}$$

$$N_{\mathrm{ch}} \tag{3.35}$$

式中，EOT 为等效氧化层厚度。

具有复杂横截面的梯形三栅 FinFET 是一个很好的示例。事实上，本章参考

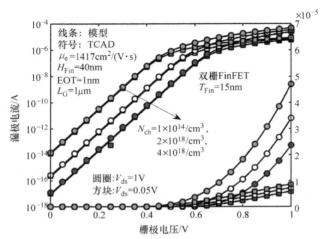

图 3.11 三种不同沟道掺杂时，在 $V_{ds} = 0.05V$（方块）和 $V_{ds} = 1V$（圆圈）情况下，从模型（图中用线条表示）和数值仿真（图中用符号表示）中得到的双栅 FinFET 的漏极电流与栅极电压的关系。其中 $N_{ch} = 1 \times 10^{14} cm^{-3}$，$N_{ch} = 2 \times 10^{18} cm^{-3}$，$N_{ch} = 4 \times 10^{18} cm^{-3}$，$\mu_e = 1417 cm^2/(V \cdot s)$，$L_G = 1\mu m$，$T_{Fin} = 15nm$，$H_{Fin} = 40nm$，$EOT = 1nm$，金属栅极功函数等于 4.6eV

文献［24，25］中报道的工业晶体管则具有与梯形类似的鳍形横截面。通过采用以下四个模型参数，本书提出的模型可以用于对以上类型的器件进行建模。

$$A_{ch} = H_{Fin} \frac{(T_{Fin,top} + T_{Fin,base})}{2} \tag{3.36}$$

$$W = 2\sqrt{\frac{(T_{Fin,base} - T_{Fin,top})^2}{4} + H_{Fin}^2} + T_{Fin,top} \tag{3.37}$$

$$C_{ins} = \frac{\varepsilon_{ins}}{EOT} W \tag{3.38}$$

$$N_{ch} \tag{3.39}$$

利用这些参数，可以对梯形三栅 FinFET 进行精确建模，如图 3.12 所示。梯形三栅 FinFET 具有不同的掺杂浓度，可用于具有多阈值电源电压的芯片中。

在沟道尺寸变化的情况下，模型可以准确预测电流变化的趋势，如图 3.13 所示。需要注意的是，对于导通电流，$T_{Fin,top}$ 的变化比 $T_{Fin,base}$ 的变化更加重要。此外，正如预期所示，关断电流作为 $T_{Fin,top}$ 或者 $T_{Fin,base}$ 的函数发生线性变化。

如图 3.14 和图 3.15 所示，该模型在不使用拟合参数的情况下，精确地模拟了长沟道的 FinFET。这两个图比较了所提出的核心紧凑模型和生产的长沟道 FinFET 的数据。这里要注意，在制图过程中，核心模型仅仅多包含了一个迁移率模型。通过数据与漏极电流及其导数模型的一致性，检验了该模型的准确性。

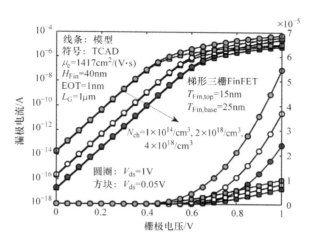

图 3.12　三种不同沟道掺杂时，在 $V_{ds} = 0.05V$（方块）和 $V_{ds} = 1V$（圆圈）情况下，从模型（图中用线条表示）和数值仿真（图中用符号表示）中得到的梯形 FinFET（$T_{Fin,top} = 15nm$，$T_{Fin,base} = 25nm$）的 I_d 与 V_g 的关系。其中 $N_{ch} = 1 \times 10^{14} cm^{-3}$，$N_{ch} = 2 \times 10^{18} cm^{-3}$，$N_{ch} = 4 \times 10^{18} cm^{-3}$

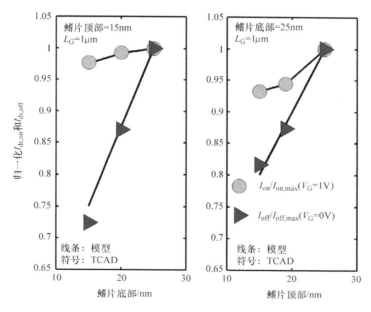

图 3.13　归一化（$I_{ds}/I_{ds,max}$）的导通（圆形）和关断（三角形）漏极电流

这是一个非常重要的测试，因为 g_m 和 g_{ds} 是由这些 FinFET 构成的电路最终性能

的关键量。

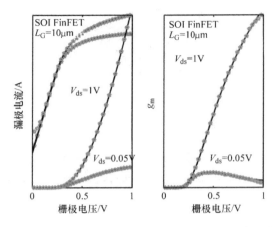

图3.14 在本书提出的模型中,从实验数据和仅使用理想统一长沟道核心模型获得的长沟道绝缘体硅(SOI) FinFET 的漏极电流与栅极电压(左图)的关系。模型与实验数据之间的跨导(右图)也有很好的一致性。符号代表实验数据,线条代表所提出模型的理论结果

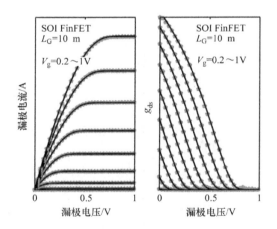

图3.15 在本书提出的模型中,从实验数据和仅使用理想统一长沟道核心模型获得的长沟道绝缘体硅(SOI) FinFET 的漏极电流与漏极电压(左图)的关系。模型与实验数据之间的输出跨导(右图)也有很好的一致性。符号代表实验数据,线条代表所提出模型的理论结果

第3章附录　详细的表面电动势模型

BSIM – CMG 中使用的表面电动势模型最初是以 3.1 节中的隐式形式推导出来的,并且依赖于要求解的数值计算,例如牛顿 – 拉斐逊法[30,31]。牛顿 – 拉斐

逊方法使用一种迭代算法，从最初的猜测开始，然后不断地改进它，直到该方法得到最终的解决方案。这种改进通过一个线性系统对给定猜测要求解的函数进行近似，然后用该线性系统获得解的新猜测[32]。虽然牛顿－拉斐逊方法可能导致快速收敛（如二次型[31,32]），但不能保证结果一定收敛。事实上，该方法也可能会失败，例如，进入一个无限循环。所以这不适用于紧凑模型，因为收敛性和速度是紧凑模型的关键要求。但是，通过确保初始猜测与最终解足够接近，并且该解不是奇异的，也就是说，函数的导数在解中是非零的，可以确保牛顿－拉斐逊方法会导致收敛[31]。因此，为了在电路模拟器中实现3.1节中提出的模型，本节给出了式（3.11）的一个很好的初始猜测公式，即所谓的连续启动函数（Continuous Starting Function，CSF）[23]。此外，牛顿－拉斐逊方法可以被高阶方法取代，例如四次修正迭代法[31]。四次修正迭代法和牛顿－拉斐逊迭代法的主要区别在于，首先通过使用高阶近似法来近似待解函数，而不是牛顿－拉斐逊迭代法中使用的线性近似法来改进初始猜测。因此，四次修正迭代可以更快地收敛，从而减少求解式（3.11）所需的迭代次数，使所提出的紧凑模型在仿真计算中的运行速度更快。

3A.1　连续启动函数

本章参考文献［3］中提出了式（3.11）的最初猜测。通过考虑式（3.11）中 β 在两种主要操作状态下的渐近行为：亚阈值区域和强反型区域，得出了 β 的渐近行为。虽然本章参考文献［3］中提出的初始猜测在大多数情况下都很有效，但它也有一些必须解决的重要问题。首先，因为它是通过在两个不同的函数之间取最小值来构造的，所以连续启动函数不是一个单一的连续平稳的启动函数。缺乏平滑度意味着需要更多的迭代才能得到最终的解决方案。第二个问题是，对于具有高掺杂或宽沟道的器件，最初的猜测并不是很好，其中 β 可以低至 1×10^{-15}。这种方法依赖于器件几何结构和偏置条件，可能使得模型不够稳定。这是一个非常关键的点，尤其是当将一个紧凑模型用于电路器件优化时，优化算法可以使模型的评估达到极端条件。由于上述问题，本节提出了一个新的连续启动函数来求解式（3.11）。与本章参考文献［3］中提出的初始猜测类似，新的连续启动函数将通过考虑式（3.11）的渐近行为获得。然而，首先要考虑高掺杂条件，以便随后将衍生的连续启动函数应用于轻掺杂沟道。

在具有高掺杂沟道的 FinFET 器件中，ψ_{pert} 较大，而 β 趋近于 0，这使得 $\cos\beta$ 趋近于 1，而 $\ln(\cos\beta)$ 趋近于 0。利用这个假设，同时忽略 $\ln\beta$ 项（该项在强反型区近似为常数），通过求解二次方根内 β^2 项的式（3.11），可以得到强反型区高掺杂 FinFET 的 β 函数

$$\beta_{Si} = e^{\frac{-\psi_{pert}}{V_{tm}}} \frac{A_{g0}}{r} \sqrt{\left(\frac{F - F_{th,Si}}{A_{g0}} + 1\right)^2 - 1} \tag{3A.1}$$

式中，A_{g0}、r、F 和 $F_{th,Si}$ 定义为

$$A_{g0} = \frac{r\psi_{pert}}{V_{tm}} \tag{3A.2}$$

$$r = \frac{2\varepsilon_{Si} t_{ox}}{\varepsilon_{ox} T_{Fin}} \tag{3A.3}$$

$$F = \frac{V_g - V_{fb} - V_{ch} - \psi_{pert}}{2V_{tm}} + \ln\left(\frac{T_{Fin}}{2}\sqrt{\frac{qn_i^2}{2\varepsilon_{Si}|N_{ch}V_{tm}|}}\right) \tag{3A.4}$$

$$F_{th,Si} = (2r - 1)\frac{\psi_{pert}}{2V_{tm}} \tag{3A.5}$$

只有当 $(F - F_{th,Si})/A_{g0} > -1$ 时，式（3A.1）成立。在亚阈值区，β 甚至比之前的假设还要小，因此 β^2 可以忽略。那么在亚阈值区 $\ln\beta$ 不再是常数，所以可以得到亚阈值区 β 的函数为[3]

$$\beta_{ST} = e^{F - F_{th}} e^{\frac{-\psi_{pert}}{2V_{tm}}} \tag{3A.6}$$

对于轻掺杂和重掺杂沟道的亚阈值区，式（3A.6）都是很好的近似。对于 β，式（3A.1）和式（3A.6）也是很好的近似。然而，这还不足以构建单一的连续启动函数。为了得到连续启动函数，式（3A.1）可以调整为

$$\beta_{doped} = e^{\frac{-\psi_{pert}}{2V_{tm}}} \frac{A_{g0}}{r} \sqrt{\left[\frac{\ln\left(1 + e^{2(F - F_{th,Si})}\right)}{2A_{g0}} + 1\right]^2 - 1} \tag{3A.7}$$

当 $F > F_{th}$ 时，上述表达式可在所有偏置条件下进行评估，并近似于式（3A.1）。当 $F \leq F_{th,Si}$ 时，式（3A.7）近似于式（3A.6），但又不完全相等。当 $F \leq F_{th,Si}$ 时，为了将式（3A.7）简化为式（3A.6）。在亚阈值区，$F_{th,Si}$ 可以利用式（3A.1）和式（3A.6）修改为

$$F_{th} = (2r - 1)\frac{\psi_{pert}}{2V_{tm}} + \ln\left[\frac{\sqrt{A_{g0}}}{(2r - 1)\frac{\psi_{pert}}{2V_{tm}}}\right] \tag{3A.8}$$

图 3A.1 和图 3A.2 显示了用牛顿-拉斐逊迭代求解的式（3.11）和式（3A.8）表示的式（3A.7）的初始猜测得到的 β 值。正如预期的，对于高掺杂沟道，在所有的偏置区域，提出的猜测值非常接近最终解。为了将式（3A.7）拓展到轻掺杂器件，只需要进行两处主要修改。首先，需要注意的是，当沟道掺杂下降，A_{g0} 趋近于 0，这会产生无效的解。所以，通过分析式（3.11）的渐近行为，可以看出，随着掺杂的减少，A_{g0} 的有效值应为 1，因此 A_{g0} 可以写为

$$A_g = \frac{\dfrac{r\psi_{\mathrm{pert}}}{V_{\mathrm{tm}}}}{1 - e^{-\frac{r\psi_{\mathrm{pert}}}{V_{\mathrm{tm}}}}} \tag{3A.9}$$

第二个改变是将从式（3A.7）中得到的 β 值限制为 $\pi/2$。如本章参考文献
[3] 所述，这一极限是通过分析式（3.11）在轻掺杂器件的强反型行为得到的。
所以，本文提出的最终连续启动函数可以表示为

$$\beta_0 = \frac{1}{\dfrac{1}{\beta_{\mathrm{doped}}} + \dfrac{2}{\pi}} \tag{3A.10}$$

式中，β_0 是从式（3A.7）中得到的，而 F_{th} 和 A_g 则是分别通过式（3A.8）和式
（3A.9）得出的。图 3A.3 和图 3A.4 显示了从使用牛顿－拉斐逊迭代求解的式
（3.11）和由式（3A.10）表示的初始猜测得到的 β 值。如预期的那样，式
（3A.10）对具有轻掺杂或重掺杂沟道的器件都是有效的。

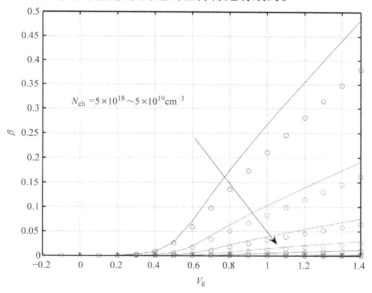

图 3A.1　在不同掺杂浓度时，采用牛顿－拉斐逊迭代（符号表示）的式（3.11）求解，通过
式（3A.7）采用初始猜测（线条表示），并利用式（3A.8）在线性区域内求得的 β 值。
式（3A.7）应该拓展至轻掺杂器件。在仿真中，取 $T_{\mathrm{Fin}} = 20\mathrm{nm}$，$t_{\mathrm{ox}} = 1\mathrm{nm}$，
栅极功函数为 4.4eV

3A.2　四次修正迭代：实现和评估

为了完成显式表面电动势模型，必须对四次修正迭代进行推导。四次修正迭
代使用高阶修正更新式（3A.10）来表示初始猜测值

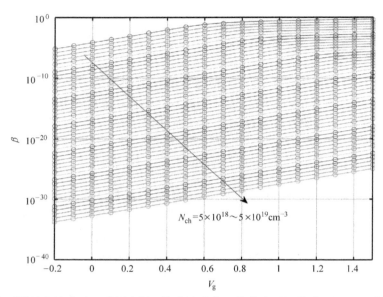

图3A.2　在不同掺杂浓度时,采用牛顿-拉斐逊迭代(符号表示)的式(3.11)求解,通过式(3A.7)采用初始猜测(线条表示),并利用式(3A.8)在对数域内求得的β值。式(3A.7)应该拓展至轻掺杂器件。在仿真中,取$T_{\mathrm{Fin}} = 20\mathrm{nm}$, $t_{\mathrm{ox}} = 1\mathrm{nm}$,栅极功函数为4.4eV

$$\beta_1 = \beta_0 - \frac{f_0}{f_1}\left[1 + \frac{f_0 f_2}{2f_1^2} + \frac{f_0^2\ (3f_2^2 - f_1 f_3)}{6f_1^4}\right] \tag{3A.11}$$

式中,f_n为关于β的式(3.11)的第n次导数,也就是$f_n = \left.\dfrac{\partial^n f}{\partial \beta^n}\right|_\beta = \beta_0$。利用这个算法,可以采用以下步骤来计算显式表面电动势模型。

(1)按以下顺序计算连续启动函数:

$$T_{\mathrm{a}} = \frac{\psi_{\mathrm{pert}}}{V_{\mathrm{tm}}^2} \tag{3A.12a}$$

$$T_{\mathrm{b}} = \mathrm{e}^{\frac{\psi_{\mathrm{pert}}}{V_{\mathrm{tm}}}} \tag{3A.12b}$$

$$T_{\mathrm{c}} = 2V_{\mathrm{tm}} \tag{3A.12c}$$

$$r = \frac{2\varepsilon_{\mathrm{Si}} t_{\mathrm{ox}}}{\varepsilon_{\mathrm{ox}} T_{\mathrm{Fin}}} \tag{3A.12d}$$

$$A_{\mathrm{g}} = \frac{\dfrac{r\psi_{\mathrm{pert}}}{V_{\mathrm{tm}}}}{1 - \mathrm{e}^{-\frac{r\psi_{\mathrm{pert}}}{V_{\mathrm{tm}}}}} \tag{3A.12e}$$

$$F_{\mathrm{th}} = (2r - 1)\frac{\psi_{\mathrm{pert}}}{2V_{\mathrm{tm}}} + \ln\left(\frac{\sqrt{A_{\mathrm{g}}}}{(2r - 1)\dfrac{\psi_{\mathrm{pert}}}{2V_{\mathrm{tm}}}}\right) \tag{3A.12f}$$

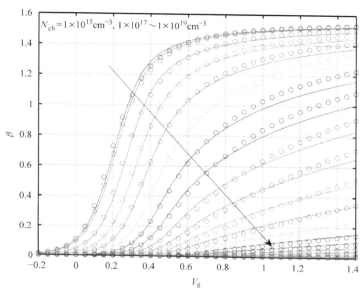

图3A.3　在不同掺杂浓度时，采用牛顿－拉斐逊迭代（符号表示）的式（3.11）求解，通过
式（3A.10）表示的连续启动函数（线条表示）在线性区域内求得的 β 值。式（3A.10）
对于轻掺杂或者重掺杂沟道都是有效的。需要注意的是，对于轻掺杂器件，β 具有相同的
行为，当掺杂浓度增加时，β 也会发生相应改变。在仿真中，取 $T_{\text{Fin}} = 20\text{nm}$，$t_{\text{ox}} = 1\text{nm}$，
栅极功函数为 4.4eV

$$\beta_{\text{doped}} = e^{\frac{-\psi_{\text{pert}}}{2V_{\text{tm}}}} \frac{A_{\text{g}}}{r} \sqrt{\left(\frac{\ln\ (1 + e^{2(F - F_{\text{th}})})}{2A_{\text{g}}} + 1 \right)^2 - 1} \qquad (3\text{A}.12\text{g})$$

$$\beta_0 = \frac{1}{\dfrac{1}{\beta_{\text{doped}}} + \dfrac{2}{\pi}} \qquad (3\text{A}.12\text{h})$$

（2）计算

$$\text{tang}_0 = \tan\beta_0 \qquad (3\text{A}.13\text{a})$$

$$\cos g_0 = \cos\beta_0 \qquad (3\text{A}.13\text{b})$$

$$\sec g_0 = \cos g_0{}^{-1} \qquad (3\text{A}.13\text{c})$$

$$\sec g_0 sq = \sec g_0{}^2 \qquad (3\text{A}.13\text{d})$$

$$\ln g_0 = \ln\beta_0 \qquad (3\text{A}.13\text{e})$$

（3）计算

$$T_0 = 1 + \beta_0 \text{tang}_0 \qquad (3\text{A}.14\text{a})$$

$$T_1 = \beta_0^2 (T_{\text{b}} \sec g_0 sq - 1) + T_{\text{abb}} [\psi_{\text{pert}} - T_{\text{c}} \ln(\cos g_0)] \qquad (3\text{A}.14\text{b})$$

$$T_2 = \sqrt{T_1} \qquad (3\text{A}.14\text{c})$$

$$T_3 = -2\beta + T_{\text{abb}} T_{\text{c}} \text{tang}_0 + 2T_{\text{b}}\beta \sec g_0 sq T_0 \qquad (3\text{A}.14\text{d})$$

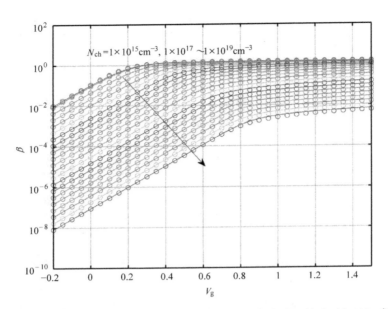

图3A.4 在不同掺杂浓度时，采用牛顿－拉斐逊迭代（符号表示）的式（3.11）求解，通过式（3A.10）表示的连续启动函数（线条表示）在对数域内求得的 β 值。式（3A.10）对于轻掺杂或者重掺杂沟道都是有效的。需要注意的是，对于轻掺杂器件，β 具有相同的行为，当掺杂浓度增加时，β 也会发生相应改变。在仿真中，取参数 $T_{Fin}=20\text{nm}$，$t_{ox}=1\text{nm}$，栅极功函数为4.4eV

$$T_4 = -2 + 2T_b\beta_0^2 \sec g_0 sq^2 + \sec g_0 sq(2T_b + T_aT_c + 8T_b\beta\tan g_0 + 4T_b\beta_0^2\tan g_0{}^2)$$

$$(3A.14e)$$

$$T_5 = 2\tan g_0 T_4 + 4(3T_b\beta \sec g_0 sq^2 T_0 + \tan g0 + 2T_b\sec g_0 sq T_0\tan g_0)\qquad(3A.14f)$$

（4）计算以下导数：

$$f_0 = \ln g_0 - \ln(\cos g_0) + rT_2 - F\qquad\qquad(3A.15a)$$

$$f_1 = \beta^{-1} + \tan g_0 + \frac{rT_3}{2T_2}\qquad\qquad(3A.15b)$$

$$f_2 = -\beta_0^{-2} + \sec g_0 sq - \frac{rT_3^2}{4T_2^3} + \frac{rT_4}{2T_2}\qquad\qquad(3A.15c)$$

$$f_4 = 2\beta_0^{-3} + 2\sec g_0 sq\tan g_0 + \frac{3rT_3}{4T_2^3}\left(\frac{T_3^2}{2T_2^2} - T_4\right) + \frac{rT_5}{2T_2}\qquad(3A.15d)$$

（5）使用四次修正迭代将 β_0 更新为 β_1

$$\beta_1 = \beta_0 - \frac{f_0}{f_1}\left(1 + \frac{f_0 f_2}{2f_1^2} + \frac{f_0^2\,(3f_2^2 - f_1 f_3)}{6f_1^4}\right) \tag{3A. 16a}$$

步骤（2）～（5）可以执行多次。通过对不同器件和偏压条件下的模型准确度进行广泛的分析，可以得到迭代次数。在掺杂浓度（$1 \times 10^{15} \sim 1 \times 10^{19}$ cm^{-3}）、沟道宽度（$1 \sim 30$nm）、介电层厚度（$0.5 \sim 5$nm），栅极电压（$-0.2 \sim 1.5$V），温度（$-100 \sim 100$℃）的不同组合情况下，采用牛顿－拉斐逊方法，进行了超过52500次仿真，关于 β 对显式表面电动势模型进行一次和二次迭代得到的 β 误差如图 3A. 5 所示。经过一次豪斯霍尔德迭代，方均根误差为0.28%，峰值误差为2.47%。经过两次豪斯霍尔德迭代，方均根误差为 1.58×10^{-6}%，峰值误差为 3.31×10^{-5}%。因此，只有两次迭代才能得到 β 的精确解，如图 3A. 6 所示。

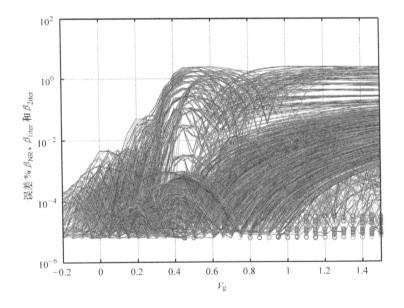

图 3A. 5 在掺杂浓度（$1 \times 10^{15} \sim 1 \times 10^{19}$ cm^{-3}）、沟道宽度（$1 \sim 30$nm）、介电层厚度（$0.5 \sim 5$nm），栅极电压（$-0.2 \sim 1.5$V），温度（$-100 \sim 100$℃）的不同组合情况下，采用牛顿－拉斐逊方法，关于 β 对显式表面电动势模型进行一次（线条表示）和二次迭代（符号表示）得到的 β 误差

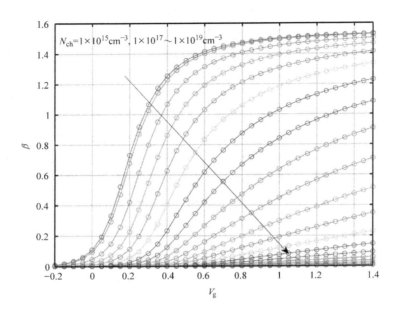

图 3A.6　在不同掺杂浓度情况下，采用式（3.11）牛顿 – 拉斐逊迭代（符号表示）、采用两次豪斯霍尔德迭代（线条表示）从显式表面电动势模型得到的 β 值。在仿真中，取 $T_{Fin} = 20$nm，$t_{ox} = 1$nm，栅极功函数为 4.4eV

参 考 文 献

[1] A. Ortiz-Conde, F. Garcia-Sanchez, J. Muci, S. Malobabic, J. Liou, A review of core compact models for undoped double-gate SOI MOSFETs, IEEE Trans. Electron Devices 54 (1) (2007) 131–140.

[2] H. Pao, C. Sah, Effects of diffusion current on characteristics of metal-oxide (insulator)-semiconductor transistors, Solid State Electron. 9 (10) (1966) 927–937.

[3] M. Dunga, Nanoscale CMOS Modeling, University of California, Berkeley, 2008.

[4] Y. Taur, An analytical solution to a double-gate MOSFET with undoped body, IEEE Electron Device Lett. 21 (5) (2000) 245–247.

[5] Y. Chen, J. Luo, A comparative study of double-gate and surrounding-gate MOSFETs in strong inversion and accumulation using an analytical model, Integration 1 (2) (2001) 6.

[6] O. Moldovan, A. Cerdeira, D. Jimenez, J. Raskin, V. Kilchytska, D. Flandre, N. Collaert, B. Iŋiguez, Compact model for highly-doped double-gate SOI MOSFETs targeting baseband analog applications, Solid State Electron. 51 (5) (2007) 655–661.

[7] F. Liu, L. Zhang, J. Zhang, J. He, M. Chan, Effects of body doping on threshold voltage and channel potential of symmetric DG MOSFETs with continuous solution from accumulation to strong-inversion regions, Semicond. Sci. Technol. 24 (2009) 085005.

[8] F. Liu, J. He, L. Zhang, J. Zhang, J. Hu, C. Ma, M. Chan, A charge-based model for long-channel cylindrical surrounding-gate MOSFETs from intrinsic channel to heavily doped body, IEEE Trans. Electron Devices 55 (8) (2008) 2187–2194.

[9] C.-H. Lin, R. Kambhampati, R. Miller, T. Hook, A. Bryant, W. Haensch, P. Oldiges, I. Lauer, T. Yamashita, V. Basker, et al., Channel doping impact on FinFETs for 22 nm and beyond, in: IEEE 2012 Symposium on VLSI Technology (VLSIT), 2012, pp. 15–16.

[10] B. Yu, J. Song, Y. Yuan, W. Lu, Y. Taur, A unified analytic drain current model for multiple-gate MOSFETs, IEEE Trans. Electron Devices 55 (8) (2008) 2157–2163.

[11] A. Tsormpatzoglou, C. Dimitriadis, R. Clerc, G. Pananakakis, G. Ghibaudo, Semianalytical modeling of short-channel effects in lightly doped silicon trigate MOSFETs, IEEE Trans. Electron Devices 55 (10) (2008) 2623–2631.

[12] E. Moreno, J. Roldán, F. Ruiz, D. Barrera, A. Godoy, F. Gámiz, An analytical model for square GAA MOSFETs including quantum effects, Solid State Electron. 54 (11) (2010) 1463–1469.

[13] E. Moreno Perez, J. Roldan Aranda, F. Garcia Ruiz, D. Barrera Rosillo, M. Ibanez Perez, A. Godoy, F. Gamiz, An inversion-charge analytical model for square gate-all-around MOSFETs, IEEE Trans. Electron Devices 58 (9) (2011) 2854–2861.

[14] J. Park, J. Colinge, C. Diaz, Pi-gate SOI MOSFET, IEEE Electron Device Lett. 22 (8) (2001) 405–406.

[15] Y. Taur, X. Liang, W. Wang, H. Lu, A continuous, analytic drain-current model for DG MOSFETs, IEEE Electron Device Lett. 25 (2) (2004) 107–109.

[16] J. Sallese, F. Krummenacher, F. Prégaldiny, C. Lallement, A. Roy, C. Enz, A design oriented charge-based current model for symmetric DG MOSFET and its correlation with the EKV formalism, Solid State Electron. 49 (3) (2005) 485–489.

[17] A. Ortiz-Conde, F. García Sánchez, J. Muci, Rigorous analytic solution for the drain current of undoped symmetric dual-gate MOSFETs, Solid State Electron. 49 (4) (2005) 640–647.

[18] G. Smit, A. Scholten, G. Curatola, R. van Langevelde, G. Gildenblat, D. Klaassen, PSP-based scalable compact FinFET model, Proc. NSTI Nanotech. 3 (2007) 520–525.

[19] H. Abd El Hamid, J. Guitart, V. Kilchytska, D. Flandre, B. Iniguez, A 3-D analytical physically based model for the subthreshold swing in undoped trigate FinFETs, IEEE Trans. Electron Devices 54 (9) (2007) 2487–2496.

[20] D. Jiménez, B. Iniguez, J. Sune, L. Marsal, J. Pallares, J. Roig, D. Flores, Continuous analytic IV model for surrounding-gate MOSFETs, IEEE Electron Device Lett. 25 (8) (2004) 571–573.

[21] S. Venugopalan, D. Lu, Y. Kawakami, P. Lee, A. Niknejad, C. Hu, BSIM-CG: a compact model of cylindrical/surround gate MOSFET for circuit simulations, Solid State Electron. 67 (1) (2012) 79–89.

[22] J.P. Duarte, N. Paydavosi, S. Venugopalan, A. Sachid, C. Hu, Unified FinFET compact model: modelling trapezoidal triple-gate FinFETs, in: SISPAD, 2013.

[23] B. Yu, H. Lu, M. Liu, Y. Taur, Explicit continuous models for double-gate and surrounding-gate MOSFETs, IEEE Trans. Electron Devices 54 (10) (2007) 2715–2722.

[24] C.-Y. Chang, T.-L. Lee, C. Wann, L.-S. Lai, H.-M. Chen, C.-C. Yeh, C.-S. Chang, C.-C. Ho, J.-C. Sheu, T.-M. Kwok, et al., A 25-nm gate-length FinFET transistor module for 32 nm node, in: 2009 IEEE International Electron Devices Meeting (IEDM), 2009, pp. 1–4.

[25] C. Auth, C. Allen, A. Blattner, D. Bergstrom, M. Brazier, M. Bost, M. Buehler, V. Chikarmane, T. Ghani, T. Glassman, et al., A 22 nm high performance and low-power CMOS technology featuring fully-depleted tri-gate transistors, self-aligned contacts and high density MIM capacitors, in: IEEE 2012 Symposium on VLSI Technology (VLSIT), 2012, pp. 131–132.

[26] N. Paydavosi, S. Venugopalan, Y.S. Chauhan, J. Duarte, S. Jandhyala, A. Niknejad, C. Hu, BSIM-SPICE models enable FinFET and UTB IC designs, IEEE Access 1 (2013) 201.

[27] N. Chevillon, J.-M. Sallese, C. Lallement, F. Prégaldiny, M. Madec, J. Sedlmeir, J. Aghassi, Generalization of the concept of equivalent thickness and capacitance to multigate MOSFETs modeling, IEEE Trans. Electron Devices 59 (1) (2012) 60–71.

[28] J.P. Duarte, S.-J. Choi, D.-I. Moon, J.-H. Ahn, J.-Y. Kim, S. Kim, Y.-K. Choi, A universal core model for multiple-gate field-effect transistors. Part I: charge model, IEEE Trans. Electron Devices 60 (2) (2013) 840–847.

[29] J.P. Duarte, S.-J. Choi, D.-I. Moon, J.-H. Ahn, J.-Y. Kim, S. Kim, Y.-K. Choi, A universal core model for multiple-gate field-effect transistors. Part II: drain current model, IEEE Trans. Electron Devices 60 (2) (2013) 848–855.

[30] W.H. Press, B.P. Flannery, S.A. Teukolsky, W. Vetterling, B. Flannery, Numerical recipes: the art of scientific computing (FORTRAN), 1989.

[31] P. Sebah, X. Gourdon, Newtons method and high order iterations, Technical report, 2001. Available from: http://numbers.computation.free.fr/Constants/Algorithms/newton.html.

[32] J. Roychowdhury, Numerical Simulation and Modelling of Electronic and Biochemical Systems, Now Publishers, Inc., Hanover, MA, 2009.

第 4 章

沟道电流和实际器件效应

4.1 概　述

本章将讨论 BSIM – CMG 模型中的沟道电流建模问题。第 3 章中讨论了宽长较大的双栅 MOSFET 中的核心电流模型。本章将对短沟道/中等沟道长度器件中影响电流的重要效应进行分析。在 FinFET 中，由于多个栅极对沟道具有较好的静电控制，所以 FinFET 中的短沟道效应并不像体硅 MOSFET 中那么严重。一些主要的效应包括：

- 阈值电压 V_{th} 滚降
- 亚阈值斜率 n 退化
- 由于垂直电场造成的迁移率降低
- 载流子速度饱和
- 串联电阻效应（将在第 7 章讨论）
- 漏致势垒降低（Drain – Induced Barrier Lowering，DIBL）
- 沟道长度调制（Channel – Length Modulation，CLM）
- 量子效应

4.2　阈值电压滚降

在短沟道器件中，当源极靠近漏极时，漏极开始影响源极一侧的载流子势垒。虽然有多种模型用来描述双栅器件中的阈值电压滚降，可是 BSIM – CMG 选用了一个物理的但简单的模型，这样该模型的计算效率和可实现性都很高。

短沟道效应源于沟道中的二维电场效应。当反型层载流子相比于体电荷可以忽略时，在亚阈值区时体内的二维泊松方程可以表示为

$$\frac{\mathrm{d}^2 \psi(x,y)}{\mathrm{d}x^2} + \frac{\mathrm{d}^2 \psi(x,y)}{\mathrm{d}y^2} = \frac{qN_A}{\varepsilon_{Si}} \tag{4.1}$$

式中，N_A 为沟道掺杂浓度。这里 x 轴垂直于沟道，y 轴平行于沟道。$\psi(x,y)$ 为沟道中任意点 (x, y) 的静电势。

1. 特征长度

特征场穿透长度也称为特征长度，它是一个重要的参数，它定义了晶体管中短沟道效应的程度，并描述了漏极场穿透硅体的变化。特征长度是关于物理量 T_{Si} 和 T_{ox} 的函数[1,2]。

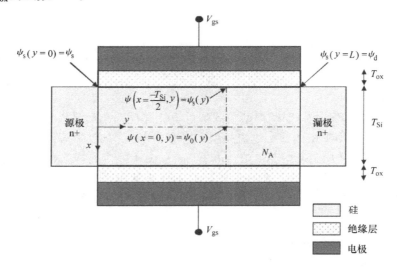

图4.1 对称共栅极双栅场效应晶体管

为了建立特征长度模型，假设垂直于硅绝缘体界面（见图4.1中的 x 方向）的沟道中的抛物线电动势分布为

$$\psi(x,y) = C_0(y) + C_1(y)x + C_2(y)x^2 \tag{4.2}$$

式中，C_0、C_1 和 C_2 独立于 x，但是是关于 y 的函数。沿着硅体应用三个边界条件，可以得到

$$\psi\left(x = \frac{T_{Si}}{2}, y\right) = \psi_s(y) \tag{4.3}$$

$$\left.\frac{\mathrm{d}\psi(x,y)}{\mathrm{d}x}\right|_{x=0} = 0 \tag{4.4}$$

$$\left.\frac{\mathrm{d}\psi(x,y)}{\mathrm{d}x}\right|_{x=\frac{T_{Si}}{2}} = \frac{V_{gs} - V_{fb} - \psi_s}{T_{ox}} \frac{\varepsilon_{ox}}{\varepsilon_{Si}} \tag{4.5}$$

式中，ψ_s 为表面电动势。在垂直方向上使用抛物线分布，并在 $x = \dfrac{T_{Si}}{2}$ 时应用边

界条件$\dfrac{\mathrm{d}\psi}{\mathrm{d}x}=0$，可以得到$\psi(x,y)$为

$$\psi(x,y)=\psi_{\mathrm{s}}(y)+\frac{\varepsilon_{\mathrm{ox}}}{\varepsilon_{\mathrm{Si}}}\frac{\psi_{\mathrm{s}}(y)-(V_{\mathrm{gs}}-V_{\mathrm{fb}})}{T_{\mathrm{ox}}}x-\frac{\varepsilon_{\mathrm{ox}}}{\varepsilon_{\mathrm{Si}}}\frac{\psi_{\mathrm{s}}(y)-(V_{\mathrm{gs}}-V_{\mathrm{fb}})}{T_{\mathrm{ox}}T_{\mathrm{Si}}}x^{2}$$

$$(4.6)$$

如果ψ_{c}是沿沟道中心的电动势分布，则用$x=\dfrac{T_{\mathrm{Si}}}{2}$进行替换，可以得到$\psi_{\mathrm{s}}$与$\psi_{\mathrm{c}}$的关系为

$$\psi_{\mathrm{s}}(y)=\frac{1}{1+\dfrac{\varepsilon_{\mathrm{ox}}}{4\varepsilon_{\mathrm{Si}}}\dfrac{T_{\mathrm{Si}}}{T_{\mathrm{ox}}}}\left[\psi_{\mathrm{c}}(y)+\frac{\varepsilon_{\mathrm{ox}}}{4\varepsilon_{\mathrm{Si}}}\frac{T_{\mathrm{Si}}}{T_{\mathrm{ox}}}(V_{\mathrm{gs}}-V_{\mathrm{fb}})\right]\qquad(4.7)$$

现在$\psi(x,y)$可以表示为

$$\psi(x,y)=\left(1+\frac{\varepsilon_{\mathrm{ox}}}{\varepsilon_{\mathrm{Si}}}\frac{x}{T_{\mathrm{ox}}}-\frac{\varepsilon_{\mathrm{ox}}}{\varepsilon_{\mathrm{Si}}}\frac{x^{2}}{T_{\mathrm{ox}}T_{\mathrm{Si}}}\right)\frac{\psi_{\mathrm{c}}(y)+\dfrac{\varepsilon_{\mathrm{ox}}}{4\varepsilon_{\mathrm{Si}}}\dfrac{T_{\mathrm{Si}}}{T_{\mathrm{ox}}}(V_{\mathrm{gs}}-V_{\mathrm{fb}})}{1+\dfrac{\varepsilon_{\mathrm{ox}}}{4\varepsilon_{\mathrm{Si}}}\dfrac{T_{\mathrm{Si}}}{T_{\mathrm{ox}}}}$$

$$-\frac{\varepsilon_{\mathrm{ox}}}{\varepsilon_{\mathrm{Si}}}\frac{x}{T_{\mathrm{ox}}}(V_{\mathrm{gs}}-V_{\mathrm{fb}})+\frac{\varepsilon_{\mathrm{ox}}}{\varepsilon_{\mathrm{Si}}}\frac{x^{2}}{T_{\mathrm{ox}}T_{\mathrm{Si}}}(V_{\mathrm{gs}}-V_{\mathrm{fb}})\qquad(4.8)$$

所以，通过利用以上公式，可以得到

$$\frac{\mathrm{d}^{2}\psi_{\mathrm{c}}(y)}{\mathrm{d}x^{2}}+\frac{V_{\mathrm{gs}}-V_{\mathrm{fb}}-\psi_{\mathrm{c}}(y)}{\lambda^{2}}=\frac{qN_{\mathrm{A}}}{\varepsilon_{\mathrm{Si}}}\qquad(4.9)$$

$$\lambda=\sqrt{\frac{\varepsilon_{\mathrm{ox}}}{\varepsilon_{\mathrm{Si}}}\left(1+\frac{\varepsilon_{\mathrm{ox}}T_{\mathrm{Si}}}{4\varepsilon_{\mathrm{Si}}T_{\mathrm{ox}}}\right)T_{\mathrm{Si}}T_{\mathrm{ox}}}\qquad(4.10)$$

本文推导了双栅场效应晶体管特征长度λ的表达式。增加晶体管中的栅极数量可以改善静电控制，从而减少漏极磁场的穿透，所以对于不同的多栅结构，λ的值也不相同。为了得到三栅结构的λ，需要包括从顶部到侧壁沟道上的栅极控制。为此，需要求解具有适当边界条件的三维泊松方程。同样，需要考虑四栅场效应晶体管中所有四个栅极的控制。求解三栅或四栅场效应晶体管的泊松方程是十分复杂的，不能在紧凑模型中完成。另一种方法是利用现有的双栅场效应晶体管和单栅场效应晶体管的λ，进而得到其他多栅场效应晶体管的λ。为所有多栅器件开发并用于 BSIM - CMG 的统一λ的紧凑形式如下[3,4]：

$$\lambda_{\mathrm{c}}=\frac{1}{\sqrt{\left(\dfrac{1}{\lambda}\right)^{2}+\left(\dfrac{\Lambda}{\lambda_{H_{\mathrm{Fin}}}}\right)}}\qquad(4.11)$$

式中，$\lambda_{H_{\mathrm{Fin}}}=\sqrt{\dfrac{\varepsilon_{\mathrm{Si}}}{4\varepsilon_{\mathrm{ox}}}\left(1+\dfrac{\varepsilon_{\mathrm{ox}}T_{\mathrm{Si}}}{2\varepsilon_{\mathrm{Si}}T_{\mathrm{ox}}}\right)H_{\mathrm{Fin}}T_{\mathrm{ox}}}\qquad(4.12)$

H_{Fin} 为鳍片的高度

对于双栅 FET，$\qquad\qquad$ $\Lambda = 0$，（GEOMOD = 0） $\qquad\qquad$ (4.13)

对于三栅 FET，$\qquad\qquad$ $\Lambda = \dfrac{1}{2}$，（GEOMOD = 1） $\qquad\qquad$ (4.14)

对于环绕栅 FET，$\qquad\qquad$ $\Lambda = 1$，（GEOMOD = 2，3） $\qquad$ (4.15)

不同模型参数和选项（如上述使用的 GEOMOD）的说明见附录。

2. 沟道电动势

利用二维泊松方程式（4.1），以沟道内宽 δy、高 $\dfrac{T_{\text{Si}}}{2}$ 的小矩形盒状体为例，建立了沟道内的静电势分布。将高斯定律应用于沿沟道的 y 坐标的矩形体上，得到如下结果：

$$\frac{T_{\text{Si}}}{2} \cdot \left[E_y(y) - E_y(y + \delta y) \right] + \delta y \left[E_x \left(\frac{-T_{\text{Si}}}{2} \right) - E_x(0) \right] = q \frac{T_{\text{Si}} \delta y N_A}{2 \varepsilon_{\text{Si}}} \qquad (4.16)$$

为了简化式（4.16），在公式两侧共同除以 δy，结果可以重写为

$$\frac{T_{\text{Si}}}{2} \cdot \frac{\left[E_y(y) - E_y(y + \delta y) \right]}{\delta y} + \left[E_x \left(\frac{-T_{\text{Si}}}{2} \right) - E_x(0) \right] = q \frac{T_{\text{Si}} N_A}{2 \varepsilon_{\text{Si}}} \qquad (4.17)$$

利用等式 $E_y = -\dfrac{\partial \psi_s(y)}{\partial y}$，把 $E_x \left(\dfrac{-T_{\text{Si}}}{2} \right)$ 和 $E_x(0)$ 的值用式（4.4）和式（4.5）替代，可以从式（4.17）中得到以下关系：

$$\lambda^2 \cdot \frac{\partial^2 \psi_s(y)}{\partial y^2} = \psi_s(y) - \left(V_{gs} - V_{fb} - \frac{q N_A T_{\text{Si}}}{2 C_{ox}} \right) \qquad (4.18)$$

式中，λ 为特征长度。源极和漏极的表面电动势分别为 $\psi_{s0} = V_s + V_{bi}$ 和 $\psi_{s0} = V_{ds} + V_{bi}$。解式（4.18），可以得到 $\psi_s(y)$，再利用式（4.7），可以得到 $\psi_c(y)$[5]

$$\psi_c(y) = V_{SL} + (V_{bi} - V_{SL}) \frac{\sinh \left(\dfrac{L - y}{\lambda} \right)}{\sinh \left(\dfrac{L}{\lambda} \right)} + (V_{bi} + V_{ds} - V_{SL}) \frac{\sinh \left(\dfrac{y}{\lambda} \right)}{\sinh \left(\dfrac{L}{\lambda} \right)} \qquad (4.19)$$

V_{bi} 为源端的内建电动势，对于长沟道晶体管 V_{SL} 等于中点的电动势

$$V_{SL} = V_{gs} - V_{fb} - \frac{q N_A}{\varepsilon_{\text{Si}}} \lambda^2 \qquad (4.20)$$

因为 $\sinh(0) = 0$，很明显，当 $y = 0$ 时，$\psi_c(y)$ 降至 V_{bi}；当 $y = L$ 时，$\psi_c(y)$ 降至 V_{ds}。需要注意式（4.19）给出的中心电动势与体 MOSFET 中相同二维分析得到的表面电动势之间的相似性[5-7]。对于长沟道晶体管（$L \gg \lambda$），在沟道中间，式（4.19）中的比例项都为 $\text{e}^{-L/2\lambda}$，值非常小。所以，正如所期望的，ψ_c 近似为 V_{SL}。对于短沟道晶体管（L 远小于 λ），那么 ψ_c 将会大于 V_{SL}。

阈值电压 V_{th} 是栅极电压的值，在该值之上，表面电动势在强反型中近似为

定值[5,6]。在所有 BSIM 模型中，表面电动势由 ψ_{st} 表示［如式（4.22）所示］。当 $x = L/2$ 时，式（4.19）中的电动势最小，此时反型电荷密度也下降至最小值[5,7]。

短沟道晶体管和长沟道晶体管之间的阈值电压差值 ΔV_T 等于这些晶体管在强反型开始时的 ψ_c 差值，这样式（4.19）中的 $\psi_c(x = L/2)$ 值等于其长沟道时的值 ψ_{st}

$$\Delta V_T = -\frac{2(V_{bi} - V_{SL}) + V_{ds}}{2\cosh\left(\dfrac{L}{2\lambda}\right) - 2} \quad (4.21)$$

这个表达式有两个重要的影响，可以通过一个单一公式进行建模：首先，V_{th} 与特征长度的关系；第二，漏极偏置效应对 V_{th} 的影响。为了在实验数据的拟合上提供更多的灵活性，BSIM – CMG 通过单独的 ΔV_T 项以及不同的参数对这些数据进行建模。

3. 阈值电压滚降

随着沟道长度的减小，阈值电压的减小称为阈值电压滚降。对于小 V_{ds} 值时的 V_{th} 滚降建模，可以将 $V_{ds} = 0$ 代入式（4.21）。此外，源端的中心电动势 V_{SL} 可作为亚阈值区源端的表面电动势 ψ_{st}。因此，

$$\psi_{st} = 0.4 + PHIN + \Phi_B \quad (4.22)$$

在 BSIM – CMOG 中的 V_{th} 滚降可以建模为

$$\Delta V_{th,SCE} = -\frac{\dfrac{1}{2}DVT0}{\cosh\left(DVT1 \cdot \dfrac{L_{eff}}{\lambda}\right) - 1} \cdot (V_{bi} - \psi_{st}) \quad (4.23)$$

其中，增加了两个参数 DVT0 和 DVT1，以便于进行参数提取（参数描述见附录）。在实现过程中要记住的一个重要点是数值的鲁棒性。上面使用的 $\cosh x$ 是一个平滑函数，并且关于 $x = 0$ 左右对称。对于较大值的 x，它会变为1，并产生"除零"的问题。为了避免这个问题，当 $x > 40$ 时，BSIM – CMG 采用以下近似：

$$\frac{\dfrac{1}{2}}{\cosh x - 1} = \frac{\dfrac{1}{2}}{\dfrac{e^x + e^{-x}}{2} - 1} \approx -\frac{\dfrac{1}{2}}{\dfrac{e^x}{2}} = e^{-x} \quad (4.24)$$

4. 漏致势垒降低对阈值电压的影响

在短沟道器件中，如第 1 章所述漏极电压开始影响由载流子所见的势垒高度峰值，这称为漏致势垒降低，势垒高度的降低导致阈值电压的降低。如前所述，式（4.21）也捕捉到漏极偏压对阈值电压的影响。漏致势垒降低的另一个影响是对 $I_{ds} - V_{ds}$ 特性的影响，它会导致 $I_{ds} - V_{ds}$ 的斜率变为有限值，并增加输出电

导。这些问题将在4.11节进行讨论。

为了对漏致势垒降低效应建模，式（4.21）通过以下两个额外参数进行修改，以提高参数提取的灵活性

$$\Delta V_{\mathrm{th,DIBL}} = - \frac{0.5\mathrm{ETA0}_a}{\cosh\left(\mathrm{DSUB} \cdot \dfrac{L_{\mathrm{eff}}}{\lambda}\right) - 1} \cdot V_{\mathrm{dsx}} + \mathrm{DVTP0} \cdot V_{\mathrm{dsx}}^{\mathrm{DVTP1}} \qquad (4.25)$$

上述等式右侧的第二项被添加到长沟道 DIBL 模型中，该模型也称为漏致阈值漂移[5,8]。

5. 反向短沟道效应（Reverse Short-Channel Effect，RSCE）

为了减少特定工艺中的短沟道效应，在源极和漏极附近使用晕环离子注入。虽然 FinFET 是轻掺杂器件，但仍会在沟道中加入晕环离子注入，用于阈值电压控制或由穿通注入引起的非期望掺杂。随着沟道平均掺杂量的增加，晕环掺杂导致阈值电压随沟道长度的减小而增大，这称为反向短沟道效应。

从 BSIM4 中提取反向短沟道效应模型

$$\Delta V_{\mathrm{th,RSCE}} = K_1 \mathrm{RSCE} \cdot \left[\sqrt{1 + \frac{\mathrm{LPE0}}{L_{\mathrm{eff}}}} - 1 \right] \cdot \sqrt{\psi_{\mathrm{st}}} \qquad (4.26)$$

最后，将所有影响合并为一个单一的阈值电压偏移，如下所示：

$$\Delta V_{\mathrm{th,all}} = \Delta V_{\mathrm{th,SCE}} + \Delta V_{\mathrm{th,DIBL}} + \Delta V_{\mathrm{th,RSCE}} + \Delta V_{\mathrm{th,temp}} \qquad (4.27)$$

$$V_{\mathrm{gsfb}} = V_{\mathrm{gs}} - \Delta\Phi - \Delta V_{\mathrm{th,all}} - \mathrm{DVTSHIFT} \qquad (4.28)$$

式中，ΔV_{th} 为温度对阈值电压的影响，DVTSHIFT 是模型变量的参数。

图 4.2 显示了不同物理参数变化时短沟道效应验证的结果。图 4.3 显示了从

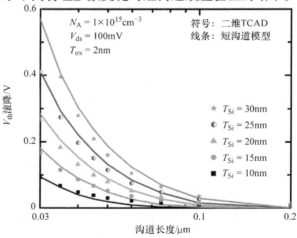

图 4.2 双栅 FET 中，不同 T_{Si} 值时的阈值电压滚降。与二维 TCAD 仿真
相比，该模型具有良好的可扩展性[18]

不同 T_{ox} 值的模型中提取的 V_{th} 的滚降，并将其与从二维 TCAD 仿真中获得的 V_{th} 进行比较。T_{ox} 越小，栅极越接近反型层，可以加强静电栅极控制，从而减小 V_{th} 滚降。

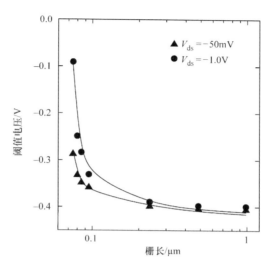

图 4.3 对于 p 型 MOS FinFET，$N_{Fin} = 20$，EOT $= 2.0$nm，$H_{Fin} = 20$nm，$T_{Fin} = 22$nm[20]，与轻掺杂体（$N_c = 2 \times 10^{15}/cm^3$）时 $V_{ds} = -1.0$V 相比，当 $V_{ss} = -1.0$V 时，由于漏致势垒降低导致阈值电压变化的实验数据

4.3 亚阈值斜率退化

短沟道效应也会降低亚阈值斜率。亚阈值斜率的降低是因为栅极偏置电压中存在依赖于 V_{SL} 的项。这与 BSIM4 模型中的情况类似

$$\psi_{st} = 0.4 + PHIN + \Phi_B \tag{4.29}$$

$$C_{dsc} = \frac{0.5}{\cosh\left(DVT1SS \cdot \dfrac{L_{eff}}{\lambda}\right) - 1} \cdot (CDSC + CDSCD \cdot V_{dsx}) \tag{4.30}$$

$$n = 1 + \frac{CIT + C_{dsc}}{2C_{Si} \parallel C_{ox}}, \text{ 如果 GEOMOD} \neq 3$$

$$n = 1 + \frac{CIT + C_{dsc}}{C_{ox}}, \text{ 如果 GEOMOD} = 3 \text{（纳米级连线）} \tag{4.31}$$

在表面电动势公式中，n 需要乘以热电压。虽然该公式只是一个经验公式，但它提供了实验观察到的预期效果。图 4.4 显示了 p 型 MOSFET FinFET 中不同

长度的实验数据对亚阈值斜率模型的验证。

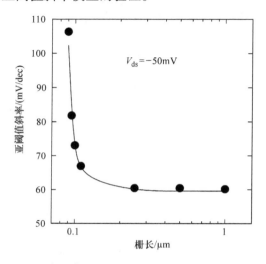

图 4.4　在 p 型 MOS FinFET 中，当 $N_{Fin}=20$，EOT $=2.0$nm，$H_{Fin}=20$nm，$T_{Fin}=22$nm 时，亚阈值斜率模型与实验数据的比较

4.4　量子力学中的 V_{th} 校正

FinFET 中沟道厚度对器件特性有重要影响。为了控制短沟道效应，必须减小沟道的厚度。薄膜厚度的减小会产生大量的几何结构限制，并将这些器件转换为一个二维系统。随着薄膜厚度的减小，这种几何约束变得越来越重要。众所周知，在量子力学中，该限制导致了能级的量子化。基态子能级总是位于导带边缘以上，随着薄膜厚度的减小，导带边缘和基态子能级之间的能量差增大。这种差异将费米能级向上推，使其更接近基态能量。这表明在相同的偏压条件下，量子力学反型电荷密度 Q_i^{qm} 将小于经典反型电荷密度 Q_i^{cl}，因此器件的量子阈值电压高于传统阈值电压。BSIM – CMG 中的能量量子化通过 $\Delta V_{T,QM}$ 来表征，而能量量子化则会导致阈值电压的变化。在 $\Delta V_{T,QM}$ 的推导中，薛定谔方程是在假设麦克斯韦 – 玻尔兹曼统计在弱反型区的情况下，通过假设体/沟道泊松方程解的线性势分布来求解的。为了获得薄膜厚度中精确的 V_{th}，在 $\Delta V_{T,QM}$ 推导中使用了两个能级 E_0 和 E_1，这里 QMFACTOR 是作为一个参数选项进行使用的。

如果 GEOMOD $\neq 3$，那么有[17,19]

$$E_0 = \frac{\hbar^2 \pi 2}{2m_x \cdot TFIN^2}$$ (4.32)

$$E'_0 = \frac{\hbar^2 \pi 2}{2m'_x \cdot \text{TFIN}^2} \tag{4.33}$$

$$E_1 = 4E_0 \tag{4.34}$$

$$E'_1 = 4E'_0 \tag{4.35}$$

$$\gamma = 1 + \exp\left(\frac{E_0 - E_1}{kT}\right) + \frac{g'm'_d}{gm_d} \cdot \left[\exp\left(\frac{E_0 - E'_0}{kT}\right) + \exp\left(\frac{E_0 - E'_1}{kT}\right)\right] \tag{4.36}$$

式中，$\hbar$ 为简化的普朗克常数。N_c 是导带的三维有效态密度，$E_{0/1}$（$E'_{0/1}$）为子带能量，或者说是表面处未填满波谷和导带底部第 0 个和第 1 个子带间隔。$g(g')$ 和 $m_d(m'_d)$ 分别是未填满波谷中有效的简并度和密度。

$$\Delta V_{\text{T,QM}} = \text{QMFACTOR}_i \cdot \left[\frac{E_0}{q} - \frac{kT}{q}\ln\left(\frac{g \cdot m_d}{\pi \hbar^2 N_c} \cdot \frac{kT}{\text{TFIN}} \cdot \gamma\right)\right] \tag{4.37}$$

如果 GEOMOD = 3（纳米级连线），那么有

$$E_{0,\text{QM}} = \frac{\hbar^2 (2.4048)^2}{2m_x \cdot R^2} \tag{4.38}$$

$$\Delta V_{\text{T,QM}} = \text{QMFACTOR}_i \cdot \frac{E_{0,\text{QM}}}{q} \tag{4.39}$$

图 4.5 显示了具有和不具有量子力学效应的漏极电流的比较。其他关于量子限制的内容将在 4.8 节进行讨论。

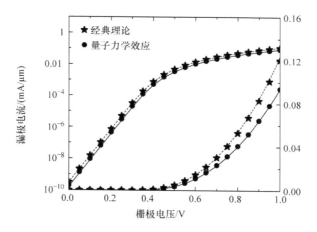

图 4.5 具有和不具有量子力学效应的 $I_{\text{ds}} - V_{\text{gs}}$ 比较

4.5 垂直场迁移率退化

BSIM-CMG 的垂直场相关迁移率模型包括声子散射、表面粗糙度散射和库

仑散射等不同的散射机制引起的迁移率退化。该模型取自 BSIM4，但使用的是电荷而不是阈值电压。通过漏极电流中的 D_{mob} 项得到迁移率退化的影响。BSIM - CMG 中统一的迁移率模型可以表示为

$$\mu_{eff} = \frac{U_0}{D_{mob}} \tag{4.40}$$

式中，$D_{mob} = 1 + UA \cdot (E_{eff})^{EU} + \dfrac{UD}{\left[\dfrac{1}{2}\left(1 + \dfrac{q_{ia}}{q_b}\right) \right]^{UCS}}$，BULKMOD $= 0$

$$D_{mob} = 1 + (UA + UC \cdot V_{eseff}) \cdot (E_{eff})^{EU} + \frac{UD}{\left[\dfrac{1}{2}\left(1 + \dfrac{q_{ia}}{q_b}\right) \right]^{UCS}}, \text{BULKMOD} = 1$$

$$\tag{4.41}$$

式中

$$q_{ia} = \frac{q_{is} + q_{id}}{2} \tag{4.42}$$

$$E_{eff} = 10^{-8} \cdot \left(\frac{q_b + \eta q_{ia}}{\varepsilon_{ratio} \cdot EOT} \right) \tag{4.43}$$

$$D_{mob} = \frac{D_{mob}}{U_0 MULT} \tag{4.44}$$

在式（4.41）中，UA、UC 和 UD 分别表示声子表面粗糙度散射、迁移率的体效应系数和哥伦布散射。$U_0 MULT$ 是用于可变性建模的乘数参数，其默认值为 1.0，参数说明见附录。

4.6 漏极饱和电压 V_{dsat}

电流饱和可能是由于沟道夹断或速度饱和，甚至源端速度限制造成的。需要漏极饱和电压 V_{dsat} 来获得有效漏极电压 V_{dseff}，之后再利用 V_{dseff} 来计算漏极表面电动势 ψ_d。需要注意的是，V_{dsat} 只是关于 V_{gs} 的函数。换言之，V_{dsat} 只与源端的表面电动势 ψ_s 有关，而与 V_{ds} 无关。同时，晶体管中的源/漏极电阻也会影响 V_{dsat}。BSIM - CMG 中的 V_{dsat} 表达式取自 BSIM4 模型中，并进行必要的修改。为了读者阅读方便，在 RDSMOD $= 0$ 和 RDSMOD $= 1$ 的情况下详细推导 V_{dsat}。

4.6.1 非本征示例（RDSMOD $= 1$ 和 2） ★★★

在非本征示例中，采用外部电阻来对源/漏极电阻进行建模，也就是 RDSMOD $= 1$ 和 2（见第 7 章）。

当加载足够大的漏极电压时，横向电场大到足以使漏极附近的载流子速度饱和。在这种情况下，沟道在源端和漏端附近具有不同的载流子速度行为。靠近源端的速度取决于横向电场，而靠近漏端的速度饱和，与电场无关。在两部分之间的边界处，沟道电压等于漏极饱和电压 V_{dsat}，横向电场等于 E_{sat}[9,10]。为了将 BSIM4 中漏极电流的表达式用于 BSIM–CMG 中 V_{dsat} 的推导，设 $A_{bulk} = 1$ 和 V_{gsteff} $+ 2\dfrac{kT}{q} = \text{KSATIV} \cdot \left(V_{gsfbeff} - \psi_s + 2\dfrac{kT}{q} \right)$，其中 KSATIV 为模型参数，默认值为 1。在强反型区中，沿着沟道方向上，在沟道中任意 y 点修改后的漏极电流表达式为

$$I_{ds} = W_{eff} \cdot C_{ox} \Big[\text{KSATIV} \cdot \left(V_{gsfbeff} - \psi_s + 2\frac{kT}{q} \right) - V(y) \Big] \cdot \upsilon(y) \qquad (4.45)$$

式中，$\upsilon(y)$ 为沟道中任意 y 点的载流子速度，并与沟道中横向电场有关

$$\upsilon(y) = \mu \cdot E_y, \text{当 } E_y < E_{sat} \text{时}$$
$$\upsilon(y) = \upsilon_{sat}, \text{当 } E_y > E_{sat} \text{时} \qquad (4.46)$$

式中，μ 为沟道中电荷载流子的迁移率，并包含了以下横向电场效应的影响：

$$\mu = \frac{\mu_{eff}}{1 + \dfrac{E(y)}{E_{sat}}} \qquad (4.47)$$

结合式（4.45）和式（4.47），可以得到沟道中饱和状态之前（如在线性区）的漏极电流为

$$E_y = \frac{dV(y)}{dy} = f(I_{ds}, \psi_s, V_{gsfbeff}, V_{ds}) \qquad (4.48)$$

$$\int_0^{V_{dsat}} 1 \cdot dV(y) = \int_0^{L_{eff}} f(I_{ds}, \psi_s, V_{gsfbeff}, V_{ds}) dy \qquad (4.49)$$

$$I_{ds} = \mu_{eff} \cdot C_{ox} \cdot \frac{W_{eff}}{L_{eff}} \cdot \frac{1}{1 + \dfrac{V_{ds}}{E_{sat} \cdot L_{eff}}} \Big[\text{KSATIV} \cdot \left(V_{gsfbeff} - \psi_s + 2\frac{kT}{q} \right) - \frac{V_{ds}}{2} \Big] \cdot V_{ds}$$

$$(4.50)$$

现在，利用式（4.45）和式（4.50），并根据线性区和饱和区边界（$V_{ds} = V_{dsat}$）的漏极电流连续性，可以得到

$$\mu_{eff} \cdot C_{ox} \cdot \frac{W_{eff}}{L_{eff}} \cdot \frac{1}{1 + \dfrac{V_{dsat}}{E_{sat} \cdot L_{eff}}} \Big[\text{KSATIV} \cdot \left(V_{gsfbeff} - \psi_s + 2\frac{kT}{q} \right) - \frac{V_{dsat}}{2} \Big] \cdot V_{dsat}$$

$$= W_{eff} \cdot C_{ox} \cdot \Big[\text{KSATIV} \cdot \left(V_{gsfbeff} - \psi_s + 2\frac{kT}{q} \right) - V_{dsat} \Big] \cdot \upsilon_{dsat} \qquad (4.51)$$

或者

$$\frac{1}{L_{\mathrm{eff}}} \cdot \frac{1}{1 + \dfrac{V_{\mathrm{dsat}}}{E_{\mathrm{sat}} \cdot L_{\mathrm{eff}}}} \Big[\mathrm{KSATIV} \cdot \Big(V_{\mathrm{gsfbeff}} - \psi_{\mathrm{s}} + 2\frac{kT}{q} \Big) - \frac{V_{\mathrm{dsat}}}{2} \Big] \cdot V_{\mathrm{dsat}}$$

$$= \Big[\mathrm{KSATIV} \cdot \Big(V_{\mathrm{gsfbeff}} - \psi_{\mathrm{s}} + 2\frac{kT}{q} \Big) - V_{\mathrm{dsat}} \Big] \cdot \frac{v_{\mathrm{dsat}}}{\mu_{\mathrm{eff}}} \tag{4.52}$$

在式（4.52）中，将 $\dfrac{v_{\mathrm{dsat}}}{\mu_{\mathrm{eff}}}$ 替换为 $\dfrac{E_{\mathrm{sat}}}{2}$，$E_{\mathrm{sat}} \cdot L_{\mathrm{eff}}$ 替换为 E_{satL}，并重新整理，可以得到 V_{dsat} 在紧凑形式的解[6]

$$V_{\mathrm{dsat}} = \frac{E_{\mathrm{satL}} \cdot \mathrm{KSATIV} \Big(V_{\mathrm{gsfbeff}} - \psi_{\mathrm{s}} + \dfrac{2kT}{q} \Big)}{E_{\mathrm{satL}} + \mathrm{KSATIV} \Big(V_{\mathrm{gsfbeff}} - \psi_{\mathrm{s}} + \dfrac{2kT}{q} \Big)} \tag{4.53}$$

4.6.2 本征示例（RDSMOD = 0）★★★

在本征示例中，部分源/漏极电阻使用内部电阻建模，也就是说 RDSMOD = 0（见第 7 章）。

因为在这种情况下，电阻效应包含在电流方程中（见 4.12 节中的 D_{r} 项），V_{dsat} 也与本征情况不同。施加的漏极电压在串联电阻上损失一部分压降。因此，相比于式（4.53），V_{dsat} 会有一些增加。在 BSIM - CMG 的 RDSMOD = 0 情况下，V_{dsat} 的实现与 BSIM4 中的方式相同[9,10]，从而降低了复杂度。在 BSIM4 模型中，代入 $\lambda = 1$，$A_{\mathrm{bulk}} = 1$ 和 $V_{\mathrm{gsteff}} + 2\dfrac{kT}{q} = \mathrm{KSATIV} \cdot \Big(V_{\mathrm{gsfbeff}} - \psi_{\mathrm{s}} + 2\dfrac{kT}{q} \Big)$，可以得到修正的本征漏极电流 I_{ds0} 为

$$I_{\mathrm{ds0}} = \frac{W_{\mathrm{eff}} \cdot C_{\mathrm{ox}} \cdot \mathrm{KSATIV} \cdot \Big(V_{\mathrm{gsfbeff}} - \psi_{\mathrm{s}} + 2\dfrac{kT}{q} \Big)}{\Big(1 + \dfrac{V_{\mathrm{ds}}}{E_{\mathrm{sat}} \cdot L_{\mathrm{eff}}} \Big)} \cdot \mu_{\mathrm{eff}} \cdot V_{\mathrm{ds}}$$

$$\times \Bigg(1 - \frac{V_{\mathrm{ds}}}{2\mathrm{KSATIV} \cdot \Big(V_{\mathrm{gsfbeff}} - \psi_{\mathrm{s}} + 2\dfrac{kT}{q} \Big)} \Bigg) \tag{4.54}$$

这里 KSATIV 为模型参数，默认值为 1。考虑源/漏极电阻 $R_{\mathrm{ds}}(V)$，并利用欧姆定律，可以将漏极电流表示为

$$I_{\mathrm{ds}} = \frac{V_{\mathrm{ds}}}{R_{\mathrm{ch}} + R_{\mathrm{ds}}} \tag{4.55}$$

或者

$$I_{\mathrm{ds}} = \frac{I_{\mathrm{ds0}}}{1 + \dfrac{R_{\mathrm{ds}} \cdot I_{\mathrm{ds0}}}{V_{\mathrm{ds}}}} \tag{4.56}$$

其中，当 $R_{ds} = 0$ 时，$R_{ch} = \dfrac{V_{ds}}{I_{ds0}}$。在饱和区内，漏极电流可以表示为

$$I_{ds,sat} = W_{eff} \cdot q_{ch}\left[V(y) = V_{dsat} \right] \cdot \text{VSAT} \tag{4.57}$$

$$I_{ds,sat} = W_{eff} \cdot C_{ox} \cdot \text{KSATIV} \cdot \left(V_{gsfbeff} - \psi_s + 2\frac{kT}{q} \right) \cdot \text{VSAT}$$

$$\times \left(1 - \frac{V_{dsat}}{\text{KSATIV} \cdot \left(V_{gsfbeff} - \psi_s + 2\dfrac{kT}{q} \right)} \right) \tag{4.58}$$

当 $V_{ds} = V_{dsat}$ 时，式（4.56）中的沟道电流等于式（4.58）中的漏极电流（也就是 $I_{ds,sat}$）

$$\frac{I_{ds0} \cdot V_{dsat}}{1 + \dfrac{R_{ds} \cdot I_{ds0}}{V_{dsat}}} = W_{eff} \cdot C_{ox} \cdot \text{KSATIV} \cdot \left(V_{gsfbeff} - \psi_s + 2\frac{kT}{q} \right) \cdot \text{VSAT}$$

$$\cdot \left(1 - \frac{V_{dsat}}{\text{KSATIV} \cdot \left(V_{gsfbeff} - \psi_s + 2\dfrac{kT}{q} \right)} \right) \tag{4.59}$$

将式（4.56）中的 I_{ds0} 值代入式（4.59）中，可以将式（4.59）重写为

$$\frac{\dfrac{W_{eff} \cdot C_{ox} \cdot \text{KSATIV} \cdot \left(V_{gsfbeff} - \psi_s + 2\frac{kT}{q} \right)}{\left(1 + \dfrac{V_{dsat}}{E_{sat} \cdot L_{eff}} \right)} \cdot \mu_{eff} \cdot V_{dsat} \cdot \left(1 - \dfrac{V_{dsat}}{2\text{KSATIV} \cdot \left(V_{gsfbeff} - \psi_s + 2\frac{kT}{q} \right)} \right)}{1 + \dfrac{R_{ds}}{V_{dsat}} \cdot \dfrac{W_{eff} \cdot C_{ox} \cdot \text{KSATIV} \cdot \left(V_{gsfbeff} - \psi_s + 2\frac{kT}{q} \right)}{\left(1 + \dfrac{V_{dsat}}{E_{sat} \cdot L_{eff}} \right)} \cdot \mu_{eff} \cdot V_{dsat} \cdot \left(1 - \dfrac{V_{dsat}}{2\text{KSATIV} \cdot \left(V_{gsfbeff} - \psi_s + 2\frac{kT}{q} \right)} \right)}$$

$$= W_{eff} \cdot C_{ox} \cdot \text{KSATIV} \cdot \left(V_{gsfbeff} - \psi_s + 2\frac{kT}{q} \right) \cdot \text{VSAT} \cdot \left(1 - \frac{V_{dsat}}{\text{KSATIV} \cdot \left(V_{gsfbeff} - \psi_s + 2\dfrac{kT}{q} \right)} \right) \tag{4.60}$$

在式（4.60）中，如果把 $\mu_{eff} = \dfrac{2\text{VSAT}}{E_{sat}}$ 和 $E_{sat} \cdot \mu_{eff} = E_{satL}$ 再经过一些操作和重新排列，得到式（4.60）的另一种表示方式

$$\frac{V_{dsat} \cdot \left[2\text{KSATIV} \cdot \left(V_{gsfbeff} - \psi_s + 2\frac{kT}{q} \right) - V_{dsat} \right]}{E_{satL} + V_{dsat} + W_{eff} \cdot C_{ox} \cdot \text{VSAT} \cdot \left[2\text{KSATIV} \cdot \left(V_{gsfbeff} - \psi_s + 2\frac{kT}{q} \right) - V_{dsat} \right] \cdot R_{ds}}$$

$$= \left[\text{KSATIV} \cdot \left(V_{gsfbeff} - \psi_s + 2\frac{kT}{q} \right) - V_{dsat} \right] \tag{4.61}$$

$$W_{eff} \cdot C_{ox} \cdot VSAT \cdot R_{ds} \cdot V_{dsat}^2 - 3W_{eff} \cdot C_{ox} \cdot VSAT \cdot R_{ds}$$

$$\cdot KSATIV \cdot \left(V_{gsfbeff} - \psi_s + 2\frac{kT}{q} \right)$$

$$\cdot V_{dsat} - \left[KSATIV \cdot \left(V_{gsfbeff} - \psi_s + 2\frac{kT}{q} \right) + E_{satL} \right] \cdot V_{dsat}$$

$$\cdot 2W_{eff} \cdot C_{ox} \cdot VSAT \cdot KSATIV \cdot \left(V_{gsfbeff} - \psi_s + 2\frac{kT}{q} \right)^2$$

$$+ E_{satL} \cdot KSATIV \cdot \left(V_{gsfbeff} - \psi_s + 2\frac{kT}{q} \right) = 0 \tag{4.62}$$

这时式（4.62）就转换为标准的 $ax^2 - bx + c = 0$ 的形式，而且可以重写为

$$\frac{a}{2} \cdot V_{dsat}^2 - b \cdot V_{dsat} + c = 0 \tag{4.63}$$

式中

$$a = 2W_{eff} \cdot VSAT \cdot C_{ox} \cdot R_{ds} \tag{4.64}$$

$$b = E_{satL} + KSATIV \cdot \left(V_{gsfbeff} - \psi_s + 2\frac{kT}{q} \right)\left(1 + \frac{3}{2}T_a \right) \tag{4.65}$$

$$c = KSATIV \cdot \left(V_{gsfbeff} - \psi_s + 2\frac{kT}{q} \right)\left[E_{satL} + T_a \cdot KSATIV \cdot \left(V_{gsfbeff} - \psi_s + 2\frac{kT}{q} \right) \right]$$

$$\tag{4.66}$$

代入 T_a、T_b、T_c，V_{dsat} 可以重写为

$$V_{dsat} = \frac{T_a - \sqrt{T_b^2 - 2T_aT_c}}{T_a} \tag{4.67}$$

评估完 V_{dsat} 后，V_{dseff} 可以使用以下公式计算：

$$V_{dseff} = \frac{V_{ds}}{\left[1 + \left(\frac{V_{ds}}{V_{dsat}} \right)^{MEXP} \right]^{\frac{1}{MEXP}}} \tag{4.68}$$

V_{dseff} 中的插值函数用于从 V_{ds} 到 V_{dsat} 的平滑过渡，确保了关于 $V_{dseff} = 0$ 的对称性。这个函数的另一个优点是，当 $V_{ds} = 0$ 时，它强制 V_{dseff} 为零，而且不受编译器数值准确度的影响（见图4.6）。

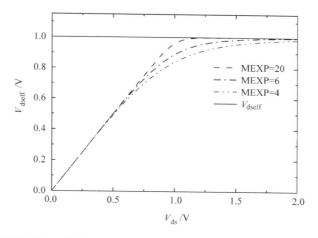

图 4.6　在不同 MEXP 值情况下，有效漏极 – 源极电压 V_{dseff}（实线）和 V_{ds} 的关系

4.7　速度饱和模型

可以通过 D_{vsat} 分析速度饱和对 BSIM – CMG 漏极电流的影响。BSIM – CMG 中的速度饱和模型与 BSIM6 体硅 MOSFET 一致[11,12]

$$E_{\text{sat1}} = \frac{2\text{VSAT1} \cdot D_{\text{mob}}}{\mu_0} \qquad (4.69)$$

式中，VSAT1（默认为 VSAT）为单独调整 V_{dsat} 和电流提供了额外的灵活性。

$$D_{\text{vsat}} = \frac{1 + \left[\text{DELTAVSAT} + \left(\dfrac{\Delta q_{\text{i}}}{E_{\text{sat1}} \cdot L_{\text{eff}}} \right)^{\text{PSAT}} \right]^{\frac{1}{\text{PSAT}}}}{1 + \text{DELTAVSAT}^{\frac{1}{\text{PSAT}}}} + \frac{1}{2}\text{PTWG} \cdot q_{\text{ia}} \cdot \Delta\psi^2$$

$$(4.70)$$

式中，DELTAVSAT、PSAT 和 PTWG 为饱和速度参数。D_{mob} 是由式（4.41）给出的垂直场引起的迁移率退化，PSAT 参数的默认值为 2。在式（4.70）中，第二个包含 $\Delta\psi^2$ 的项是通过经验性添加的，以便在模型中具有更大的灵活性，更好地拟合 g_{msat} 行为。

有些器件并没有展现出明显或突然的速度饱和。参数 A_1 和 A_2 用于调节非饱和效应，以适应 I_{dsat} 或 g_{msat}。

$$T_0 = \max\left[\left(A_1 + \frac{A_2}{q_{\text{ia}} + 2\dfrac{nkT}{q}} \right) \cdot \Delta q_{\text{i}}^2, \; -1 \right] \qquad (4.71)$$

$$N_{\text{sat}} = \frac{1 + \sqrt{1 + T_0}}{2} \tag{4.72}$$

$$D_{\text{vsat}} = D_{\text{vsat}} \cdot N_{\text{sat}} \tag{4.73}$$

4.8 量子效应

多栅场效应器件中量子效应对器件特性的影响比传统的体场效应晶体管要大。多栅器件由于几何约束和电约束会产生一些附加效应。众所周知，量子效应导致平均电荷位置偏离界面（称为电荷质心偏移）[14]。在 BSIM - CMG 中，式（4.32）给出的表面电动势计算考虑了由于偏压相关的基态子带能量引起的阈值电压偏移。通过改变氧化物的厚度和宽度[13]模拟 BSIM - CMG 中的电荷质心位移，并分别通过 $I-V$ 和 $C-V$ 特性的参数 QMTCENIV 和 QMTCENCV 激活量子效应。在反型区中电荷质心可以表示为[10,13,14]

$$T_{\text{cen}} = \frac{T_{\text{cen0}}}{1 + \left(\dfrac{q_{\text{ia}} + \text{ETAQM} \cdot q_{\text{ba}}}{\text{QM0}} \right)^{\text{PQM}}} \tag{4.74}$$

式中，参数 ETAQM、QM0 和 PQM 随着偏置电压的不同，会改变电荷质心的位置。上述公式中的 T_{cen0} 可以从几何参数中计算得到，也就是说，在双栅和三栅 FinFET 中可以从鳍片的高度和宽度中计算得到，或者从纳米线的半径计算得出。利用耦合泊松 - 薛定谔方程，结果表明，在双栅 FinFET 中，T_{cen0} 的变化范围从厚鳍片的 $0.25T_{\text{Fin}}$ 到薄鳍片的 $0.351T_{\text{Fin}}$。为了建立这种相互关系的模型，在 BSIM - CMG 中使用了一个经验函数，并由本章参考文献［13］给出。

$$\frac{T_{\text{cen0}}}{T_{\text{Fin}}} = 0.25 + (0.351 - 0.25) \exp\left(\frac{T_{\text{Fin}}}{T_0} \right) \tag{4.75}$$

式中，T_0 为拟合参数。同样，纳米线的 T_{cen0} 和纳米线半径 R 之间具有以下关系：

$$\frac{T_{\text{cen0}}}{R} = 0.334 + (0.576 - 0.334) \exp\left(\frac{R}{R_0} \right) \tag{4.76}$$

式中，R_0 为拟合参数。用 TCAD 数据验证 T_{cen0} 所用的函数在不同厚度和半径下的有效性，并显示出良好的匹配，如图 4.7 所示。如图 4.8 所示，用 TCAD 模拟验证式（4.74）给出的电荷质心随栅极电压（或反型电荷）的变化。在通道中施加一定的临界电荷后，随着栅极偏压的增大，质心向栅极 - 氧化物沟道界面移动（见图 4.9）。

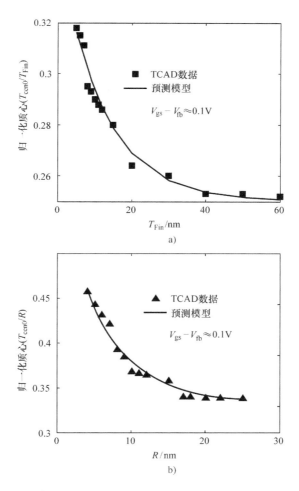

图 4.7　低栅压下双栅 FinFET 和纳米线 FinFET 中电荷质心与沟道厚度的关系[13]

质心的移动导致宽度随应用的偏压变化而变化，即宽度随着质心向界面移动而增大，随栅极电压的增大而增大，在深强反型区中达到饱和。$I-V$ 特性的有效宽度由 QMTCENIV 和 T_{cen} 计算得出。同样可以利用 QMTCENCV 和 T_{cen} 计算 $C-V$ 特性中的有效宽度和有效氧化层厚度。

4.8.1　有效宽度模型　★★★

下面给出了不同多栅结构的有效宽度表达式，这些表达式可用于电流和电容模块中：

$$W_{eff} = W_{eff0} - \Lambda \cdot QMTCENIV \cdot T_{cen} \tag{4.77}$$

$$W_{eff,CV} = W_{eff,CV0} - \Lambda \cdot QMTCENIV \cdot T_{cen} \tag{4.78}$$

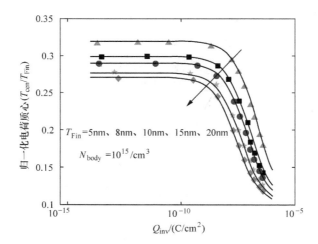

图 4.8　电荷质心随沟道内反型电荷的移动。该图显示了在临界电荷值之后，电荷质心向 Si – SiO$_2$ 界面的移动，这取决于沟道厚度[13]

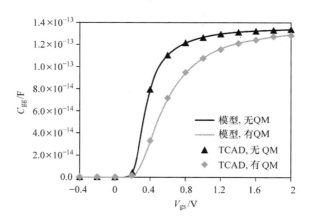

图 4.9　长沟道双栅 FinFET 的小信号栅极电容 C_{gg} 与栅极电压的关系，$T_{Fin} = 15\text{nm}$，$T_{ox} = 1.5\text{nm}$[13]

其中

对于双栅 FinFET（GEOMOD = 0），$\Lambda = 0$　　　　　　　　　　　　　　　　(4.79)

对于三栅 FinFET（GEOMOD = 1），$\Lambda = 4$　　　　　　　　　　　　　　　　(4.80)

对于四栅 FinFET（GEOMOD = 2），$\Lambda = 8$　　　　　　　　　　　　　　　　(4.81)

对于全环绕栅 FinFET（GEOMOD = 3），$\Lambda = 2\pi$　　　　　　　　　　　　　(4.82)

在这些计算中，只有当 QMTCENIV 和 QMTCENCV 分别非零时，有效宽度才会从 W_{eff0} 变化到 $W_{eff,CV0}$。默认情况下，$C-V$ 计算使用的参数值与 $I-V$ 模型中使用的参数值相同, 除非模型选项卡中单独提供了 QMTCENCV 的值。

4.8.2 有效氧化层厚度/有效电容 ★★★

量子效应对 $C-V$ 特性的影响是由 QMTCENCV 的非零值实现的。当 QMTCENCV $\neq 0$ 时, 将有效绝缘电容 $C_{\mathrm{ox,eff}}$ 用于计算 $C-V$ 特性, 但 $I-V$ 特性总是使用 C_{ox}。对于 $C_{\mathrm{ox,eff}}$ 评估, 将 T_{cen} 添加到减薄的物理氧化层厚度(TOXP)中, 以表示介电材料。

如果 QMTCENCV $\neq 0$, 那么有

$$
C_{\mathrm{ox,eff}} = \begin{cases} \dfrac{3.9\varepsilon_0}{\mathrm{TOXP}\dfrac{3.9}{\mathrm{EPSROX}} + T_{\mathrm{cen}} \cdot \dfrac{\mathrm{QMTCENCV}}{\varepsilon_{\mathrm{ratio}}}}, & \mathrm{GEOMOD} \neq 3 \\[4ex] \dfrac{3.9\varepsilon_0}{R\left[\dfrac{1}{\varepsilon_{\mathrm{ratio}}}\ln\left(\dfrac{R}{R - T_{\mathrm{cen}}}\right) + \dfrac{3.9}{\mathrm{EPSROX}}\ln\left(1 + \dfrac{\mathrm{TOXP}}{R}\right)\right]}, & \mathrm{GEOMOD} = 3 \end{cases}
$$

(4.83)

如果 QMTCENCV $= 0$, 那么有

$$
C_{\mathrm{ox,eff}} = C_{\mathrm{ox}}
$$

(4.84)

4.8.3 电荷质心累积计算 ★★★

如果 QMTCENCV $\neq 0$, 那么有

$$
C_{\mathrm{ox,acc}} = \begin{cases} \dfrac{3.9\varepsilon_0}{\mathrm{TOXP}\dfrac{3.9}{\mathrm{EPSROX}} + \dfrac{T_{\mathrm{cen0}}}{1 + \left(\dfrac{q_{\mathrm{i,acc}}}{\mathrm{QM0ACC}}\right)^{\mathrm{PQMACC}}} \cdot \dfrac{\mathrm{QMTCENCV}}{\varepsilon_{\mathrm{ratio}}}}, & \mathrm{GEOMOD} \neq 3 \\[6ex] \dfrac{3.9\varepsilon_0}{R \cdot \dfrac{1}{\varepsilon_{\mathrm{ratio}}}\ln\left(\dfrac{R}{R - \dfrac{T_{\mathrm{cen0}}}{1 + \left(\dfrac{q_{\mathrm{i,acc}}}{\mathrm{QM0ACC}}\right)^{\mathrm{PQMACC}}}}\right) + \dfrac{3.9}{\mathrm{EPSROX}}\ln\left(1 + \dfrac{\mathrm{TOXP}}{R}\right)}, & \mathrm{GEOMOD} = 3 \end{cases}
$$

(4.85)

如果 QMTCENCV $= 0$, 那么有

$$
C_{\mathrm{ox,acc}} = \dfrac{3.9\varepsilon_0}{\mathrm{EOTACC}}
$$

(4.86)

4.9 横向非均匀掺杂模型

沿沟道长度方向的横向非均匀掺杂导致 I - V 和 C - V 特性显示出不同的阈值电压。然而，统一的基于表面电动势的 I - V 和 C - V 模型不允许使用不同的 V_{th} 值。一个简单的方法是分别对 I - V 和 C - V 的源端和漏端的表面电动势重新计算两次，以计算时间为代价，破坏其一致性。以下模型作为漏极电流（I - V）的乘法因子引入，允许 V_{th} 发生变化。

$$M_{\text{nud}} = e^{\left[-\frac{K_0(T)}{K_0\text{SI}(T) \cdot q_{\text{ia}} + 2\frac{nkT}{q}} \right]} \tag{4.87}$$

该模型应在 C - V 提取步骤之后应用，以匹配 $I_{\text{d(lin)}}$ - V_{g} 曲线中亚阈值区域的 V_{th}。参数 K_0 用于拟合亚阈值区域，而参数 $K_0\text{SI}$ 有助于恢复反型区域的拟合。

4.10 体 FinFET 的体效应模型 （BULKMOD = 1）

从下面的模型中可以获得少量的体偏置效应，该模型仅适用于 I - V 特性，而不适用于 C - V 特性。

$$V_{\text{esx}} = V_{\text{es}} - 0.5(V_{\text{ds}} - V_{\text{dsx}}) \tag{4.88}$$

$$V_{\text{eseff}} = \min(V_{\text{esx}}, 0.95\text{PHIBE}_{\text{i}}) \tag{4.89}$$

$$\text{d}V_{\text{thBE}} = \sqrt{\text{PHIBE}_{\text{i}} - V_{\text{eseff}}} - \sqrt{\text{PHIBE}_{\text{i}}}) \tag{4.90}$$

$$M_{\text{ob}} = \exp\left(-\text{d}V_{\text{thBE}} \frac{K_1(T) + K_1\text{SAT}(T) \cdot V_{\text{dsx}}}{K_1\text{SI}(T) \cdot q_{\text{ia}} + 2\frac{nkT}{q}} \right) \tag{4.91}$$

4.11 输出电阻模型

晶体管的模拟行为在很大程度上取决于输出电阻，因为增益与 $g_{\text{m}}/g_{\text{ds}}$ 成比例。所以对于不同的偏置电压和尺寸大小，正确建模是非常重要的。几何尺寸的不断缩小导致了短沟道效应中输出电阻的显著增大，并对模型工程师提出了额外的建模挑战。早期的紧凑型模型只考虑沟道长度调制效应，因此是不准确的。本章参考文献 [15] 提出了第一个完整的、可扩展的、紧凑的、分析性的体 MOS-FET 输出电阻模型。

具有漏极偏置的短沟道体 MOSFET 的典型导通电阻变化如图 4.10 所示。从图中可以看出，不同的短沟道效应会影响不同工作区域的特性。与 BSIM4 和 BSIM6 类似，BSIM - CMG 中的输出电导采用厄利电压模型[10,12,15]。

在饱和区中，漏极电流是漏极电压的弱函数，可以近似表示为

$$I_{ds}(V_{gs}, V_{ds}) = I_{ds}(V_{gs}, V_{dsat}) + \frac{dI_{ds}(V_{gs}, V_{ds})}{dV_{ds}}(V_{ds} - V_{dsat}) \qquad (4.92)$$

$$= I_{dsat}\left(1 + \frac{V_{ds} - V_{dsat}}{V_A}\right) \qquad (4.93)$$

其中

$$I_{dsat} = I_{ds}(V_{gs}, V_{dsat}) \qquad (4.94)$$

$$V_A = \frac{I_{dsat}}{\left(\dfrac{dI_{ds}}{dV_{ds}}\right)} \qquad (4.95)$$

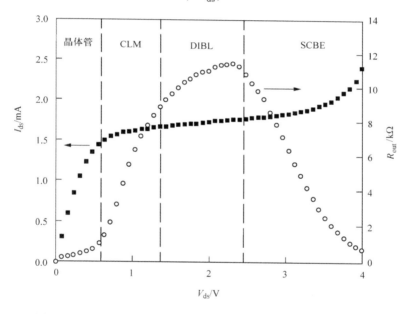

图 4.10　具有漏极偏置的短沟道体 MOSFET 的典型导通电阻变化

4.11.1　沟道长度调制 ★★★

如图 4.11 所示，在饱和区中，MOSFET 可以看成由两部分组成，一个从源极延伸到饱和点；另一个从饱和点延伸到漏极。沟道的饱和点是漏极偏置电压的函数，并且当漏极偏置电压增大时，向源极移动。因此，有效沟道长度减小，即使在饱和区中，漏极电流也会随着漏极电压增大而增大。沟道长度减小实际上是 $V_{ds} - V_{dsat}$ 的增函数，这种效应称为沟道长度调制效应，这种讨论也可以拓展至多栅晶体管中。

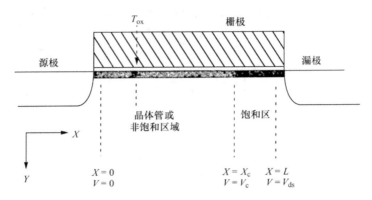

图 4.11　饱和区中体 MOSFET 的表示[21]

如图 4.12 所示，漏极附近的反型层位于表面之下，在该区域中精确的沟道长度调制模型需要进行二维分析。本章参考文献 [9, 16, 17] 讨论了沟道长度减小的问题。

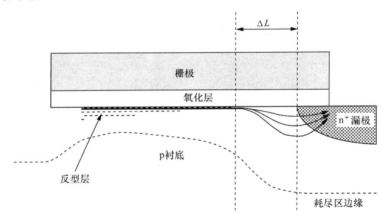

图 4.12　饱和区中体 MOSFET 的反型层[22]

$$\Delta L = \text{Lit1} \cdot \text{arcsinh}\left(\frac{V_{\text{ds}} - V_{\text{dsat}}}{E_{\text{sat}} \cdot \text{Lit1}}\right) \quad\quad (4.96)$$

其中特征漏极场长度 Lit1 为

$$\text{Lit1} = \sqrt{\frac{\varepsilon \cdot \text{TOXE} \cdot \text{XJ}}{\text{EPSROX}}} \quad\quad (4.97)$$

由于沟道长度调制效应产生的厄利电压为

$$V_{\mathrm{A,CLM}} = \frac{I_{\mathrm{dsat}}}{\left(\dfrac{\mathrm{d}I_{\mathrm{ds}}}{\mathrm{d}L} \cdot \dfrac{\mathrm{d}L}{\mathrm{d}V_{\mathrm{ds}}} \right)} \qquad (4.98)$$

根据准二维分析[16]，可以等效表示为

$$V_{\mathrm{A,CLM}} = C_{\mathrm{clm}} \cdot (V_{\mathrm{ds}} - V_{\mathrm{dsat}}) \qquad (4.99)$$

$$\frac{1}{C_{\mathrm{clm}}} = \begin{cases} \mathrm{PCLM} + \mathrm{PCLM} \cdot q_{\mathrm{ia}}, & \text{当 } \mathrm{PCLMG_i} > 0 \text{ 时} \\[2mm] \dfrac{1}{\dfrac{1}{\mathrm{PCLM}} - \mathrm{PCLM} \cdot q_{\mathrm{ia}}}, & \text{当 } \mathrm{PCLMG_i} < 0 \text{ 时} \end{cases} \qquad (4.100)$$

$$M_{\mathrm{clm}} = 1 + \frac{1}{C_{\mathrm{clm}}} \ln\left(1 + \frac{V_{\mathrm{ds}} - V_{\mathrm{dseff}}}{V_{\mathrm{dsat}} + E_{\mathrm{satL}}} \cdot C_{\mathrm{clm}} \right) \qquad (4.101)$$

在最终漏极电流表达式中，M_{clm} 需要乘以 I_{ds}。

4.11.2　漏致势垒降低 ★★★

漏致势垒降低是另一种重要的短沟道效应，而且会严重影响输出电阻。对于短沟道器件，漏极电压会降低源极和沟道之间的势垒，与长沟道理论预测的数值比较，会允许更多的载流子进入沟道中。这表现为阈值电压的降低和漏极电流的增大。漏极偏压越大，势垒降低越明显，因此电流成为关于漏极电压的函数。

虽然已经通过阈值电压漂移获得了漏致势垒降低效应［见式（4.25）］，但它不足以精确拟合饱和状态下的电流和输出电阻。在漏致势垒降低建模中利用厄利电压理论，在模型中加入额外的灵活性[15]。

$$\mathrm{PVAG}\ \text{系数} = \begin{cases} 1 + \mathrm{PVAG} \cdot \dfrac{q_{\mathrm{ia}}}{E_{\mathrm{sat}} L_{\mathrm{eff}}}, & \text{当 } \mathrm{PVAG} > 0 \text{ 时} \\[3mm] \dfrac{1}{1 - \mathrm{PVAG} \cdot \dfrac{q_{\mathrm{ia}}}{E_{\mathrm{sat}} L_{\mathrm{eff}}}}, & \text{当 } \mathrm{PVAG} < 0 \text{ 时} \end{cases} \qquad (4.102)$$

$$\theta_{\mathrm{rout}} = \frac{0.5 \mathrm{PDIBL1}}{\cosh\left(\mathrm{DROUT} \cdot \dfrac{L_{\mathrm{eff}}}{\lambda} \right) - 1} + \mathrm{PDIBL2} \qquad (4.103)$$

$$V_{\mathrm{ADIBL}} = \frac{q_{\mathrm{ia}} + 2kT/q}{\theta_{\mathrm{rout}}} \cdot \left(1 - \frac{V_{\mathrm{dsat}}}{V_{\mathrm{dsat}} + q_{\mathrm{ia}} + 2kT/q} \right) \cdot \mathrm{PVAG}\ \text{系数} \qquad (4.104)$$

$$M_{\mathrm{oc}} = \left(1 + \frac{V_{\mathrm{ds}} - V_{\mathrm{dseff}}}{V_{\mathrm{ADIBL}}} \right) \cdot M_{\mathrm{clm}} \qquad (4.105)$$

在最终的漏极电流表达式中，M_{oc} 要乘以 I_{ds}。

4.12 沟道电流

包含所有效应的漏源电流可以表示为

$$I_{ds} = \text{IDS0MULT} \cdot \mu_0 \cdot C_{ox} \frac{W_{eff}}{L_{eff}} \cdot i_{ds0} \cdot \frac{M_{oc}M_{ob}M_{nud}}{D_{mob}D_r D_{vsat}} \cdot \text{NFIN}_{total} \qquad (4.106)$$

式中，i_{ds0} 为 3.1 节中的核心电流模型。IDS0MULT 是漏极电流的乘数，用于变量建模。D_r 项是源漏电阻对沟道的影响，目前针对不同的 RDSMOD 情况给出以下公式（更多详细信息请参阅第 7 章）：

RDSMOD = 0（与内部偏压相关，与外部偏压无关）

$$R_{source} = R_{s,geo} \qquad (4.107)$$

$$R_{drain} = R_{d,geo} \qquad (4.108)$$

$$R_{ds} = \frac{1}{\text{NFIN}_{total} \cdot W_{eff0}^{\text{WR}}} \cdot \left(\text{RDSWMIN} + \frac{\text{RDSW}}{1 + \text{PRWGS} \cdot q_{ia}} \right) \qquad (4.109)$$

$$D_r = 1 + \text{NFIN}_{total} \cdot \mu_0 \cdot C_{ox} \cdot \frac{W_{eff}}{L_{eff}} \cdot \frac{i_{ds0}}{\Delta q_i} \cdot \frac{R_{ds}}{D_{vsat} \cdot D_{mob}}$$

RDSMOD = 1（外加）

$$D_r = 1 \qquad (4.110)$$

RDSMOD = 2（与内部偏压无关，与外部偏压相关）

$$R_{source} = 0 \qquad (4.111)$$

$$R_{drain} = 0 \qquad (4.112)$$

$$R_{ds} = \frac{1}{\text{NFIN}_{total} \cdot W_{eff0}^{\text{WR}}} \cdot \left(R_{s,geo} + R_{d,geo} + \text{RDSWMIN} + \frac{\text{RDSW}}{1 + \text{PRWGS} \cdot q_{ia}} \right)$$

$$(4.113)$$

$$D_r = 1 + \text{NFIN}_{total} \cdot \mu_0 \cdot C_{ox} \cdot \frac{W_{eff}}{L_{eff}} \cdot \frac{i_{ds0}}{\Delta q_i} \cdot \frac{R_{ds}}{D_{vsat} \cdot D_{mob}}$$

式中，$R_{s,geo}$ 和 $R_{d,geo}$ 分别为源极和漏极的扩散电阻。

参 考 文 献

[1] K. Suzuki, T. Tanaka, Y. Tosaka, H. Horie, Y. Arimoto, Scaling theory for double-gate SOI MOSFETs, IEEE Trans. Electron Devices 40 (12) (1993) 2326–2329.

[2] K. Suzuki, Y. Tosaka, T. Sugii, Analytical threshold voltage model for short channel n$^+$/p$^+$ double-gate SOI MOSFETs, IEEE Trans. Electron Devices 43 (5) (1996) 732–738.

[3] G. Pei, J. Kedzierski, P. Oldiges, M. Ieong, E. Kan, FinFET design considerations based on 3-D simulation and analytical modeling, IEEE Trans. Electron Devices 48 (8) (2002) 1441–1419.

[4] C.-H. Lin, Compact modeling of nanoscale CMOS (Ph.D. Dissertation), University of California, Berkeley, 2007.

[5] Z.H. Liu, C. Hu, J.H. Huang, T.Y. Chan, M.C. Jeng, P.K. Ko, Y.C. Cheng, Threshold voltage model for deep-submicrometer MOSFETs, IEEE Trans. Electron Devices 40 (1) (1993) 86–95.

[6] C.C. Hu, Modern Semiconductor Devices for Integrated Circuits, Prentice Hall, Upper Saddle River, NJ, 2010.

[7] Y. Tsividis, C. McAndrew, Operation and modeling of the MOS transistor, in: Oxford Series in Electrical and Computer Engineering, 2010.

[8] K. Cao, W. Liu, X. Jin, K. Vasanth, K. Green, J. Krick, T. Vrotsos, C. Hu, Modeling of pocket implanted MOSFETs for anomalous analog behavior, in: IEDM Tech. Dig., 1999, pp. 171–174.

[9] BSIM4 Technical Manual and Code. Available from: http://www-device.eecs.berkeley. edu/bsim/?page=BSIM4.

[10] W. Liu, C. Hu, BSIM4 and MOSFET Modeling for IC Simulation, World Scientific, Singapore, 2011.

[11] Y.S. Chauhan, S. Venugopalan, M.-A. Chalkiadaki, M.A. Karim, H. Agarwal, S. Khandelwal, N. Paydavosi, J.P. Duarte, C.C. Enz, A.M. Niknejad, C. Hu, BSIM6: analog and RF compact model for bulk MOSFET, IEEE Trans. Electron Devices 61 (2) (2014) 234–244.

[12] BSIM6 Technical Manual and Code. Available from: http://www-device.eecs.berkeley. edu/bsim/?page=BSIM6.

[13] S. Venugopalan, M.A. Karim, S. Salahuddin, A.M. Niknejad, C.C. Hu, Phenomenological compact model for QM charge centroid in multigate FETs, IEEE Trans. Electron Devices 60 (4) (2013) 1480–1484.

[14] W. Liu, X. Jin, Y. King, C. Hu, An efficient and accurate compact model for thin-oxide–MOSFET intrinsic capacitance considering the finite charge layer thickness, IEEE Trans. Electron Devices 46 (5) (1999) 1070–1072.

[15] J.H. Huang, Z.H. Liu, M.C. Jeng, P.K. Ko, C. Hu, A physical model for MOSFET output resistance, in: IEEE International Electron Device Meeting, 1992, pp. 569–572.

[16] N.G. Einspruch, G. Gildenblat, Advanced MOS Device Physics. Academic Press, New York, 1989.

[17] BSIM-CMG Technical Manual and Code. Available from: http://www-device.eecs. berkeley.edu/bsim/.

[18] M.V. Dunga, Nanoscale CMOS modeling, Ph.D. dissertation, University of California, Berkeley, 2008.

[19] V.P. Trivedi, J.G. Fossum, Quantum-mechanical effects on the threshold voltage of undoped double-gate MOSFETs, IEEE Electron Device Lett. 26 (8) (2005) 579–582.

[20] Y. Cheng, C. Hu, MOSFET Modeling and BSIM3 User's Guide, Kluwer Academic Publishers, 2002.

[21] Y. Tsividis, C. McAndrew, Operation and Modeling of the MOS Transistor, Oxford University Press, 2011.

第5章 »

泄漏电流

在过去的40年间，虽然IC制造商不断缩小平面硅MOSFET的物理尺寸，以提高其速度和功耗效率，并降低每个晶体管的制造成本，但同时也产生了一个不良的影响。由于短沟道效应，泄漏电流以及因其产生的泄漏功耗（静态功耗）也随之增大。今日，传统的平面体MOSFET尺寸缩小已经达到一个瓶颈点，即芯片中几乎一半的功耗是由静态泄漏功耗产生的。传统的体MOSFET缩小即将终止，但不是因为制造困难，而是因为进一步的缩小不会降低功耗，实际上反而可能会增加功耗。正如第1章所描述的，FinFET结构将会显著降低短沟道效应，使得工业界接受传统MOSFET向FinFET的转变。

当漏极电压不为零时（$V_{ds} \neq 0$），对于典型的MOSFET，如果做出漏极电流I_d与栅极电压V_{gs}的函数关系图，那么与漏极电流轴相交的值表示关断状态的漏极电流，如图5.1所示（对数坐标）。通常，当晶体管的V_{ds}等于供电电压V_{dd}时，该晶体管关断状态的泄漏电流定义为关断电流I_{off}。理想情况下，在这个偏置点时，晶体管应该完全关断。本章后续将会讨论由于各种不同机制的存在，晶体管中总是存在泄漏电流，这些泄漏电流源包括漏极和源极之间的弱反型电流、衬底和漏极结点的泄漏电流（包括正向和反向二极管电流⊖）、漏极和衬底之间的栅致漏极泄漏电流，以及一定比例的栅极氧化层隧穿电流。

由此，结泄漏和栅极氧化层隧穿电流可以扩展到晶体管的导通状态，并增加了冲击电离泄漏，这种情况在导通状态下会变得更加明显。此外，除了漏极以外，各个端口对之间都可能存在泄漏电流，比如源极和衬底端口之间的栅致源极泄漏（Gate – Induced Source Leakage，GISL）。目前，BSIM – CMG包括了所有终端泄漏电流的模型⊖。

⊖ 正向泄漏可能发生在正向阱偏压，以及可能导致闩锁的欠电压峰值情况下。

⊖ 对于在绝缘体的硅衬底上的FinFET（BULKMOD = 0），衬底泄漏电流将会从源极流出。也就是说空穴将会注入源极，并产生额外的漏极 – 源极泄漏。

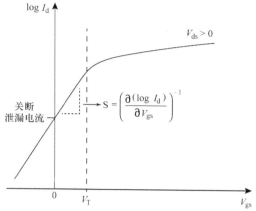

图 5.1　晶体管的漏极电流（以对数刻度）是其栅极电压的函数。
图中标记了关断泄漏电流、阈值电压和亚阈值摆幅

5.1 节将会回顾弱反型电流，并重点介绍该领域使用的术语。5.2 节将描述一种类似于 BSIM4 中最初使用的方法，以此来开发 BSIM - CMG 的漏致势垒降低/栅致源极泄漏模型。5.3 节将讨论栅极氧化层隧穿机制和公式。最终，5.4 节将解释冲击离子模型。第 9 章中还会详细回顾结泄漏分量。

5.1　弱反型电流

如图 5.2 所示，在室温下，假设 $V_{gs} < V_T$，对于 n 沟道 MOS-FET，在源扩散区域总是存在一些电子，这些电子具有足够的能量穿越源极 – 沟道势垒，到达漏极，如图 5.2 所示。当 $V_{ds} > 0$ 时，这些电子产生一个非零 I_d，这个电流就称为弱反型或者亚阈值电流，而且在现代器件中是占主要矛盾的泄漏机制。由于这些载流子的数量是由低于阈值电压的外加栅极电压以指数形式增加的，故在图 5.1 所示半对数图中，弱反型电流用有限斜率的直线表示。这条线斜率的倒数称为亚阈

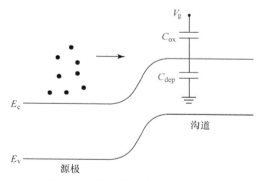

图 5.2　源极 – 沟道处的势垒决定亚阈值电流。当电位势垒降低 60mV 时，电流可增加 10 倍；或当 V_g 增加 $60(1 + C_{dep}/C_{ox})$ mV 时，电流可增加 10 倍。由于较小值的 V_g，FinFET 的薄体将会完全耗尽。对于 FinFET，这会使得 C_{dep} 等于零，S 接近 60mV

值摆幅 S，以栅极电压与漏极电流比例的每 10 倍频程衡量，单位为 mV。理想的 S 值为每频程 60mV，该值是一个基本限值，表示需要将 V_g 增加至少 60mV，以便使电动势势垒上的电流增加 10 倍。为了突破这一限制，额外的载流子必须隧穿过势垒，隧穿可以由微电子机械系统开关[1]或基于栅致带至带隧穿[2]的隧穿晶体管提供。

为什么亚阈值泄漏在现代 CMOS 技术节点中是一个大问题？如图 5.1 所示，降低 V_T 等价于将整体曲线向左移动，或者增加 S，使得斜率变缓，以指数形式增加关断泄漏电流，从而增加静态功耗。由于二维静电效应，短沟道 MOSFET 的固有阈值电压较小，这是因为源极和漏极区域接近，以及它们与栅极的电荷共享（这种效应称为 V_T 滚降效应）。在短沟道器件中，漏极电压越高，效应越强，因为漏极区域足够近，漏极电压可以影响并降低沟道介电界面处的源极 - 沟道势垒高度（这种效应称为漏致势垒降低）。对于高性能的 32nm 平面体 MOSFET，典型的漏致势垒降低值大约为 100mV/V。这意味着在施加的 1V 漏极电压下，V_T 有 100mV 的偏移。在极短沟道器件中，S 也会受到影响并变得更大（这种影响称为亚阈值摆幅退化）。这是因为漏极非常靠近，它可以将表面以下源沟道势垒高度降低几纳米，从而导致表面下的泄漏。对于高性能的 32nm 平面体 MOSFET，典型的 S 值大约为 70 ~100mV 每频程。

通过在沟道周围提供更严格的静电控制，FinFET 在控制短通道效应和抑制关断泄漏电流方面表现出巨大的潜力。对于高性能的 22nm 节点的 FinFET，典型的漏致势垒降低值和 S 值分别为 50mV/V 和 70mV/dec，关断电流 I_{off} 也会下降至 20 ~100nA/μm[3]。因此，通过对降低 V_T 或降低 S（从而恶化关断泄漏电流）效应的仔细建模，来确定缩放 FinFET 的亚阈值行为对 IC 设计非常重要。对于低功耗、便携式电路应用来说，这项技术十分重要。正如第 3 章讨论的，在 BSIM - CMG 模型的核心模型中采用了一个电流方程，该方程适用于从弱反型（亚阈值）到强反型的长沟道 FinFET。有关 V_T 滚降、漏致势垒降低和 S 退化模型的实现请参阅第 4 章中描述的实际器件模型。

5.2 栅致源极泄漏及栅致漏极泄漏

当加入较小栅极电压和较大漏极电压时，对于栅极 - 漏极交叠区域，n 沟道双栅 FinFET 及其能带图如图 5.3 所示。如果氧化物界面处的带弯曲大于或等于漏极材料的带隙，则会发生带至带的隧道效应。n 型漏极价带中的电子将穿过变薄的带隙进入导带，并在漏极触点处收集，作为漏极电流的一部分，空穴将在衬底通孔（在 SOI 衬底上 FinFET 的源通孔）处收集，并产生衬底（源极）泄漏。这一现象首先由加州大学伯克利分校的研究人员解释并建模[4]，这可能是导致关断泄漏电流的主要因素（见图 5.4），被称为栅致漏极泄漏（Gate – Induced Drain Leakage，GIDL）电流。根据施加的电压，也可能存在栅致源极泄漏（Gate-Induced Source Leakage ，GISL）电流。

但是产生栅致漏极泄漏电流的条件是什么呢？首先，必须存在大于 E_g 的带弯曲，以便价带能态与导带能态重叠，如图 5.3 所示。在这种情况下，栅极 – 漏极交叠区域的半导体表面处于深度耗尽，带弯曲远大于 $2\varphi_B$[⊖]。

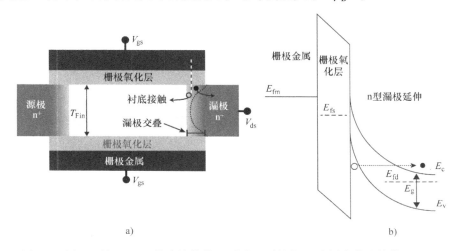

图 5.3　图 a）是 FinFET 鳍片的横截面而图 b）是图 a）中沿虚线的能带图图示。衬底接触正常且低于本页面

由于表面没有反型空穴层，因此表面电动势可以超过 $2\varphi_B$。空穴都会由于内建结电动势以及衬底 – 漏极反偏而漂移并扩散至体/衬底，所以在表面上没有空穴层。然而，由于正偏衬底 – 漏极结，空穴会留存在界面上，并形成反型层，从而产生能带弯曲至 $2\varphi_B$ 左右。这个值要小于 E_g，因此减小了栅致漏极泄漏电流。在 SOI 衬底的 FinFET 中，在浮体中形成空穴，并提高体电位，直到体 – 源极结开始正偏，使得栅致漏极泄漏电流所产生的空穴注入 n^+ 源中。第二，此时需要较大的电场，也就是说，需要隧穿势垒比较窄。与平面 MOSFET 相比，在 FinFET 中，这两种情况都更难满足，因为薄鳍片两侧的电动势被相同的 V_g 拉高或降低。所以，轻掺杂且具有薄鳍片的 FinFET 中的栅致漏极泄漏电流可以忽略。读者要牢记泊松方程，并可以参考图 5.4 进行学习。

此外，隧穿通路中的缺陷或陷阱通过沿隧道路径提供跃迁所需要的电动势，而导致陷阱辅助的带至带隧穿，所以，当存在离子注入产生的缺陷时，栅致源极泄漏电流增大。使用固体源极扩散代替注入来制造漏极，或使用激光激活掺杂剂

⊖　φ_B 为漏极费米势和本征电动势的差值。

和退火的方法已经证明可以用于降低栅致漏极泄漏电流[5]。

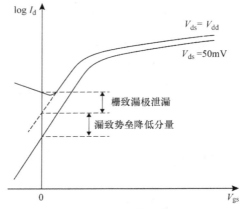

图5.4 栅致漏极泄漏和漏致势垒降低对晶体管关断泄漏电流的贡献。栅致漏极泄漏
电流引起的倾斜位置在 $V_{gs} = 0$ 附近，取决于 V_{dd}、沟道材料、掺杂和缺陷密度

5.2.1 BSIM-CMG 中的栅致漏极泄漏/栅致源极泄漏公式★★★

由 Wentzel-Kramers-Brillouin（WKB）近似得到的带至带隧穿电流密度可以表示为

$$J = A \cdot E_s \cdot e^{-B/E_s} \tag{5.1}$$

式中，A 为与发射极和接收极的状态密度有关的指数前因子；B 为一个物理指数参数，取决于 E_g 和载流子在隧穿方向的有效质量（硅约为 $20\mathrm{mV/cm}$）；E_s 为漏极的表面电场。在栅致漏极泄漏机制开始时使用高斯定律，当漏极中的弯曲带等于 E_g 时，E_s 由下式（5.2）给出：

$$E_s = \frac{V_{ds} - V_{gs} + V_{fbsd} - E_g}{\varepsilon_{ratio} \cdot \mathrm{EOT}} \tag{5.2}$$

式中，V_{fbsd} 为栅极和漏极之间的平带电压；ε_{ratio} 为衬底材料介电常数 EPSRSUB 与二氧化硅的介电常数之比；EOT 为等效氧化层厚度。在 BSIM-CMG 中，结合式（5.1）和式（5.2）可以得到栅致漏极泄漏电流

$$I_{gidl0} = \mathrm{NFIN}_{total} \cdot W_{eff} \cdot \mathrm{AGIDL} \cdot \left(\frac{V_{dg} + V_{jbsd} - \mathrm{EGIDL}}{\varepsilon_{ratio} \cdot \mathrm{EOT}} \right)^{\mathrm{PGIDL}}$$
$$\cdot e^{\left[-(\varepsilon_{ratio} \cdot \mathrm{EOT} \cdot \mathrm{BGIDL})/V_{dg} + V_{fbsd} - \mathrm{EGIDL} \right]} \tag{5.3}$$

其中，式（5.1）中的常数 A、B 和式（5.2）中的 E_g 分别用参数 AGIDL、BGIDL 和 EGIDL 替换，同时为了更灵活地拟合测量数据，还引入了参数 PGIDL。

也可以采用同样的方式来计算栅致源极泄漏电流

$$I_{gisl0} = \mathrm{NFIN}_{total} \cdot W_{eff} \cdot \mathrm{AGISL} \cdot \left(\frac{V_{sg} + V_{fbsd} - \mathrm{EGISL}}{\varepsilon_{ratio} \cdot \mathrm{EOT}} \right)^{\mathrm{PGISL}}$$

$$\cdot \, e^{[-(\varepsilon_{\mathrm{ratio}} \cdot \mathrm{EOT} \cdot \mathrm{BGISL})/V_{\mathrm{sg}} + V_{\mathrm{fbsd}} - \mathrm{EGISL}]} \tag{5.4}$$

除了式（5.3）中存在对 V_{dg} 的依赖性，在体 FinFET（BulkMod $\neq$ 0）中，当漏极表面的深度耗尽条件开始失效时，对于较小的 V_{de} 值（漏极至衬底电压），栅致漏极泄漏电流也会受到衬底偏压的影响。通过将式（5.3）中的 I_{gidl0} 乘以一个经验系数，得出总的栅致漏极泄漏电流，该经验系数模拟了较小值时的 V_{de} 效应，如下所示：

$$I_{\mathrm{gidl}} = \begin{cases} I_{\mathrm{gidl0}} \cdot \dfrac{V_{\mathrm{de}}^3}{\mathrm{CGIDL} + V_{\mathrm{de}}^3} & , \ V_{\mathrm{de}} \geqslant 0 \\ 0 & , \ V_{\mathrm{de}} < 0 \end{cases} \tag{5.5}$$

在式（5.5）中，CGIDL 是一个非负拟合参数。对于栅致源极泄漏电流，有一个类似的等式

$$I_{\mathrm{gisl}} = \begin{cases} I_{\mathrm{gisl0}} \cdot \dfrac{V_{\mathrm{se}}^3}{\mathrm{CGIDL} + V_{\mathrm{se}}^3} & , \ V_{\mathrm{se}} > 0 \\ 0 & , \ V_{\mathrm{se}} \leqslant 0 \end{cases} \tag{5.6}$$

对于 SOI 衬底上的 FinFET（BULKMOD = 0），I_{gidl0} 和 I_{gisl0} 要分别乘以 V_{ds} 和 V_{sd}。与前面的指数项相比，这些项可以忽略不计，但可以保证当漏极和源极电压相同时，没有栅致漏极泄漏电流或栅致源极泄漏电流流动。

5.3 栅极氧化层隧穿

几十年来，为了帮助栅极在控制源极 - 沟道势垒保持其对漏极的优势，栅极二氧化硅（氮化硅）的厚度按 L_{g} 的比例同时缩小。在 21 世纪的早些年中，通过氮化硅的隧穿电流是晶体管关断电流的主要部分，甚至到了无法容忍的程度。这时就需要具有更高介电常数 κ 的厚的介电层。与相同的等效氧化层厚度的 SiO_2 相比，较厚的高 κ 栅极氧化物可以保留对沟道上栅极的控制，从而降低介电泄漏电流的数量级。此外，金属栅极消除了多晶硅栅极损耗效应，有效地增加了栅极介电厚度，从而降低了沟道的栅极控制。一般来说，与传统多晶硅栅极相比，高 κ 氧化物也能与金属栅极形成更好的界面。这导致在 45nm 节点[6]中引入了高 κ 金属栅极技术，并将其扩展到后续发展的工艺节点中。然而，由于每一代新技术都需要更小的等效氧化层厚度，因此通过栅极氧化物的栅极隧穿泄漏仍然是一个重要且日益受到关注的问题。

5.3.1 BSIM - CMG 中的栅极氧化层隧穿公式 ★★★

BSIM - CMG 模型中的栅极氧化层隧穿与 BSIM4 具有相似的公式。尽管已经

推导出多晶硅－氧化硅栅极叠层的公式，但由于其灵活性，且足够精确，故该公式也可用于高 κ 金属栅极技术中。如图 5.5 所示，栅隧穿电流由几种机制组成：栅极－体间泄漏电流 I_{gb}，栅极－源极间和栅极－漏极间交叠产生的泄漏电流 I_{gs} 和 I_{gd}，栅极－反沟道隧穿电流 I_{gc}。部分 I_{gc} 由源极收集（I_{gcs}），其余部分流向漏极（I_{gcd}）。I_{gb}、I_{gs}、I_{gd} 和 I_{gc} 由 MOS 电容、介电泄漏模型决定。然后，将 I_{gc} 扩展到非零 V_{ds} 应用中，并将其分为 I_{gcs} 和 I_{gcd}。

基于本章参考文献［7］中的工作，MOS 电容的介电隧穿泄漏电流密度可以表示为

$$J_g = A \cdot \left(\frac{\text{TOXREF}}{\text{TOXG}}\right)^{\text{NTOX}} \cdot \frac{V_{ge} \cdot V_{aux}}{\text{TOXG}^2} \cdot e^{-B \cdot (\alpha - \beta \cdot |V_{ox}|) \cdot (1 + \gamma \cdot |V_{ox}|) \cdot \text{TOXG}}$$

(5.7)

式中，$A = q^2 / (8\pi h \varphi_b)$，$B = 8\pi \sqrt{2qm_{ox}\varphi_b^{3/2}}$；$\varphi_b$ 为隧穿势垒高度；m_{ox} 为氧化层中的有效载流子质量；TOXG 为氧化层厚度（不同于物理氧化层厚度的 TOXP，该值引入更大的灵活性）；TOXREF 是提取所有参数的参考氧化层厚度；NTOX 为拟合参数，默认值为 1。V_{aux} 是一个辅助函数，它代表隧穿载流子的密度以及进入隧穿的可用能量状态，α、β 和 γ 是拟合参数。根据操作模式（累积或耗尽/反型）和栅极隧穿分量，M_{ox}、φ_b 和 V_{aux} 的值将不同，以下将进行详细解释。

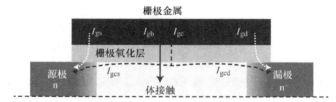

图 5.5　图 5.2 中 FinFET 鳍片的半横截面。图中显示了隧穿电流的各个分量：栅极－体间泄漏电流 I_{gb}，栅极－源极间和栅极－漏极间交叠产生的泄漏电流 I_{gs} 和 I_{gd}，栅极－反沟道隧穿电流 I_{gc}，部分 I_{gc} 由源极收集（I_{gcs}），其余部分流向漏极（I_{gcd}）

5.3.2　在耗尽区和反型区中的栅极－体隧穿电流 ★★★

图 5.6 示意性地展示了耗尽/反型过程中栅极和体之间的主要泄漏机制，用 I_{gbinv} 表示。在 p 型 MOSFET（PMOS）和 n 型 MOSFET（NMOS）中，电子从物体的价带进入栅极材料。在这种情况下，$Si - SiO_2$ 界面的 A、B 和 V_{aux} 值（硅作为体，硅氧化物作为栅极氧化物）表示为

$$A = 3.75956 \times 10^{-7} \left(\frac{A}{V^2}\right)$$

(5.8)

$$B = 9.82222 \times 10^{11} \left(\frac{\mathrm{g}}{\mathrm{Fs}^2} \right)^{0.5} \tag{5.9}$$

$$V_{\mathrm{aux,gbinv}} = \mathrm{NIGBINV} \cdot \frac{kT}{q} \cdot \ln \left[1 + \mathrm{e}^{(V_{\mathrm{ox}} - \mathrm{EIGBINV})/(\mathrm{NIGBINV} \cdot kT/q)} \right] \tag{5.10}$$

在式（5.10）中，NIGBINV 和 EIGBINV 为模型参数。

整体栅极隧穿电流 I_{gbinv} 为

$$I_{\mathrm{gbinv}} = \mathrm{NFIN}_{\mathrm{total}} \cdot W_{\mathrm{eff}} \cdot L_{\mathrm{eff}} \cdot A \cdot \left(\frac{\mathrm{TOXREF}}{\mathrm{TOXG}} \right) \mathrm{NTOX} \cdot \frac{V_{\mathrm{ge}} \cdot V_{\mathrm{aux,igbinv}}}{\mathrm{TOXG}^2}$$
$$\cdot \mathrm{e}^{-B \cdot [\mathrm{AIGBINV}(T) - \mathrm{BIGBINV} \cdot q_{\mathrm{ia}}] \cdot (1 + \mathrm{CIGBINV} \cdot q_{\mathrm{ia}}) \cdot \mathrm{TOXG}} \tag{5.11}$$

式中，式（5.7）中的 α、β、γ 和 V_{ox} 分别由模型参数 AIGBINV（T）、BIGBINV、CIGBINV 和沟道中的平均电荷 q_{ia} 替换⊖。最后一个近似值是有效的，因为假设鳍片已经完全耗尽，体电荷 q_{ba} 是一个固定值，可以纳入其他模型参数中。

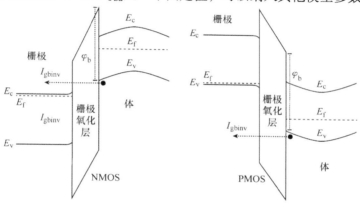

图 5.6　在 PMOS 和 NMOS 中，价带电子从体到栅极的隧穿是导致反型时栅极到体隧穿电流的主要原因，用 I_{gbinv} 表示

5.3.3　积累中的栅极 – 体隧穿电流★★★

在积累状态中，在栅极和体之间占主要部分的泄漏电流 I_{gbacc} 是导带电子的隧穿。在 NMOS 中，从栅极材料导带中隧穿的电子进入体导带，而在 PMOS 中，电子隧穿方向则相反，如图 5.7 所示。在这种情况下，多晶硅氧化硅结构中 A、B、V_{aux} 的值分别为

$$A = 4.97232 \times 10^{-7} \left(\frac{\mathrm{A}}{\mathrm{V}^2} \right) \tag{5.12}$$

⊖　需要注意，在 BSIM – CMG 模型中，所有的电荷都以 C_{ox} 为参考进行归一化，这也是可以用电荷替代电压的原因。

$$B = 7.45669 \times 10^{11} \left(\frac{\text{g}}{\text{Fs}^2} \right)^{0.5} \tag{5.13}$$

$$V_{\text{aux,igbinv}} = \text{NIGBACC} \cdot \frac{kT}{q} \cdot \ln\left[1 + e^{(V_{\text{fb}} - V_{\text{ge}})/(\text{NIGBACC} \cdot kT/q)} \right] \tag{5.14}$$

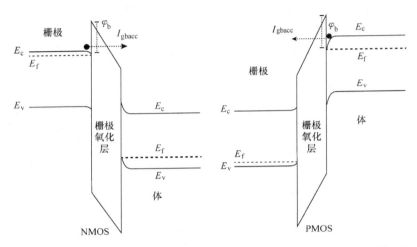

图 5.7 在积累状态，在 NMOS 中，从栅极材料导带中隧穿的电子进入体导带，
而在 PMOS 中，电子隧穿方向相反

在式 (5.14) 中，NIGBACC 为模型参数。

整体的栅极隧穿电流 I_{gbacc} 可以表示为

$$I_{\text{gbacc}} = \text{NFIN}_{\text{total}} \cdot W_{\text{eff}} \cdot L_{\text{eff}} \cdot A \cdot \left(\frac{\text{TOXREF}}{\text{TOXG}} \right)^{\text{NTOX}} \cdot \frac{V_{\text{ge}} \cdot V_{\text{aux,igbinv}}}{\text{TOXG}^2}$$

$$\cdot e^{-B \cdot [\text{AIGBACC}(T) - \text{BIGBACC} \cdot q_{\text{acc}}] \cdot (1 + \text{CIGBACC} \cdot q_{\text{acc}}) \cdot \text{TOXG}} \tag{5.15}$$

式中，式 (5.7) 中的 α、β、γ 和 V_{ox} 分别由模型参数 AIGBACC(T)、BIGBACC、CIGBACCA 和 q_{acc} 替换。

当 BULKMOD $\neq$ 0 时，I_{gb} 从栅极流进衬底。当 BULKMOD = 0 时，由于源端的空穴势垒更低，所以 I_{gb} 大部分流进源极。为确保 V_{ds} 切换选项时的连续性，使用以下分区方案将 I_{gb} 划分为源极分量 I_{gbs} 和漏极分量 I_{gbd}：

$$I_{\text{gbs}} = (I_{\text{gbinv}} + I_{\text{gbacc}}) \cdot W_{\text{f}} \tag{5.16}$$

$$I_{\text{gbd}} = (I_{\text{gbinv}} + I_{\text{gbacc}}) \cdot W_{\text{r}} \tag{5.17}$$

其中

$$W_{\text{f}} = \frac{1}{2} + \frac{1}{2} \tanh\left(\frac{0.6q \cdot V_{\text{ds}}}{kT} \right) \tag{5.18}$$

$$W_{\text{r}} = \frac{1}{2} - \frac{1}{2} \tanh\left(\frac{0.6q \cdot V_{\text{ds}}}{kT} \right) \tag{5.19}$$

5.3.4　反型中的栅极－沟道隧穿电流　★★★

如图 5.8 所示，在反型区，电子（PMOS 中是空穴）从反型沟道中隧穿进入栅极导带（PMOS 中是价带），这种情况使得 NMOS 和 PMOS 中存在不同的 A、B 值

$$
A = \begin{cases} 4.97232 \times 10^{-7}\,(\mathrm{A/V^2})\,,\mathrm{NMOS} \\ 3.42536 \times 10^{-7}\,(\mathrm{A/V^2})\,,\mathrm{PMOS} \end{cases} \tag{5.20}
$$

$$
B = \begin{cases} 7.45669 \times 10^{11}\left(\dfrac{\mathrm{g}}{\mathrm{Fs^2}}\right)\,,\mathrm{NMOS} \\ 1.16645 \times 10^{12}\left(\dfrac{\mathrm{g}}{\mathrm{Fs^2}}\right)\,,\mathrm{PMOS} \end{cases} \tag{5.21}
$$

辅助函数 $V_{\mathrm{aux,igc}}$ 可以表示为

$$
V_{\mathrm{aux,igc}} = V_{\mathrm{ox}}/V_{\mathrm{ge}} \times (V_{\mathrm{ge}} - 0.5V_{\mathrm{dsx}} + 0.5V_{\mathrm{es}} + 0.5V_{\mathrm{ed}}) \tag{5.22}
$$

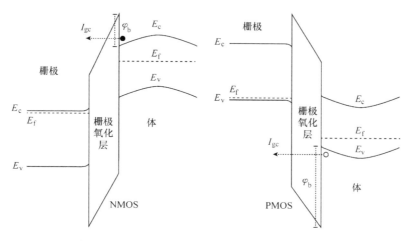

图 5.8　在反型层中，对于 NMOS，导带电子从沟道隧穿进入栅极，而在 PMOS 中，价带空穴隧穿从沟道进入栅极

当 $V_{\mathrm{ds}} = 0$ 时，整体的栅极－沟道隧穿电流可以表示为

$$
I_{\mathrm{gc0}} = \mathrm{NFIN}_{\mathrm{total}} \cdot W_{\mathrm{eff}} \cdot L_{\mathrm{eff}} \cdot A \cdot \left(\frac{\mathrm{TOXREF}}{\mathrm{TOXG}}\right)^{\mathrm{NTOX}} \cdot \frac{V_{\mathrm{ge}} \cdot V_{\mathrm{aux,igcv}}}{\mathrm{TOXG}^2}
$$

$$
\cdot\, \mathrm{e}^{-B \cdot [\,\mathrm{AIGC}(T) - \mathrm{BIGBC} \cdot q_{\mathrm{ia}}\,] \cdot (1 + \mathrm{CIGC} \cdot q_{\mathrm{ia}}) \cdot \mathrm{TOXG}} \tag{5.23}
$$

为了考虑漏极偏置效应，分析求解了沿沟道的电流连续性方程，该方程将 I_{gc0} 扩展到非零 V_{ds}，并将其分为两部分：I_{gcs} 和 I_{gcd}。关于这个物理电流分配系数推导的详细讨论请见本章参考文献 [8]。I_{gcs} 和 I_{gcd} 的表达式分别为

$$I_{gcs} = I_{gc0} \frac{\text{PIGCD} \cdot |V_{dseff}| + e^{(-\text{PIGCD} \cdot V_{dseff})} - 1}{\text{PIGCD}^2 \cdot V_{dseff}^2} \tag{5.24}$$

$$I_{gcd} = I_{gc0} \frac{(\text{PIGCD} \cdot |V_{dseff}| + 1) + e^{(-\text{PIGCD} \cdot V_{dseff})}}{\text{PIGCD}^2 \cdot V_{dseff}^2} \tag{5.25}$$

5.3.5 栅极 – 源/漏极隧穿电流 ★★★

$n^+(p^+)$ 栅极到 $n^+(p^+)$ 源极和漏极电流 I_{gs} 和 I_{gd} 主要是由 NMOS 中的导带电子隧穿和 PMOS 中的价带空穴引起的，如图 5.9 所示。在 NMOS 中，电子从体导带隧穿进入栅极。在 PMOS 中，空穴从体价带隧穿进入栅极。

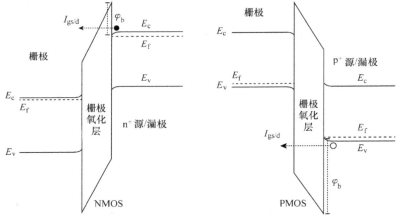

图 5.9 在 NMOS 中，导带电子的隧穿和在 PMOS 中价带空穴的隧穿使源/漏极 – 栅极交叠泄漏。该图显示了反向沟道的能带图。在累积过程中，隧穿的方向是相反的

在这个例子中，参数 A 和 B 分别等于式（5.20）和式（5.21）给出的参数。如果栅极材料是金属，则对于 I_{gs} 和 I_{gd}，V_{aux} 也可以简化分别等于 $|V_{gs}|$ 和 $|V_{gd}|$。

整体的栅极 – 源极拓展隧穿分量等于

$$I_{gs} = \text{NFIN}_{total} \cdot W_{eff} \cdot \text{DLCIGS} \cdot A \cdot \left(\frac{\text{TOXREF}}{\text{TOXG} \cdot \text{POXEDGE}} \right)^{\text{NTOX}}$$

$$\cdot \frac{V_{gs} \cdot |V_{gs}|}{(\text{TOXG} \cdot \text{POXEDGE})^2}$$

$$\cdot e^{-B \cdot [\text{AIGC}(T) - \text{BIGS} \cdot |V_{gs}|] \cdot \text{TOXG} \cdot \text{POXEDGE}} \tag{5.26}$$

在式（5.26）中，DLCIGD 为栅极 – 源极交叠区域的长度，POXEDGE 为源/漏极拓展区域中栅极氧化层厚度的系数。

同样的，对于栅极－漏极拓展隧穿分量，有

$$I_{gd} = NFIN_{total} \cdot W_{eff} \cdot DLCIGD \cdot A \cdot \left(\frac{TOXREF}{TOXG \cdot POXEDGE} \right)^{NTOX}$$

$$\cdot \frac{V_{gd} \cdot |V_{gd}|}{(TOXG \cdot POXEDGE)^2}$$

$$\cdot e^{-B \cdot [AIGD(T) - BIGD \cdot |V_{gd}|] \cdot (1 + CIGD \cdot |V_{gd}|) TOXG \cdot POXEDGE} \qquad (5.27)$$

式中，DLCIGD 为栅极－漏极交叠区域的长度。

5.4 碰撞电离

在晶体管导通状态下，由于沟道漏极靠近高电场，所以在这个区域中的载流子可以获得足够的动能，从而当它们碰撞时使晶格原子离子化。这次碰撞将一个电子从价带中解放出来，留下一个空穴。产生的空穴将漂移到衬底上，从而增加衬底泄漏。释放的高能电子（热载流子）被漏极收集，成为漏极电流的一部分。此外，产生的热电子有可能沿着栅极场运动并穿透栅极氧化物。随着时间的推移，热载流子注入栅极氧化物会损坏氧化物，并导致可靠性问题。

局部碰撞电离电流 $I_{ii}(y)$ 可写成沟道电流（载流子数量的增加将增大碰撞概率）和局部电场强度（电场越强，载流子动能越高）的函数，如下所示：

$$I_{ii}(y) = I_{ds} \cdot A_i e^{-B_i / E_1(y)} \qquad (5.28)$$

式中，A_i 和 B_i 为两个材料常数，分别表示发生碰撞电离事件的频率和触发事件的临界场；$E_1(y)$ 为沿着传输方向的纵向电场。通过沿速度饱和沟道长度积分式（5.28），可以将总碰撞电离电流写为

$$I_{ii} = I_{ds} \cdot A_i \int_{y=0}^{y=l'} e^{-B_i / E_1(y)} \, dy \qquad (5.29)$$

式中，$y = 0$ 为速度饱和区域的起始点；l' 为该区域的长度。式（5.29）中的积分详见第 4 章参考文献 [9]，给出 BSIM－CMG 碰撞电离模型的公式

$$I_{ii} = \frac{A_i}{B_i} \cdot I_{ds} \cdot (V_{ds} - V_{dsat}) e^{(-B_i \cdot \lambda) / (V_{ds} - V_{dsat})} \qquad (5.30)$$

式中，V_{dsat} 为饱和电压；λ 为特征长度（详见第 4 章），第一碰撞电离模型（IIMOD = 1）实现式（5.30）为

$$I_{ii} = \left(ALPHA1 + \frac{ALPHA0}{L_{eff}} \right) I_{ds} \cdot (V_{ds} - V_{dseff}) e^{-BETA0 / (V_{ds} - V_{dseff})} \qquad (5.31)$$

在式（5.31）中，V_{dseff} 为由 V_{ds} 平稳过渡到 V_{dsat} 所产生的有效漏极电压（见第 4 章）；ALPHA1 和 BETA0 为拟合参数，引入了 ALPHA0/L_{eff} 来提高 I_{ii} 在不同沟道长度范围内的长度依赖性。在推导式（5.30）和式（5.31）时涉及近似值，包括 $E_1(y)$ 与 $(V_{ds} - V_{dsat})$ 的线性关系。可以启用 BSIM－CMG 中第二电离模型

（IIMOD = 2），并在需要更为灵活的模型时进行使用

$$I_{ii} = \left(\mathrm{ALPHA1} + \frac{\mathrm{ALPHA0}}{L_{\mathrm{eff}}} \right) \cdot I_{\mathrm{ds}} \cdot \exp \left(\frac{V_{\mathrm{diff}}}{\mathrm{BETAII2} + \mathrm{BETAII1} \cdot V_{\mathrm{diff}} + \mathrm{BETAII0} \cdot V_{\mathrm{diff}}^2} \right) \tag{5.32}$$

$$V_{\mathrm{diff}} = V_{\mathrm{ds}} - V_{\mathrm{dsatii}} \tag{5.33}$$

$$V_{\mathrm{dsatii}} = V_{\mathrm{gsStep}} \left(1 - \frac{\mathrm{LII}}{L_{\mathrm{eff}}} \right) \tag{5.34}$$

$$V_{\mathrm{gsStep}} = \left(\frac{\mathrm{ESATII} \cdot L_{\mathrm{eff}}}{1 + \mathrm{ESATII} \cdot L_{\mathrm{eff}}} \right) \left(\frac{1}{1 + \mathrm{SII1} \cdot V_{\mathrm{gsfbeff}}} + \mathrm{SII2} \right) \left(\frac{\mathrm{SII0} \cdot V_{\mathrm{gsfbeff}}}{1 + \mathrm{SIID} \cdot V_{\mathrm{ds}}} \right) \tag{5.35}$$

式中，BETAII0、BETAII1、BETAII2 和 SIID 为与 V_{ds} 有关的参数；LII 为与沟道长度有关的参数；SII0、SII1 和 SII2 为与 V_{gs} 有关的拟合参数；ESATII 为沟道饱和电场，默认值为 $1 \times 10^7\,\mathrm{V/m}$。

参 考 文 献

[1] H. Kam, V. Pott, R. Nathanael, J. Jeon, E. Alon, T.-J.K. Liu, Design and reliability of a micro-relay technology for zero-standby-power digital logic applications, Electron Devices Meeting (IEDM), 2009 IEEE International, 7–9 December 2009, pp. 1–4.

[2] K. Jeon, W.Y. Loh, P. Patel, et al., Si tunnel transistors with a novel silicided source and 46 mV/dec swing, in: VLSI Symp. Tech. Dig., June 2010, pp. 121–122.

[3] C.-H. Jan, U. Bhattacharya, R. Brain, S.-J. Choi, G. Curello, G. Gupta, W. Hafez, M. Jang, M. Kang, K. Komeyli, T. Leo, N. Nidhi, L. Pan, J. Park, K. Phoa, A. Rahman, C. Staus, H. Tashiro, C. Tsai, P. Vandervoorn, L. Yang, J.-Y. Yeh, P. Bai, A 22 nm SoC platform technology featuring 3-D tri-gate and high-k/metal gate, optimized for ultra low power, high performance and high density SoC applications, Electron Devices Meeting (IEDM), 2012 IEEE International, 10–13 December 2012, pp. 3.1.1–3.1.4.

[4] T.-Y. Chan, J. Chen, P.-K. Ko, C. Hu, The impact of gate-induced drain leakage current on MOSFET scaling, Electron Devices Meeting, 1987 International, vol. 33, 1987, pp. 718–721.

[5] C.C. Hu, Modern Semiconductor Devices for Integrated Circuits, Prentice Hall, Upper Saddle River, 2009.

[6] C. Auth, M. Buehler, A. Cappellani, C.-H. Choi, G. Ding, W. Han, S. Joshi, B. McIntyre, M. Prince, P. Ranade, J. Sandford, C. Thomas, 45 nm high-k + metal-gate strain-enhanced transistors, Intel Technol. J. 12 (2) (2008) 77–86.

[7] W.-C. Lee, C. Hu, Modeling gate and substrate currents due to conduction and valence band electron and hole tunneling [CMOS technology], 2000 Symposium on VLSI Technology. Digest of Technical Papers, 13–15 June 2000, pp. 198–199.

[8] K.M. Cao, W.-C. Lee, W. Liu, X. Jin, P. Su, S.K.H. Fung, J.X. An, B. Yu, C. Hu, BSIM4 gate leakage model including source-drain partition, Electron Devices Meeting, 2000. IEDM'00. Technical Digest International, 10–13 December 2000, pp. 815–818.

[9] W. Liu, C.C. Hu, BSIM4 and MOSFET Modeling for IC Simulation, World Scientific, Singapore, 2011.

第 6 章 »

电荷、电容和非准静态效应

用 FinFET 进行集成电路设计的关键之一是具有一个紧凑模型，这个模型除了用于直流/工作点分析外，还可以精确预测器件的动态行为。这是因为在实际电路中，晶体管的终端电压不是静态的，它们随应用的、时间相关的、不同大小的信号而变化。这些电路的功能都是由交流或者瞬态分析来决定的，交流分析需要结合晶体管的终端电容才能进行。为了分析瞬态行为，对存储在晶体管中的电荷进行建模是十分重要的。BSIM – CMG 的 $C – V$ 模型为 FinFET 定义了电荷和电容。本章只讨论本征晶体管电荷和电容，而源/漏极和栅极交叠区域以及实际的源极 – 漏极接触将在第 7 章中进行分析。因为这两种机制都会产生寄生交叠和边缘电容，并需要添加到以上的本征模型中，所以这种方法与晶体管建模的传统方法是一致的，例如传统的 MOSFET[1] 和双极型晶体管[2]，其中静电和内部晶体管内的传输机制用于创建核心模型，然后围绕着这个核心模型添加外部寄生元件（这将随整个器件结构而变化）。

先进的射频电子技术还要求紧凑模型能够准确预测器件的高频行为，至少要达到晶体管的电流增益截止频率 f_T，并且最好能在一定程度上超过该频率。这就要求在紧凑模型中加入非准静态（Non – Quasi – Static，NQS）效应。本章将从推导终端电荷和跨导电容开始，之后再对 BSIM – CMG 的非准静态模型进行描述。

6.1 终端电荷

6.1.1 栅极电荷 ★★★

总体栅极电荷 Q_g 是有效沟道长度 L 上局部沟道电荷密度 Q'_{ch}⊖的积分

$$Q_g = - W \int_0^L Q'_{ch}(y) \, dy \tag{6.1}$$

⊖ 在本章中，用质数表示的电荷量是单位面积上的电荷密度。

式中，W 为 FinFET 的整体宽度；y 为沿着沟道的传输方向。$Q'_{ch}(y)$ 符合高斯定律，可以表示为

$$Q'_{ch}(y) = -C_{ox}[V_{gs} - V_{fb} - \psi(y)] \tag{6.2}$$

式中，C_{ox} 为单位面积的栅极氧化层电容；ψ 为表面电动势。为了能够解析地计算式（6.1）中的积分，需要一个沟道上 ψ 变化的封闭式表达式，从电流的连续性开始

$$I_{ds}(L) = I_{ds}(y), 0 \leqslant y \leqslant L \tag{6.3}$$

同时对式（6.3）的电流进行简化，同时又能够精确表示电流

$$I_{ds}(y) = \frac{\mu W}{L}\{h(Q'_{invs}) - h[Q'_{inv}(y)]\} \tag{6.4}$$

在式（6.4）中，$h(Q) = \dfrac{Q^2}{2C_{ox}} + 2V_{tm}Q$，$V_{tm}$ 为热电压，$V_{tm} = k_B T/q$，其中 k_B 和 T 分别为玻尔兹曼常数和温度。Q'_{invs} 为源端的反型电荷密度，$Q'_{inv}(y)$ 为 y 点的反型电荷密度，可以表示为

$$Q'_{inv}(y) = -C_{ox}\left[V_{gs} - V_{fb} - \psi(y) - \frac{Q'_{bulk}}{C_{ox}}\right] \tag{6.5}$$

式中，Q'_{bulk} 为固定的耗尽层电荷密度$^\ominus$（$Q'_{bulk} = q \cdot \text{NBODY} \cdot \text{TFIN}$）。这里 NBODY 为沟道的掺杂浓度，TFIN 为沟道厚度（参数描述见附录）。

利用式（6.4），可以将式（6.3）重写为

$$\frac{h(Q'_{invs}) - h(Q'_{invd})}{L} = \frac{h(Q'_{invs}) - h[Q'_{inv}(y)]}{y} \tag{6.6}$$

用式（6.5）求出 Q'_{invs} 和 Q'_{invd} 的值并代入式（6.6），可以得到

$$\frac{(B - \psi_s - \psi_d)(\psi_d - \psi_s)}{L} = \frac{(B - \psi_s - \psi)(\psi - \psi_s)}{y} \tag{6.7}$$

式中，$B = 2(V_{gs} - V_{fb} - Q'_{bulk}C_{ox} + 2V_{tm})$；$\psi_s$ 和 ψ_d 分别为源端和漏端的表面电动势。通过求解式（6.7）来得到 $\psi(y)$，然而，正如之后看到的，以 y 的形式来求解式（6.7）是一种更为有效的方式

$$y = \frac{L(B - 2\psi)(\psi - \psi_s)}{(B - \psi_s - \psi_d)(\psi_d - \psi_s)} \tag{6.8}$$

两边取微分可以得到

$$dy = \frac{L(B - 2\psi)d\psi}{(B - \psi_s - \psi_d)(\psi_d - \psi_s)} \tag{6.9}$$

最终，利用式（6.2）和式（6.9）得出以下关于栅极电荷随栅极电压、源端和漏端表面电动势的函数表达式：

$\ominus$　在本章中，用质数表示的电荷量是单位面积上的电荷密度。

中使用的 Ward – Dutton 划分方案导致 40∶60 的电荷分配，因此 $C_{sg} \approx 0.6C_{gg}$ 和 $C_{dg} \approx 0.4C_{gg}$，如图 6.2 所示。

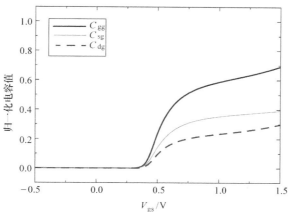

图 6.2 当 $V_{ds} = 1.2V$ 时，根据 Ward – Dutton 划分方案导致 40∶60 的电荷分配，
因此 $C_{sg} \approx 0.6C_{gg}$ 和 $C_{dg} \approx 0.4C_{gg}$

如图 6.3 所示，当 $V_{ds} = 1.2V$ 时，NMOS FinFET 的跨容 C_{gg}、C_{sg}、C_{dg}、C_{gs}、C_{gd} 是关于 V_{ds} 的函数。当 $V_{ds} = 0$ 时，源极和漏极在电气上是不可区分的。所以有 $C_{sg} = C_{dg}$ 和 $C_{gs} = C_{gd}$。此外，还要注意到 $C_{sg} + C_{dg} = C_{gs} + C_{gd} = C_{gg}$，所以有 $C_{sg} = C_{dg} = C_{gs} = C_{gd} = C_{gg}/2$。当漏极电压增加时，$C_{sg} \approx 0.6C_{gg}$ 和 $C_{dg} \approx 0.4C_{gg}$。在饱和区（$V_{ds} > V_{dsat}$），$C_{gs} \rightarrow 0$（$C_{gs} \rightarrow C_{gg}$），这是因为任何额外的漏极电压都会在夹断区下降，对沟道反型电荷没有影响，换句话说，漏极会从沟道中截断。

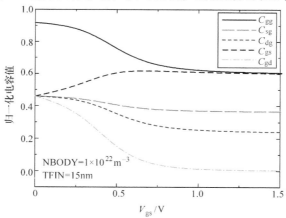

图 6.3 当 $V_{ds} = 1.2V$ 时，NMOS FinFET 的跨容 C_{gg}、C_{sg}、C_{dg}、C_{gs}、
C_{gd} 是关于 V_{ds} 的函数。BSIM – CMG 电容电压模型得到了文中描述的所有重要物理现象

6.3　非准静态效应模型

MOSFET 的工作状态将由描述静电学的泊松方程和控制动态的电流连续性方程的自洽解来定义

$$\frac{\partial^2 \psi}{\partial y^2} = \frac{\rho}{\varepsilon_{\text{ch}}} \tag{6.19}$$

$$W \frac{\partial Q'(y,t)}{\partial t} = \frac{\partial I(y,t)}{\partial y} \tag{6.20}$$

式中，y 为沿着沟道的方向；ψ 为表面电动势；ρ 为体电荷密度（包括移动和固定电荷，单位为 $1/\text{cm}^3$）；Q' 为沟道中的移动电荷（以 $1/\text{cm}^2$ 为单位）；t 为时间；$I(y,t)$ 为沟道中的电流。一维泊松方程中假定了渐变沟道近似，也就是说，垂直场主导着沟道的水平场。连续性方程表明，沿沟道上的任何位置都不会有电荷积聚。

在现代 MOSFET 紧凑模型（如 BSIM – CMG）中，研究人员提出了准静态 (Quasi – Static, QS) 概念（即 $\partial Q'/\partial t = 0$），并推导出稳态漏电流表达式用来描述直流工作状态。交流或小信号工作状态可由终端电荷来描述。准静态假设意味着在终端电压作用于器件后，稳定电流和沟道电荷会立即被建立起来。当器件受到高压摆率（高 $\text{d}V/\text{d}t$）信号影响时，这种假设就不够正确，在这种情况下要么短时间内出现大电压波动，要么出现频率接近或高于晶体管截止频率 f_{T} 的高频信号。晶体管电流和电荷对外加电压的响应存在固有延迟（通常视为分布式电阻电容网络）。随着各项研究为电路应用开辟了新的途径，今天的电路设计要么接近 f_{T}（如太赫兹 CMOS），要么受到高转换率信号的影响，如 CMOS 射频功率放大器。需要注意的是，f_{T} 是终端电压的函数，尤其是栅极电压（见图 2.12）。今天，为了降低工作功耗，许多电路应用受到接近亚阈值的栅极电压的影响。因此，它们固有的 f_{T} 值将低于该器件的品质值（通常是在最高工作电压下）。对于这些情况，需要紧凑模型来支持非准静态操作模式，以便能够准确预测电路的行为。

BSIM – CMG 模型提供了三种不同的非准静态模型，每一个模型都可以通过 NQSMOD 开关实现开启或者关闭。设 NQSMOD = 0 可以关断所有的非准静态模型，从而开始准静态计算。

6.3.1　弛豫时间近似模型　★★★

一种简单而直接的获取沟道非准静态行为的方式是使用弛豫时间并跟踪沟道中的缺陷或过剩电荷[4]

$$\frac{\mathrm{d}Q_{\mathrm{def}}}{\mathrm{d}t} = \frac{\mathrm{d}Q_{\mathrm{ch,eq}}}{\mathrm{d}t} - \frac{\mathrm{d}Q_{\mathrm{def}}}{\tau} \tag{6.21}$$

式中，$Q_{\mathrm{def}} = Q_{\mathrm{ch,nqs}} - Q_{\mathrm{ch,eq}}$ 为缺陷或过剩电荷；$Q_{\mathrm{ch,nqs}}$ 为考虑非准静态效应的沟道电荷；$Q_{\mathrm{ch,eq}}$ 为稳态平衡的沟道电荷或准静态电荷；τ 为弛豫时间常数。

$$\tau = \left[\mathrm{XRCRG1} \cdot \frac{\mathrm{NF}}{\mathrm{NFIN}} \cdot \frac{\mu_{\mathrm{eff}} \cdot W}{L} C_{\mathrm{ox}} \left(q_{\mathrm{ia}} + \mathrm{XRCRG2}\,\frac{kT}{q} \right) \right]^{-1} \tag{6.22}$$

式中，q_{ia} 为沟道中的平均电荷；模型参数 XRCRG1 和 XRCRG2 用于提高模型的灵活性。NF 和 NFIN 分别表示栅极指数和鳍片数（参数说明见附录）。

在 SPICE 模型中，式（6.21）可以作为子电路实现，其节点电压跟踪缺陷或过剩电荷 Q_{def}（见图 6.4）。源极和漏极的电荷由下式给出：

$$Q_{\mathrm{d,nqs}} = X_{\mathrm{part}}\,\frac{Q_{\mathrm{def}}}{\tau} \tag{6.23}$$

$$Q_{\mathrm{s,nqs}} = (1 - X_{\mathrm{part}})\,\frac{Q_{\mathrm{def}}}{\tau} \tag{6.24}$$

在式（6.23）和式（6.24）中，X_{part} 是一个与偏置有关的划分分数，它近似于准静态中的参数，可以表示为

$$X_{\mathrm{part}} = \frac{Q_{\mathrm{d}}}{Q_{\mathrm{d}} + Q_{\mathrm{s}}} \tag{6.25}$$

可以用计算出的终端电荷 $Q_{\mathrm{d,nqs}}$ 和 $Q_{\mathrm{s,nqs}}$ 分别代替它们准静态中的 Q_{d} 和 Q_{s}。因为体终端电荷没有受到任何非准静态效应的影响（即 NMOS 中的空穴快速穿过 p 掺杂体区域），所以非准静态体电荷 $Q_{\mathrm{bulk,nqs}}$ 也与 Q_{bulk} 相同。通过对这种方法进行更严格的评估发现，与基于计算机辅助设计的仿真相比，它的准确度高达 $2f_{\mathrm{T}}$[5]。通过设置 NQSMOD = 2，可以启用非准静态模型。

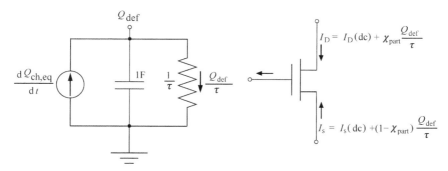

图 6.4　一种获得非准静态效应的弛豫时间的方法。电阻 - 电容子电路表示 SPICE
实现的式（6.21），并求得 MOSFET 的自洽解

在使用该模型前，必须从高频测试数据中提取参数 XRCRG1 和 XRCRG2。

XRCRG1 和 XRCRG2 的默认值分别为 12 和 1，可以从具有双面接触（这里是源极和漏极）的分布式传输线模型的等效电阻中得到。

6.3.2 沟道诱导栅极电阻模型 ★★★

另一个有助于获得沟道非准静态效应的一阶模型为沟道诱导栅极电阻模型[6]。通过设置 NQSMOD = 1 可以启用该模型。在这种方法中，添加与偏置电压有关的栅极电阻 R_{ii} 至栅极⊖，它的值正比于沟道电阻（见图 6.5）。不能将该电阻与物理栅极电阻混淆，可以从式（6.22）的弛豫时间常数中得到沟道诱导栅极电阻[7]：

$$R_{ii} = \frac{\tau}{WLC_{ox}} \quad (6.26)$$

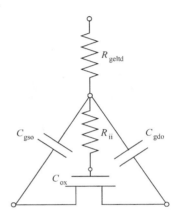

图 6.5 将沟道诱导栅极电阻 R_{ii} 与物理栅极电阻 R_{geltd} 串联，以获得栅极激励 FinFET 的非准静态效应。C_{gso} 和 C_{gdo} 为寄生电容

虽然该方法在准确度上与弛豫时间方法相似，但在适用性方面受到一定限制。该模型仅能应用于输入信号激励栅极的情况中。该模型不能获得源端输入激励应用中的非准静态效应，如无源混频器或共栅低噪声放大器等。然而，当重新计算所有终端电荷时，弛豫时间常数方法对所有终端激励都是有效的。

6.3.3 电荷分段模型 ★★★

如果沟道长度接近无穷小的值，则通过沟道的载流子传输时间往往会变小。对于这些器件，准静态近似仍然有效。利用这个概念，可以把晶体管想象成一系列相连的较短沟道长度的晶体管，或者在这里称之为"电荷段"（因为每个较小的晶体管承载了整个沟道电荷的一部分）。图 6.6 示意性地显示了这种表示方法。式（6.20）中连续性方程的基于电荷的版本可以表示为[7]

⊖ 为此，在本征栅极和物理栅极电极之间引入了一个栅极节点。如果用户关闭此模型，则此节点将折叠到本征栅极内部。

$$\frac{\partial q}{\partial t} + \mu_{\text{eff}} V_{\text{T}} \frac{\partial}{\partial y} \left\{ \frac{(2q + 1)}{0.5 \left[1 + \sqrt{2 \left(\frac{\mu_{\text{eff}}}{v_{\text{sat}}} \frac{\partial q}{\partial y} \right)^2} \right]} \frac{\partial q}{\partial y} \right\} = 0 \qquad (6.27)$$

该式在沿沟道的任何点都有效,并包括了速度饱和效应。沿沟道的连续方程的解描述了非准静态效应。在 SPICE 模拟器环境中实现这一点的方法是通过将准静态晶体管进行简单的串联连接,通常称为沟道分段方法[8,9]。如果紧凑模型中不包括每个分段的短沟道效应(通道长度为 L/N_{SEG},其中 N_{SEG} 为分段数),或没有为每个分段添加串联电阻和寄生电容,则此方法可以获得非准静态效应所有的重要特征。然而,这种方法往往不受约束,会导致仿真时间较长或不收敛的情况发生。

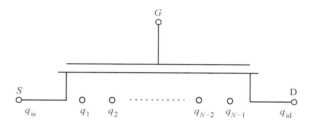

图 6.6　$N_{\text{SEG}} = N$ 用于模拟非准静态效应的 MOSFET 通道中的 n 个电荷段。q_i 表示第 i 个中间节点的沟道电荷

对于上述连续性方程,不仅要对一阶导数施加连续性约束,还要对二阶导数和三阶导数施加连续性约束。其中一个解决方案是使用基于表面电动势的 MOSFET 模型的样条配置方法开发出来的[10],在这里将采用该方法建立基于电荷的模型。

从式(6.27)开始,进一步将其简化为

$$\frac{\partial q}{\partial t} + f \left(q, \frac{\partial q}{\partial y}, \frac{\partial^2 q}{\partial y^2} \right) = 0$$

$$f \left(q, \frac{\partial q}{\partial y}, \frac{\partial^2 q}{\partial y^2} \right) = \frac{\mu_{\text{eff}} V_{\text{T}}}{D_v} \left[2 \left(\frac{\partial q}{\partial y} \right)^2 - \frac{2q + 1}{D_v} \left(\frac{\mu_{\text{eff}}}{v_{\text{sat}}} \right)^2 \left(\frac{\partial q}{\partial y} \right)^2 \frac{\partial^2 q}{\partial y^2} \right]$$

$$D_v = \sqrt{1 + 2 \left(\frac{\mu_{\text{eff}}}{v_{\text{sat}}} \right)^2 \left(\frac{\partial q}{\partial y} \right)^2} \qquad (6.28)$$

为了在 SPICE 环境下求解这一复杂的偏微分方程,需要将其转化为一组常微分方程。在本章参考文献 [10] 中,对一阶加权残差法进行了推广,使电流连续性达到三阶。按照类似的方法,假设沟道被分解成 N_{SEG} 段,可以假设每个段中的电荷由一个三次方程表示。举个例子,在第 n 段中的反型电荷可以表示为

$$q(y) = a_n y^3 + b_n y^2 + c_n y + d_n \frac{n-1}{N_{\text{SEG}}}, \quad L < y < \frac{n}{N_{\text{SEG}}} L \qquad (6.29)$$

源极和漏极电荷的边界条件分别为它们的准静态解；也就是 $q(0) = q_s$，$q(L) = q_d$。应用任意两个电荷段之间节点处 q、$\partial q / \partial y$ 和 $\partial^2 q / \partial y^2$ 的连续性条件，再利用边界条件，可以得出 $n=1$ 到 $N_{\text{SEG}} - 1$ 的三次方程系数 a_n、b_n、c_n 和 d_n 与节点 q_s，$\cdots$，$q(y = nL/N_{\text{SEG}})$，$\cdots$，q_d 的电荷之间的关系。例如，当 $N_{\text{SEG}} = 3$ 时，要施加的连续性条件如下：

$$q\left(\frac{L}{3}\right)^- = q\left(\frac{L}{3}\right)^+$$

$$q\left(\frac{2L}{3}\right)^- = q\left(\frac{2L}{3}\right)^+$$

$$\left.\frac{\partial q}{\partial y}\right|_{y=\frac{L}{3}^-} = \left.\frac{\partial q}{\partial y}\right|_{y=\frac{L}{3}^+}$$

$$\left.\frac{\partial q}{\partial y}\right|_{y=\frac{2L}{3}^-} = \left.\frac{\partial q}{\partial y}\right|_{y=\frac{2L}{3}^+}$$

$$\left.\frac{\partial^2 q}{\partial y^2}\right|_{y=\frac{L}{3}^-} = \left.\frac{\partial^2 q}{\partial y^2}\right|_{y=\frac{L}{3}^+}$$

$$\left.\frac{\partial^2 q}{\partial y^2}\right|_{y=\frac{2L}{3}^-} = \left.\frac{\partial^2 q}{\partial y^2}\right|_{y=\frac{2L}{3}^+} \qquad (6.30)$$

此外，在边界上

$$\left.\frac{\partial^2 q}{\partial y^2}\right|_{y=0} = \left.\frac{\partial^2 q}{\partial y^2}\right|_{y=L} = 0 \qquad (6.31)$$

本章参考文献［10］中有当 $N_{\text{SEG}} = 3$ 时的解，该解是在双栅 FET 电荷模型的背景下推导出来的，因此导出系数的值保持不变。只有函数 $f\left(q, \frac{\partial q}{\partial y}, \frac{\partial^2 q}{\partial y^2}\right)$ 和进入短沟道的漏极电流方程的假设会随着 FET 结构而改变。

第 n 个节点的连续性方程可以写为

$$\frac{\partial q_n}{\partial t} + f_n\left(q_n, \frac{\partial q_n}{\partial y}, \frac{\partial^2 q_n}{\partial y^2}\right) = 0 \qquad (6.32)$$

式中，q_n 为第 n 个节点的瞬时沟道电荷。可以注意到，中间节点处电荷 $\partial q / \partial y$ 和 $\partial^2 q / \partial y^2$ 的导数可以表示为节点电荷的函数［因为系数 a_n 等是施加式（6.30）和式（6.31）后节点电荷的线性函数］[11]⊖，所以第 n 个节点的连续性方程改变为

⊖ 在本章参考文献［12］中可以找到一个基于矩阵的计算节点电荷系数的方法，可以用于表示任何 N_{SEG} 的电荷导数。

$$\frac{\partial q_n}{\partial t} + f_n(q_s, q_1, q_2, \cdots, q_n, \cdots, q_d) = 0 \tag{6.33}$$

$N_{\text{SEG}} - 1$ 这样的关于所有节点的连续性方程都可以用类似的方式表示。因此，偏微分方程式（6.28）可以转换为 $N_{\text{SEG}} - 1$ 这样的常微分方程。这些 $N_{\text{SEG}} - 1$ 常微分方程是耦合的，因为第 n 个节点的沟道电荷是通过源函数 f_n（）产生与所有其他节点电荷的相互关系。这些 $N_{\text{SEG}} - 1$ 常微分方程可以表示为 SPICE 模拟器内的 $N_{\text{SEG}} - 1$ 电阻 – 电容的子电路（见图 6.7）。为了实现 SPICE 应用的目的，选择电阻 R_{NQS} 为大阻值（1000），以便于收敛，且电容 C_{NQS} 是统一的。

漏极和源极各自的终端电荷 $Q_{d,\text{nqs}}$ 和 $Q_{s,\text{nqs}}$ 可以通过使用 Ward – Dutton 划分方案对立方体形的一段进行积分得到，如下所示：

$$Q_{d,\text{nqs}} = -WC_{\text{ox}} \int_0^L \frac{y}{L} q(y) \, \mathrm{d}y$$

$$Q_{d,\text{nqs}} = -WC_{\text{ox}} \left[\frac{1}{90} q_s + \frac{1}{10} q\left(\frac{L}{3}\right) + \frac{4}{15} q\left(\frac{2L}{3}\right) + \frac{11}{90} q_d \right] \tag{6.34}$$

$$Q_{s,\text{nqs}} = -WC_{\text{ox}} \int_0^L \left(1 - \frac{y}{L}\right) q(y) \, \mathrm{d}y$$

$$Q_{s,\text{nqs}} = -WC_{\text{ox}} \left[\frac{11}{90} q_s + \frac{4}{15} q\left(\frac{L}{3}\right) + \frac{1}{10} q\left(\frac{2L}{3}\right) + \frac{1}{90} q_d \right] \tag{6.35}$$

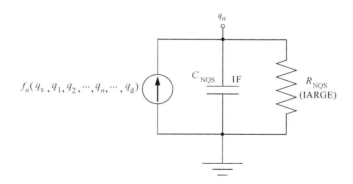

图 6.7　式（6.33）实现的 $R - C$ 子电路。这里的节点电压表示第 n 个中间节点的沟道电荷

可以得到整体的栅端电荷 $Q_{g,\text{nqs}}$ 为

$$Q_{g,\text{nqs}} = -(Q_{s,\text{nqs}} + Q_{d,\text{nqs}} + Q_{\text{bulk}}) \tag{6.36}$$

上述表达式中的 $Q_{d,\text{nqs}}$、$Q_{s,\text{nqs}}$ 和 $Q_{g,\text{nqs}}$ 用于替换 6.1 节中得出的准静态等效电荷，可以通常设置 NQSMOD = 3 来选择这个模型。

参 考 文 献

[1] Y. Tsividis, Operation and Modeling of the MOS Transistor, second ed., McGraw-Hill, New York, 1999.

[2] R.L. Pritchard, Electrical Characteristics of Transistors, McGraw-Hill, New York, 1967.

[3] S.-Y. Oh, D. Ward, R. Dutton, Transient analysis of MOS transistors, IEEE J. Solid State Circuits 15 (4) (1980) 636–643.

[4] M. Chan, K. Hui, C. Hu, P.-K. Ko, A robust and physical BSIM3 non-quasistatic transient and AC small-signal model for circuit simulation, IEEE Trans. Electron Dev. 45 (4) (1998) 834–841.

[5] Z. Zhu, G. Gildenblat, C. Mcandrew, I.-S. Lim, Accurate RTA-based nonquasistatic MOSFET model for RF and mixed-signal simulations, IEEE Trans. Electron Dev. 59 (5) (2012) 1236–1244.

[6] X. Jin, J.-J. Ou, C.-H. Chen, W. Liu, M. Deen, P. Gray, C. Hu, An effective gate resistance model for CMOS RF and noise modeling, International Electron Devices Meeting (IEDM) Technical Digest, 1998, pp. 961–964.

[7] S. Venugopalan, From Poisson to silicon—advancing compact SPICE models for IC design, Ph.D. dissertation, Dept. Elect. Eng., Univ. of California, Berkeley, CA, 2013.

[8] A. Scholten, L. Tiemeijer, P. De Vreede, D.B.M. Klaassen, A large signal non-quasi-static MOS model for RF circuit simulation, International Electron Devices Meeting (IEDM) Technical Digest, 1999, pp. 163–166.

[9] M. Bucher, A. Bazigos, An efficient channel segmentation approach for a large-signal NQS MOSFET model, Solid State Electron. 52 (2) (2008) 275–281.

[10] H. Wang, X. Li, W. Wu, G. Gildenblat, R. van Langevelde, G.D.J. Smit, A. Scholten, D.B.M. Klaassen, A unified nonquasi-static MOSFET model for large-signal and small-signal simulations, IEEE Trans. Electron Dev. 53 (9) (2006) 2035–2043.

[11] S. Sarkar, A.S. Roy, S. Mahapatra, United large and small signal non-quasi-static model for long channel symmetric DG MOSFET, Solid State Electron. 54 (11) (2010) 1421–1429.

[12] PSP 103.1 documentation [Online]. Available: http://pspmodel.asu.edu/psp_documentation.htm, 2009.

第7章 >>

寄生电阻和电容

在之前的章节中讨论了 BSIM – CMG 中 FinFET 的本征器件行为建模。本章将关注点转向寄生电阻和电容的建模。因为在纳米级器件中，寄生电阻和电容已经与沟道电阻处于相同的数量级，所以寄生电阻和电容是十分重要的分量。在 FinFET 中，由于其复杂的三维几何结构，所以很难对寄生电阻进行建模。

FinFET 中的寄生电阻包括源/漏极电阻和栅极电阻。源/漏极电阻的影响通常大于栅极电阻。尤其是在近年来产生的金属栅极工艺中[1]，这一效应更加明显。这类工艺通常采用高电导率金属作为栅极材料。对于 MOSFET 工艺来说，由于源/漏极串联电阻的存在，2012 年国际半导体工艺发展路线[2]预测 $I_{d,sat}$ 将会有33%的下降。所以需要一个 FinFET 中源/漏极电阻的精确模型。由于栅极材料的导电性有限，因此存在栅极电阻。在直流状态中，栅极电流非常小，所以栅极电阻并不会改变晶体管的直流特性。然而，栅极电阻却会影响诸如 CMOS 开关延迟等交流性能。本章参考文献 [3] 提出了一种栅极电阻的紧凑分析模型。

目前已经有多种源/漏极电阻的模型被提出。本章参考文献 [4] 提出了一种具有光刻定义源漏的双栅 MOSFET 的综合源/漏极电阻模型，并用 TCAD 和实测数据进行了验证。本章参考文献 [5] 考虑了多个接触界面，并将本章参考文献 [4] 中的模型加以拓展。然而，这些模型还是限制在矩形的源/漏极接触面上。研究人员希望 FinFET 将有多个平行的鳍片，以产生足够的电流驱动能力。研究表明，如果使用选择性外延生长（Selective Epitaxial Growth，SEG）增大鳍片，并最终合并这些鳍片，则可以实现高布局密度，形成连接的三维凸起源/漏极接触点[6,7]。这种凸起的源/漏极横截面可能是非矩形的，这种情况需要仔细考虑。此外，研究还表明，完全耗尽 FinFET 在源极和漏极稍微交叠的情况下，其性能是最好的[8,9]。在具有交叠源极和漏极的器件中，源/漏极电阻与偏置电压有很强的关联性。然而，本章参考文献 [4] 和 [5] 仅仅考虑了与偏置无关的电阻。

在 BSIM – CMG 中，该模型对 FinFET 中与偏置有关以及与几何结构有关的寄生电阻都进行了建模。本章将证明该模型适用于具有非矩形源/漏极横截面的凸起源/漏极 FinFET。为了验证模型并证明其可预测性，将其与三维 TCAD 仿真结果进行比较。此外，本章还将讨论具有源/漏极交叠的 FinFET 中与偏置电压相关的源/漏极电阻建模。

本章还将讨论 BSIM – CMG 的电容建模，并分析在鳍片的顶端、侧面以及边角上，如何将边缘电容拆分为栅极 – 鳍片、栅极 – 接触面分量的方法。每一个分量都是用半经验的方法单独推导出来的，并进行综合，还将证明该模型可以推广到单鳍片和多鳍片的情况。该模型与更精确的基于有限元的 TCAD 仿真结果吻合较好。另外，在 BSIM – CMG 中，考虑到独特的 FinFET 几何结构，还将对结电容等附加寄生电容元件进行建模。

7.1 FinFET 器件结构和符号定义

在本书中，利用选择性外延生长（Selective Epitaxial Growth，SEG）来合并 FinFET 中独立的鳍片。单鳍 FinFET 和多鳍 FinFET 可以同时在一片晶圆上生长。所以，假设单鳍 FinFET 和多鳍 FinFET 都采用源/漏极选择性外延生长技术，即使单鳍 FinFET 并不需要进行鳍片的合并操作。

凸起的源/漏极 FinFET 的三维图如图 7.1 所示。为了简单起见，只显示多鳍 FinFET 中的一个鳍片。鳍片的沟道部分由栅极叠层从三面进行包裹。利用选择性外延生长技术来扩大源/漏极的硅面积，以减小电阻。对于多鳍 FinFET，更大的源极和漏极也会使得接触更加容易。未被栅极覆盖的薄区域为延伸区域。它不受选择性外延生长的影响，因为它在外延生长过程中

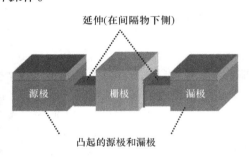

图 7.1 凸起的源/漏极 FinFET 的俯视图

受到间隔物的保护（图 7.1 中未显示），源极和漏极顶部的金属区域是硅化物。对于单鳍 FinFET，根据工艺不同，硅化物可在三个侧面包裹源/漏极。

沿着源极 – 漏极方向的 FinFET 横截面图如图 7.2 所示。在鳍片顶部和栅极的下部，高度为 T_{mask} 的绝缘材料为硬掩膜版。在一些 FinFET 工艺中，硬掩膜用于鳍片蚀刻，并留在鳍片的顶部，永远不会移除。鳍片沟道的上表面不导电，该器件称为双栅 FinFET。另一些工艺则没有采用硬掩膜，而是有 $T_{mask} = T_{ox}$，这时顶层表面就有电流导电，这类 FinFET 称为三栅 FinFET。FinFET 也可以根据衬底类型，划分为绝缘层上硅（Silicon – On – Insulator，SOI）FinFET 和体 FinFET。

例如，SOI FinFET 如图 7.2 所示，它的鳍片位于氧化埋层的顶端，各个参数符号的定义见表 7.1。

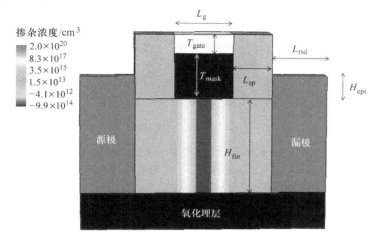

图 7.2 双栅 FinFET 的源极 – 漏极横截面和符号定义。该图是由 Sentaurus TCAD 仿真工具[10]生成（见封二彩图）

表 7.1 参数符号定义

参数名称	定义
L_g	栅极长度
L_{sp}	隔离层厚度
L_{rsd}	凸起的源/漏极长度
H_{Fin}	鳍片高度
T_{gate}	栅极高度
H_{epi}	片上外延硅的高度
F_{pitch}	多鳍 FinFET 的鳍片间距
T_{Fin}	鳍片厚度
C_{ratio}	硅填充边角面积与总边角面积之比
NFIN	FinFET 的鳍片数
A_{rsd}	每个源/漏极区域的前端鳍片分量
ARSDEND	每个源/漏极区域的终端鳍片分量
DELTAPRSD	硅化物/外延硅界面长度修正项
PRSDEND	硅化物/外延硅界面长度的终端成分

选择性外延生长会导致多面凸起的源/漏极[6]，最终升高的源/漏极可能与图 7.3 中类似，在平行于栅极方向上切割的相应横截面图如图 7.4 所示。

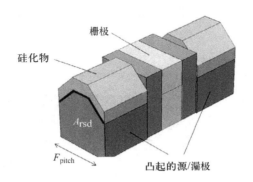

图 7.3 具有非矩形源/漏极外延和顶部硅化物的 FinFET 的俯视图。
该图由 Sentaurus TCAD 仿真工具[10]生成

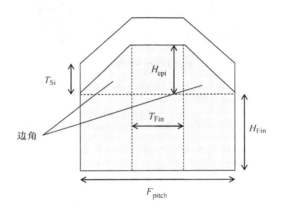

图 7.4 具有非矩形源/漏极外延和顶部硅化物的 FinFET 的二维横截面

  凸起部分源/漏极的横截面面积为 A_{rsd}。总的来说，无论其形状如何，源/漏极电阻都被建模为关于 A_{rsd} 的函数。在如图 7.4 所示结构中，A_{rsd} 表示为

$$A_{rsd} = F_{pitch} \cdot H_{Fin} + \left[T_{Fin} + \left(F_{pitch} - T_{Fin} \right) \cdot C_{ratio} \right] \cdot H_{epi} \tag{7.1}$$

式中，C_{ratio} 为硅填充边角面积与总边角面积之比。在图 7.4 的例子中，C_{ratio} 为 0.5。

  数字电路中的大部分 FinFET 都是多鳍片的。对于多鳍片器件，源/漏极电阻都被建模为关于整体面积和周长的函数，可以表示为

$$A_{rsd,total} = A_{rsd} \cdot NFIN + ARSDEND \tag{7.2}$$

$$P_{rsd,total} = \left(F_{pitch} + DELTAPRSD \right) \cdot NFIN + PRSDEND \tag{7.3}$$

ARSDEND 和 PRSDEND 是与第一个和最后一个鳍片关联的终端分量。

7.2　FinFET 中与几何尺寸有关的源/漏极电阻建模

FinFET 的源/漏极电阻可以分为三个分量，如图 7.5 所示。

1）接触电阻 R_{con}：包括由于源/漏极凸起区域体电阻和硅/硅化物界面电阻。

2）扩散电阻 R_{sp}：由电流从源/漏极扩散到凸起源/漏极而引起的电阻。

3）扩展电阻 R_{ext}：在隔离物之下，薄源/漏极扩展区域中的与偏压相关的电阻。

接下来的三个小节中将讨论这三类电阻。

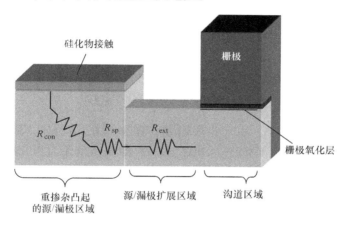

图 7.5　FinFET 源/漏极电阻分为三个分量：接触电阻 R_{con}、扩散电阻 R_{sp}、源/漏极扩展电阻 R_{ext}

7.2.1　接触电阻　★★★

接触电阻模型考虑了源漏区整体电阻率和硅/硅化物界面接触电阻。由于电阻是分布的，因此很难将两个电阻分开。

为了考虑分布效应，将凸起的源/漏极区域划分为无限薄的垂直切片（见图 7.6a）。如图 7.6b 所示，这些薄片连接在电阻网络中。对于每个薄片，在相邻薄片之间有一个体电阻分量 ΔR_s，以及从每个薄片到触点的接触电阻分量 ΔR_c。体电阻分量由式（7.4）得出

$$\Delta R_s = \rho \cdot \frac{\Delta x}{H_{rsd} \cdot W_{rsd}} \tag{7.4}$$

式中，ρ 为体电阻率，表示为

$$\rho = \frac{1}{q \cdot N_{rsd} \cdot \mu_{rsd}} \tag{7.5}$$

式中，N_{rsd} 为凸起的源/漏极区域的掺杂浓度。假设升高的源/漏极区域在选择性外延生长期间是原位掺杂的，并且是均匀掺杂的，利用 Masseti 模型[11]作为 N_{rsd} 函数计算迁移率 μ_{rsd}，接触电阻分量由式（7.6）得出

$$\Delta R_c = \frac{\rho_c}{\Delta x \cdot W_{rsd}} \tag{7.6}$$

式中，ρ_c 为特定的接触电阻率，单位为 Ω/cm^2。

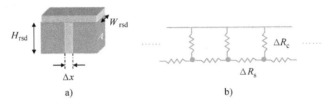

图 7.6

a）考虑用于分布接触电阻推导的源/漏极的极小切片

b）分布式接触电阻计算用等效电阻网络

式（7.4）和式（7.6）仅对矩形接触点有效。为了将它们归纳为对任何接触形状和多鳍片器件都是有效的，用凸起的源/漏极横截面面积和界面外围长度来对其进行表示

$$\begin{cases} \Delta R_s = \rho \cdot \dfrac{\Delta x}{A_{rsd,total}} \\[2mm] \Delta R_c = \dfrac{\rho_c}{\Delta x \cdot P_{rsd,total}} \end{cases} \tag{7.7}$$

采用传输线模型[12]来解决这一问题。通过求解微分方程，可以得到总接触电阻为

$$R_{con} = \rho \cdot \frac{L_T}{A_{rsd,total}} \cdot \frac{\eta \cdot \cosh\alpha + \sinh\alpha}{\eta \cdot \sinh\alpha + \cosh\alpha} \tag{7.8}$$

其中

$$L_T = \sqrt{\frac{\rho_c \cdot A_{rsd,total}}{\rho \cdot P_{rsd,total}}} \tag{7.9}$$

$$\alpha = \frac{L_{rsd}}{L_T} \tag{7.10}$$

$$\eta = \frac{\rho_c \cdot A_{rsd,total}}{\rho \cdot L_T \cdot A_{term}} \tag{7.11}$$

式中，A_{term} 为 FinFET 结构两端的硅/硅化物区域，如图 7.7 所示。一种特殊情况是对于没有端部接触点的 FinFET，因此 $A_{term} = 0$。式（7.8）简化为

$$R_{con} = \rho \cdot \frac{L_T}{A_{rsd,total}} \cdot \cosh\alpha \qquad (7.12)$$

需要注意的是，式（7.12）与本章参考文献［4，5］中的接触电阻公式类似，但更为通用，因为它可以模拟非矩形凸起源/漏极横截面的几何结构。

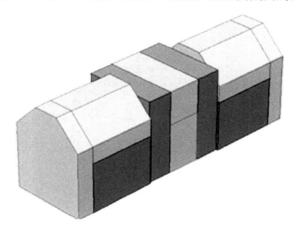

图 7.7   在顶部和两端具有非矩形外延源/漏极和硅化物的 FinFET。
这个图是由 Sentaurus TCAD 仿真工具[10]生成的

7.2.2   扩散电阻   ★★★

当电流从源/漏极扩展区流入凸起的源/漏极区域时，电流会逐渐扩散。将由扩散引起的电阻增量作为一个新的分量来进行建模，这种扩展现象也被称为电流聚集。

凸起的源/漏极和扩展区域的俯视图如图 7.8 所示，灰色区域表示电流流过的区域。假设当前扩散边界与鳍片方向成 θ 角。

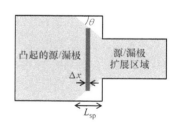

图 7.8   从源/漏极扩展区域到凸起源/漏极区域的电流扩展路径图示

首先考虑这样一个情况：扩展区域和凸起的源/漏极的横截面都是正方形，在中间，每个电流截面也是一个正方形。假设正方形的边长随坐标线性增加，因此，厚度为 Δx 的扩散区域中的每个切片的电阻为

$$\Delta R = \frac{\rho \cdot \Delta x}{\left(\sqrt{A_{Fin}} + 2x \cdot \tan\theta \right)^2} \qquad (7.13)$$

式中，A_{fin} 为鳍片扩展区域的横截面积，可以表示为

$$A_{\text{Fin}} = H_{\text{Fin}} \cdot T_{\text{Fin}} \tag{7.14}$$

扩散电阻中的阻值由 0 到 L_1 进行积分：

$$R = \int_0^{L_1} \frac{\rho \, \mathrm{d}x}{\left(\sqrt{A_{\text{Fin}}} + 2x \cdot \tan\theta\right)^2} \tag{7.15}$$

其中，L_1 满足关系

$$2L_1 \cdot \tan\theta = \sqrt{A_{\text{rsd}}} - \sqrt{A_{\text{Fin}}} \tag{7.16}$$

进行积分后，得到扩散区的总电阻为

$$R = \frac{\rho \cdot \cot\theta}{2}\left(\frac{1}{\sqrt{A_{\text{Fin}}}} - \frac{1}{\sqrt{A_{\text{rsd}}}}\right) \tag{7.17}$$

如果对圆形鳍片扩展区域和圆形凸起的源/漏极进行相同的分析，将获得类似的结果：

$$R = \frac{\rho \cdot \cot\theta}{\sqrt{\pi}}\left(\frac{1}{\sqrt{A_{\text{Fin}}}} - \frac{1}{\sqrt{A_{\text{rsd}}}}\right) \tag{7.18}$$

更一般地说，将扩散区的电阻表示为

$$R = \frac{\rho \cdot \cot\theta}{s}\left(\frac{1}{\sqrt{A_{\text{Fin}}}} - \frac{1}{\sqrt{A_{\text{rsd}}}}\right) \tag{7.19}$$

其中，形状参数 s 取决于鳍片扩展区域和凸起的源/漏极的形状。

也可以计算 R'，如果没有扩散，则在相同区域内的总电阻为

$$R' = \frac{\rho \cdot L_1}{A_{\text{rsd}}} = \frac{\rho \cdot \cot\theta}{s \cdot A_{\text{rsd}}}\left(\sqrt{A_{\text{rsd}}} - \sqrt{A_{\text{Fin}}}\right) \tag{7.20}$$

因为扩散电阻定义为电阻的增量，也就是 R 与 R' 的差值，所以可以表示为

$$R_{\text{sp}} = \frac{\rho \cdot \cot\theta}{s}\left(\frac{1}{\sqrt{A_{\text{Fin}}}} - \frac{2}{\sqrt{A_{\text{rsd}}}} + \frac{\sqrt{A_{\text{Fin}}}}{A_{\text{rsd}}}\right) \tag{7.21}$$

定义

$$R_0 = \rho \cdot \left(\frac{1}{\sqrt{A_{\text{Fin}}}} - \frac{2}{\sqrt{A_{\text{rsd}}}} + \frac{\sqrt{A_{\text{Fin}}}}{A_{\text{rsd}}}\right) \tag{7.22}$$

所以有

$$R_{\text{sp}} = K \cdot R_0 \tag{7.23}$$

其中，斜率 K 为

$$K = \frac{\cot\theta}{s} \tag{7.24}$$

假设 K 对我们感兴趣范围内的器件几何结构不敏感。为了验证这一假设，进行三维 TCAD 仿真，以计算 R_{sp}。如图 7.9a 所示，仿真了两侧都有接触点的均

匀掺杂硅块组成的测试结构。将接触电阻率设置为非常小的值，因此其影响可以忽略不计[⊖]。掺杂浓度设置为 $N_{sd} = 2 \times 10^{20} \mathrm{cm}^{-3}$；左侧接触点的尺寸固定为 $H_{rsd} = 60\mathrm{nm}$，$W_{rsd} = 45\mathrm{nm}$；右侧接触点的高度以 5nm 为步长，从 $H_{Fin} = 30\mathrm{nm}$ 变化到 $H_{Fin} = 60\mathrm{nm}$，宽度也以 5nm 为步长，从 $T_{Fin} = 15\mathrm{nm}$ 变化到 $T_{Fin} = 45\mathrm{nm}$。对于每种情况，模拟五种不同的凸起源/漏极长度 L_{rsd}。扩散电阻是通过扣除非扩散情况下的电阻值来提取的，在非扩散情况下 $W_{rsd} = T_{Fin}$，$H_{rsd} = H_{Fin}$。

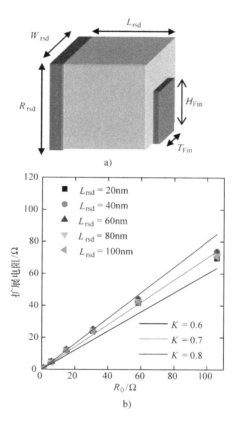

图 7.9　扩散电阻的提取

a）测试结果　b）斜率系数 K 的提取

在图 7.9b 中，为式（7.23）和 TCAD 仿真结果绘制扩散电阻与 R_0 的关系图。当 $K = 0.7$ 时，可以得到最佳值。模型与 TCAD 数据吻合较好，说明常数 K 具有一个合理的假设。

⊖　在 TCAD 仿真中将 ρ_c 设置为 $10^{-12} \Omega/\mathrm{cm}^2$。在 TCAD 工具中，通常不允许设置 ρ_c 为零。

7.2.3　扩展电阻　★★★

扩展电阻 R_{ext} 是指隔离片下鳍片扩展区域的电阻。扩展电阻的建模需要了解扩展区内的掺杂分布，这在实际中往往是不准确的。器件的轮廓形状因工艺条件而异。此外，由于栅极边缘电场，表面积累与偏置电压有关。

为了简化这个问题，对隔离结构配置和掺杂曲线做了几个假设，如图 7.10 所示。假设隔离片（长度为 L_{sp}）包括一个偏移隔离片（长度为 L_{off}）和一个主隔离片。注入是在偏移隔离片沉积之后，在主隔离片形成之前进行的。结果表明，主隔离片下的掺杂是均匀的，但在偏移隔离片下是随着高斯分布而衰减的，N_{ext} 是偏移隔离片边缘处的掺杂浓度。尽管假设有一个注入扩展，但该模型也可以应用于一类 FinFET，这类 FinFET 具有仅来自原位掺杂外延源/漏极的扩展掺杂。

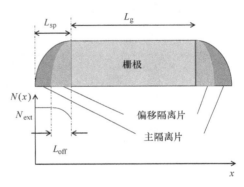

图 7.10　用于 R_{ext} 建模的掺杂轮廓和隔离片结构

将扩展电阻建模为一个与偏压相关的积累电阻分量和两个与偏压无关的体电阻分量，最终将它们组合成电阻网络，如图 7.11 所示。

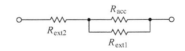

图 7.11　在积累区域中电阻模型的子电路

积累电阻 R_{acc} 表示源/漏极扩展表面的导电路径，这个导电路径是由于栅极边缘场引起的电荷积累所产生的[4]。积累电阻非常重要，需要适当考虑，尤其是对于源/漏极交叠很少或没有源/漏极交叠，且在栅极边缘具有相对较小掺杂浓度的器件。使用式（7.25）可以对积累电阻进行建模

$$R_{acc} = \frac{R_{acc0}}{H_{Fin} \cdot [V_{gs(d)} - V_{fbsd}]} \tag{7.25}$$

式中，V_{fbsd} 为源极和漏极的平带电压。积累电阻反比于导电电荷密度，而导电电

荷密度则正比于 $(V_{gs(d)} - V_{fbsd})$。

鳍片扩展区域的体电阻可以建模为两个分量，即 R_{ext1} 和 R_{ext2}。R_{ext1} 表示源/漏极积累区下方鳍片的体电阻。假设其一部分位于偏移隔离片之下，而另一部分位于主隔离片之下。R_{ext1} 可以表示为

$$R_{ext1} = \frac{R_{ext1,0}}{H_{Fin} T_{Fin}} \qquad (7.26)$$

将掺杂引起的复杂掺杂分布和迁移率变化集中到变量 $R_{ext1,0}$ 中。

在离栅极较远的地方，表面没有积累，只有鳍片的体具有导电性。用式 (7.27) 对其进行建模

$$R_{ext2} = \frac{R_{ext2,0}(L_{sp} - \Delta L_{ext})}{H_{Fin} T_{Fin}} \qquad (7.27)$$

假设 R_{ext2} 位于主隔离片的下方，在这里掺杂是均匀的。

将三个电阻分量组合成图 7.11 所示的网络后，就得到了扩展电阻的完整表达式

$$R_{ext} = \left\{ \frac{R_{acc0}}{H_{Fin}[V_{gs(d)} - V_{fbsd}]} \right\} \left\| \left(\frac{R_{ext1,0}}{H_{Fin} T_{Fin}} \right) + \frac{R_{ext2,0} \cdot (L_{sp} - \Delta L_{ext})}{H_{Fin} T_{Fin}} \right. \qquad (7.28)$$

式 (7.28) 可以简化为

$$R_{ext} = \frac{\dfrac{R_{ext1,0}}{H_{Fin} T_{Fin}}}{1 + \dfrac{R_{ext1,0}}{T_{Fin} R_{acc0}} \cdot [V_{gs(d)} - V_{fbsd}]} + \frac{R_{ext2,0} \cdot (L_{sp} - \Delta L_{ext})}{H_{Fin} T_{Fin}} \qquad (7.29)$$

式 (7.29) 具有与 BSIM4 模型中相同的偏置依赖关系[13]⊖

$$R_s = \frac{1}{W_{eff}} \left[\frac{RSW}{1 + PRWG \cdot (V_{gs} - V_{fbsd})} \right] + RSWMIN \qquad (7.30a)$$

$$R_d = \frac{1}{W_{eff}} \left[\frac{RDW}{1 + PRWG \cdot (V_{gd} - V_{fbsd})} \right] + RSWMIN \qquad (7.30b)$$

7.3　寄生电阻模型验证

本节将会呈现三维 TCAD 仿真的模型验证，还将会详细讨论 TCAD 仿真设置、双稳态和非稳态源漏电阻的分离，以及模型与 TCAD 仿真的比较。此外，传统的传输线方法高估了 L_{eff}，而物理 L_{eff} 必须用其他方法提取。

⊖　PRWB 设置为零，通常考虑 RDSMOD = 1 的情况，这时可以启动外部电阻模型。

7.3.1 TCAD 仿真设置 ★★★

利用 TCAD 对 FinFET 进行三维数值仿真。本节将主要介绍仿真设置的详细信息。

使用 Sentaurus Structure Editor[14] 和网格生成程序 Noffset3D[15] 创建仿真网格。FinFET 仿真结构的俯视图如图 7.12 所示。由于结构的对称性，只需要要对 FinFET 的一半结构进行仿真。这种方式减少了一半网格数量，加速了仿真速度，而对准确度又没有影响。为了显示鳍片的延伸区域，有意使隔离片透明。凸起的源/漏极有一个环绕的接触点，凸起的源/漏极的顶部和侧面以及源/漏极端平面与硅化物接触。对于具有未合并的外延源/漏极的 FinFET，或者具有单鳍片的 SRAM FinFET，这种接触方式是可行的。如果鳍片顶层具有硬掩膜板，那么该结构就为双栅 FinFET。此外，器件位于氧化埋层的顶部。所以，该器件为 SOI Fin-FET。本研究中考虑的几何结构是具有可制造型 FinFET 技术的线性缩放版本[16]。FinFET 几何结构和 TCAD 仿真中的其他参数见表 7.2。

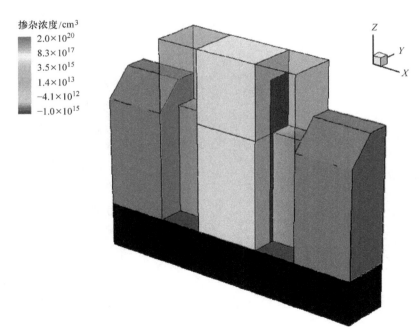

图 7.12 TCAD 仿真中 FinFET 结构的俯视图。氮化物隔离物有意制成半透明，
以使鳍片扩展区域可见（见封二彩图）

表 7.2　FinFET 几何结构和 TCAD 仿真中的其他参数

参数	描述	归一化值
L_g	物理栅极长度	15nm
EOT	等效氧化层厚度	1nm
T_{Fin}	鳍片厚度	10nm
H_{Fin}	鳍片高度	25nm
H_{rsd}	凸起的源/漏极高度	31nm
T_{mask}	氧化物硬掩膜厚度	12nm
L_{off}	偏移隔离片宽度	6nm
L_{rsd}	凸起的源/漏极长度	14nm
L_{sp}	源/漏极隔离片宽度	10nm
T_{epi}	水平外延厚度	6nm
N_{ext}	源/漏极扩展掺杂	$2 \times 10^{20}/cm^3$
N_{rsd}	凸起的源/漏极外延掺杂	$2 \times 10^{20}/cm^3$
N_{body}	鳍片体掺杂	$10^{15}/cm^3$
LDG	扩展区域中的横向掺杂梯度	2.5nm/dec
ρ_c	接触电阻率	$10^{-8}\,\Omega/cm^2$
V_{dd}	供电电压	0.9V

采用 Sentaurus Device[10] 来仿真电流 – 电压特性，之后利用 Masseti 模式[11] 来对依赖于掺杂的迁移率进行建模。高垂直场下的迁移率退化可通过增强的 Lombardi 模型来解释[10,17]。最后利用扩展的 Canali 模型建立速度饱和模型[10,18]。同时，结合等效氧化层厚度的方法来考虑量子效应，换句话说，是将反型层厚度作为等效氧化层厚度的一部分。量子效应对源/漏极肖特基势垒高度降低[19]的影响集中在特定的接触电阻率 ρ_c 中。对于一般的情况，假设 $\rho_c = 10^{-8}\,\Omega/cm^2$（根据国际半导体发展路线图）。这样就可实现较低的接触电阻率值[19,21]。由于本书开发的分析模型是可扩展的，因此它也可以对那些较低的 ρ_c 值进行建模。

7.3.2　器件优化 ★★★

在仿真中使用了金属栅极，并假设阈值电压可以通过栅极的功函数进行调谐。当 $I_{off}/W_{eff} = 1nA/\mu m$，为常数时，通过改变外延掺杂 N_{ext} 和偏移隔离片宽度 L_{off} 来优化 FinFET 掺杂，以获得最大的驱动电流 I_{on}（见图 7.13）。对于所有外延掺杂浓度，I_{on} 与 L_{off} 的关系都是钟形曲线。当偏移隔离片太薄时，外延掺杂会侵入沟道并降低亚阈值摆幅，从而使相同 I_{off} 时的阈值电压升高，I_{on} 减小；另一方面，当偏移隔离片太厚时，有效沟道长度变得非常大，这使得源/漏极电阻变得十分重要，导通电流随之减小。在仿真的掺杂和偏移隔离片范围内，当 $N_{ext} = 2 \times 10^{20} \text{cm}^{-3}$ 和 $L_{off} = 6\text{nm}$ 时，I_{on} 可达到最大值。对于 $1\text{nA}/\mu\text{m}$ 关断电流，相应的金属栅极功函数为 4.0603eV。

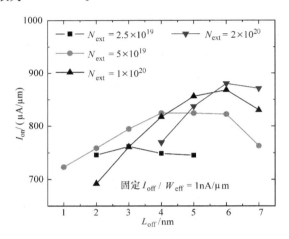

图 7.13　优化偏移隔离片宽度 L_{off} 和鳍片外延掺杂 N_{ext} 以获得最大导通电流

正如之后将展示的，当 $L_{off} = 6\text{nm}$ 时，L_{eff} 为栅极过驱动电压的函数，并且当 $V_{gs} < V_{dd}$ 时，从 16nm 变化到 20nm。所以，优化器件有一个交叠的源/漏极设计。这个结论与本章参考文献［22，23］一致，其中 FinFET 的源/漏极最优化设计是有交叠的。这里，假设带 – 带隧穿泄漏（或者栅致漏极泄漏）足够小，而且它对 I_{off} 的影响可以忽略。

7.3.3　源/漏极电阻提取　★★★◀

L_{eff} 和源/漏极串联电阻通常通过传输线方法提取，具体方法是当 $V_{ds} = 50\text{mV}$ 时，在不同栅极过驱动值（$V_{gs} - V_{th}$）时，绘制沟道电阻 $R_{total} = V_{ds}/I_d$ 与栅极长度 L_{des} 的关系，并找到它们的交叉点[24]。但这种方法有两个潜在问题：

1）平均沟道迁移率是一个关于栅极长度的函数，例如，由于源/漏极附近的倾斜晕轮注入抑制了表面下的泄漏电流。

2）源/漏极电阻是关于栅极偏置的函数。

前者对于完全耗尽的 FinFET 来说不是一个问题，因为晕轮注入通常对 Fin-FET 来说是不必要的。另一方面，源/漏极电阻具有显著的偏置电压依赖性，因为靠近栅极边缘鳍片扩展区域的导电性受到栅极边缘场的调制。偏置电压依赖性对于源/漏极交叠很少或没有交叠的器件更为显著，这是本研究中的典型情况。

因此，使用传输线方法提取的 L_{eff} 和 R_{ds} 可能与它们的物理值有很大的不同。为了说明这一点，对 R_{total} 和 L_{g} 进行了 TCAD 仿真，并将结果拟合到线性曲线（见图 7.14）。外推曲线在约 $L_{\mathrm{g}} = -50\mathrm{nm}$ 处相交。如果假设没有偏置电压依赖性，则可以得出结论，在 FinFET 的两侧都有一个 25nm 的延伸层。但在具体器件结构中，这是不可能的。此外，交点本身也是一个与偏置电压有关的函数。

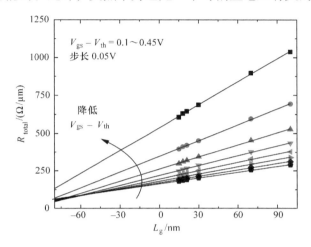

图 7.14　对于 7.3.2 节所述的优化器件，在不同栅极过驱动电压 $V_{\mathrm{gs}} - V_{\mathrm{th}}$ 时，总通道电阻 R_{total} 与物理栅极长度 L_{g} 的关系

在本研究中，采用了一种基于 TCAD 的源/漏极电阻提取方法。总沟道电阻由式（7.31）得出

$$R_{\mathrm{total}}(V_{\mathrm{gs}}) = R_{\mathrm{ds}}(V_{\mathrm{gs}}) + \frac{L_{\mathrm{g}} - \Delta L(V_{\mathrm{gs}})}{\mu C_{\mathrm{ox}} W_{\mathrm{eff}}\left(V_{\mathrm{gs}} - V_{\mathrm{th}} - \dfrac{V_{\mathrm{ds}}}{2}\right)V_{\mathrm{ds}}} \tag{7.31}$$

虽然很难同时提取 $R_{\mathrm{ds}}(V_{\mathrm{gs}})$ 和 $\Delta L(V_{\mathrm{gs}})$，但如果 $\Delta L(V_{\mathrm{gs}})$ 已知，则可以看出 $R_{\mathrm{ds}}(V_{\mathrm{gs}})$ 是 R_{total} 与 L_{g} 曲线的零交叉点。$\Delta L(V_{\mathrm{gs}})$ 定义为反型电荷质心处电子浓度等于本底掺杂的点，可以从 TCAD 仿真中提取。

表 7.3　从 TCAD 中提取的交叠长度 ΔL

$V_{\mathrm{gs}}/\mathrm{V}$	$V_{\mathrm{gs}} - V_{\mathrm{th}}/\mathrm{V}$	$X_{\mathrm{DC}}/\mathrm{nm}$	$n_{\mathrm{e}}X_{\mathrm{DC}}/\mathrm{cm}^{-3}$	$L_{\mathrm{eff}}/\mathrm{nm}$	$\Delta L/\mathrm{nm}$
0.45	0.042	2.43	5.85×10^{17}	15.88	-0.88
0.495	0.087	2.22	1.09×10^{18}	16.51	-1.51
0.54	0.132	1.99	1.81×10^{18}	16.98	-1.98
0.585	0.177	1.76	2.85×10^{18}	17.58	-2.58

（续）

V_{gs}/V	$V_{gs}-V_{th}/V$	X_{DC}/nm	$n_e X_{DC}/cm^{-3}$	L_{eff}/nm	$\Delta L/nm$
0.63	0.222	1.55	4.21×10^{18}	18.02	−3.02
0.675	0.267	1.37	5.87×10^{18}	18.49	−3.49
0.72	0.312	1.22	7.76×10^{18}	18.84	−3.84
0.765	0.357	1.09	9.83×10^{18}	19.11	−4.11
0.81	0.402	0.99	1.21×10^{19}	19.35	−4.35
0.855	0.447	0.91	1.55×10^{19}	19.69	−4.69
0.9	0.492	0.83	1.93×10^{19}	20.08	−5.08

对于15nm器件，图7.15显示了 L_{eff} 和栅极过驱动电压 $V_{gs}-V_{th}$ 的关系。为了消除数值误差，进行二阶多项式拟合，得到

$$L_{eff}(nm) = 15.34 + 14.06V_{gt} - 9.42V_{gt}^2 \tag{7.32}$$

或者

$$\Delta L(nm) = 0.34 + 14.06V_{gt} - 9.42V_{gt}^2 \tag{7.33}$$

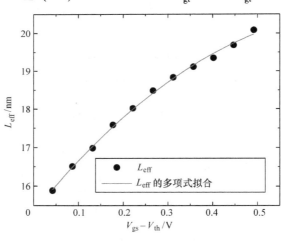

图7.15 有效沟道长度是关于栅极过驱动电压的函数

利用 $\Delta L(V_{gs})$ 的模型，可以计算得到 R_{ds}（V_g）。图7.16示出了两种情况下 R_{ds} 和 V_g 的关系。对于第一种情况，利用式（7.33），并在 $L_g = \Delta L$（与 V_g 相关的 L_{eff}）时求出源极和漏极电阻。对于另一种情况，假设 $\Delta L = 0$（即 L_{eff} 为常数）。两种情况得出的结果是类似的，说明 ΔL 与偏置电压的关系对于 R_{ds} 来说不是决定性的因素。从现在开始，将使用 $\Delta L = 0$ 来提取漏/源极电阻。因为在实验中并不知道 ΔL 的准确值，所以这种方法更为实际。

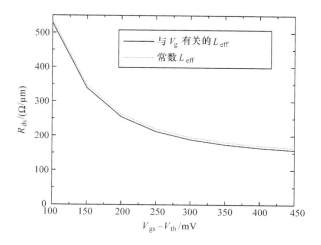

图 7.16 漏/源极电阻是关于栅极过驱动电压的函数

在 7.2.3 节中，证明了与偏置电压相关的漏/源极电阻如式（7.30a）所示。由于对称性的原因，可以进一步假设 RSW = RDW 和 RSWMIN = RDWMIN，并进行拟合，得到

$$R_{ds} = 107.5 + \frac{95.0}{1 + 7.54(V_{gs} - V_{fbsd})} + \frac{95.0}{1 + 7.54(V_{ds} - V_{fbsd})} \quad (7.34)$$

上述表达式与 TCAD 中 $V_{gs} - V_{th} = (0.1 \sim 4.2)$ V 的数据非常吻合，表明图 7.11 中的电阻网络是对扩展电阻的良好描述。模型拟合和 TCAD 结果绘制在图 7.17 中，读者可以将重点放在较小的 V_{gs} 部分。

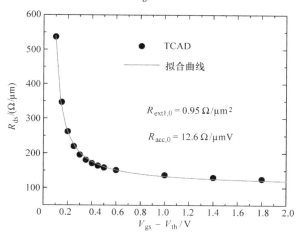

图 7.17 漏/源极电阻是关于栅极过驱动电压的函数（$V_{th} = 0.408$V）

参数 $R_{ext1,0}$ 和 $R_{acc,0}$ 可以从式（7.34）的与偏置电压相关的部分中提取；另一方面，与偏置电压独立的部分（值为 107.5）包括扩展电阻 R_{ext2}、扩散电阻和接触电阻。参数 $R_{ext2,0}$ 和 ΔL_{ext} 可以通过 R_{ds} 与隔离片厚度 L_{sp} 的线性拟合来提取，如图 7.18 所示。该模型与 TCAD 的结果非常吻合。提取的模型参数见表 7.4。

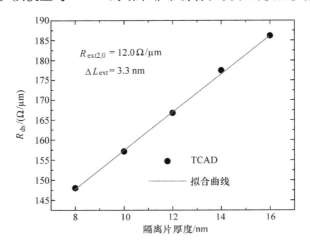

图 7.18　当 $V_{gs} = 0.9V$、$V_{ds} = 50mV$ 时，漏/源极电阻是关于隔离片厚度的函数。沟道电阻已被排除在外

表 7.4　提取参数总结

参数名称	值	单位
$R_{ext1,0}$	0.95	$\Omega / \mu m^2$
$R_{acc,0}$	12.6	$\Omega / \mu mV$
$R_{ext2,0}$	12.0	$\Omega / \mu m$
ΔL_{ext}	3.3	nm

为了验证式（7.8），还绘制了图 7.19 中源/漏极总电阻与凸起源/漏极长度 L_{rsd} 的关系。该模型与 TCAD 仿真结果吻合较好，无需引入接触电阻的拟合参数。

7.3.4　讨论　★★★

根据所拟合的模型绘制各个电阻分量，如图 7.20 所示。对于一般的情况（接触电阻率 $\rho_c = 10^{-8} \Omega / \mu m^2$），即使在 $V_{gs} = V_{dd}$ 时，扩展电阻也大于接触电阻。在本研究中，这是由于考虑了具有大扩展电阻的交叠源/漏结设计产生的结果。图 7.20 还表明扩散电阻是一个相对较小的分量。因此，用等角近似法引入的误差不应对整体结果产生重大影响。

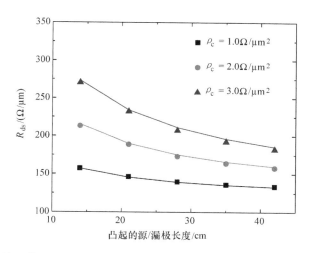

图 7.19 当 $V_{gs} = 0.9\mathrm{V}$、$V_{ds} = 50\mathrm{mV}$ 时，源/漏极电阻是关于凸起源/
漏极长度的函数。沟道电阻已被排除在外

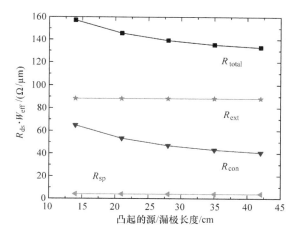

图 7.20 源/漏极电阻分解为独立分量：接触电阻 R_{con}、扩散电阻 R_{sp}、扩展电阻 R_{ext}

当凸起源/漏极长度约 30nm 时（见图 7.19 和图 7.20），接触电阻的饱和表明进一步延长源/漏极的益处较小。在实际中，对于给定的工艺，栅极间距是固定的，因此优化凸起源/漏极长度的空间是有限的。

7.4 寄生电阻模型的应用考虑

本节将考虑 BSIM - CMG 中接触电阻 R_{con}、扩散电阻 R_{sp}、扩展电阻 R_{ext}的实

际应用。

7.4.1 物理参数 ★★★

衬底电阻率参数 ρ 对接触电荷和扩散电阻模型都会产生影响。使用者可以通过参数 RHORSD 来指定 ρ。此外，正如 7.2.1 节中所述，BSIM – CMG 模型采用 Masetti 模型来计算 ρ[11]。

如 7.1 节所述，在 BSIM – CMG 中实现了鳍横截面面积 A_{Fin} 和凸起源/漏极横截面面积 A_{rsd} 的公式。对于一些特殊情况，如外延源/漏极顶端位于鳍片顶端之下时（$H_{\mathrm{epi}} < 0$），也需要进行特殊的考虑。在这种情况中，A_{Fin} 简化为 T_{Fin} · $(H_{\mathrm{Fin}} + H_{\mathrm{epi}})$。

7.4.2 电阻分量 ★★★

由于 FinFET 扩展电阻模型与平面 BSIM4 模型具有相同的数学形式，因此采用相同的参数命名约定（而不是 7.2.3 节中的 R_{ext1}、R_{ext2}、R_{acc} 等）。

与 BSIM4 相同，BSIM – CMG 中提供了两种实现源/漏极电阻的选项。当 RDSMOD = 0 时，扩展电阻是以电流衰减系数乘以漏极电流来实现的⊖；在另一方面，当 RDSMOD = 1 时，扩展电阻可以利用与晶体管串联的两个电阻来实现。

为了与以前的 BSIM 模型保持一致，为用户提供了设置 RGEOMOD = 0 的选项，通过方块电阻参数 RSHS 和 RSHD 来表征与几何尺寸有关的寄生源/漏极电阻，其中有

$$R_{\mathrm{s,geo}} = \mathrm{NRS} \cdot \mathrm{RSHS} \tag{7.35}$$

$$R_{\mathrm{d,geo}} = \mathrm{NRD} \cdot \mathrm{RSHD} \tag{7.36}$$

在这种情况下，本章中讨论的扩展电阻和接触电阻模型并没有用于计算。

在另一方面，如果用户设置 RGEOMOD = 1，那么可以利用本章中讨论的扩散电阻和接触电阻模型进行计算。

如式（7.23）所示，可以实现 BSIM – CMG 中的扩展电阻模型。K 的默认值设置为 0.4，对应于 $\theta = 55°$。这个值源自早期的研究，由于向后兼容性的原因而保持不变。

如式（7.8）所示，可以实现 BSIM – CMG 中的接触电阻模型。如果用户设置 SDTERM = 1，那么可以假设凸起源/漏极面积和终端接触面积是相等的（$A_{\mathrm{rsd}} = A_{\mathrm{term}}$）。此外，如果 SDTERM = 0，则不用考虑终端接触，这是将接触电阻

⊖ 当 RDSMOD = 0 时，栅极偏置电压相关项由 $V_{\mathrm{gs(d)}} - V_{\mathrm{fbsd}}$ 修改为平均沟道反型电荷密度 q_{ia}。这是为了避免漏极电流行为出现驼峰，这可能是因为当漏极电流行为为负时，$V_{\mathrm{gs(d)}} - V_{\mathrm{fbsd}}$（RDSMOD = 0）通过平滑函数强制为零。

公式简化为式（7.12）。

当 RGEOMOD = 0 或 RGEOMOD = 1 时，$R_{s,geo}$ 和 $R_{d,geo}$ 作为与晶体管串联的电阻实现。需要注意的是，如果 RGEOMOD = 1，则需要引入 5 个拟合参数来得到额外的与几何尺寸之间的关系。

7.5　栅极电阻模型

通过设置 RGATEMOD = 1，可以开启栅极电阻模型。这会引入一个内在节点"ge"。而栅极电阻 R_{geltd} 则被置于外部节点"g"和内部节点"ge"之间。

在栅极电阻模型中需要考虑栅极接触面的数量 NGCON。NGCON = 1 表明是单面接触，而 NGCON = 2 表明是双面接触。R_{geltd} 可以表示为

$$R_{geltd} = \begin{cases} \dfrac{RGEXT + RGFIN \cdot NFIN/3}{NF}, & \text{当 NGCON = 1 时} \\[4mm] \dfrac{RGEXT/2 + RGFIN \cdot NFIN/12}{NF}, & \text{当 NGCON = 2 时} \end{cases} \quad (7.37)$$

7.6　FinFET 寄生电容模型

除了将在第 8 章中讲述的本征电容外，BSIM - CMG 还模拟了交叠电容 C_{ov}（与偏置电压相关）和边缘电容 C_{fr}（通常与偏置电压相关性较弱或可忽略）。经常使用 C_{ov} 来获得特定器件在所感兴趣偏压范围内的与偏压相关的 $C - V$ 特性；另一方面，C_{fr} 提供了跨器件几何尺寸的电容标度。对于 C_{fr}，BSIM - CMG 提供了三种不同复杂程度的模型，用户可以通过模型参数 CGEOMOD 进行选择。本章关注 CGEMOD = 2，这是最完整且基于物理特性的模型。相对于 CGEOMOD = 0 和 CGEOMOD = 1，它在几何参数方面具有优越的可扩展性，因此更适合于器件变量建模。

7.6.1　寄生电容分量之间的联系　★★★

C_{fr} 和 C_{ov} 都具有栅极 – 源极和栅极 – 漏极分量，当 CGEOMOD = 0 和 CGEOMOD = 2 时，如图 7.21 所示，各个边缘和交叠分量集中在一起，并连接在栅极和内部源极节点或漏极节点之间。

为了提供建模灵活性，一种特殊的情况是 CGEOMOD = 1，其中边缘分量连接到外部源/漏极节点，而交叠分量更靠近通道，连接到内部源/漏极节点（见图 7.22）。

读者可以在 BSIM - CMG 技术手册中查找 CGEOMOD = 0 和 CGEOMOD = 1 的

详细信息。

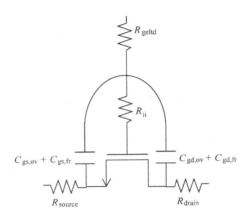

图 7.21   当 CGEOMOD = 0 和 CGEOMOD = 2 时的 RC 网络。在图中，通过设置
NQSMOD = 1，RGATEMOD = 1 和 RDSMOD = 1，可以开启非准静态电阻 R_{ii}、
栅极电阻 R_{geltd}、外部源极电阻 R_{source} 和漏极电阻 R_{drain}

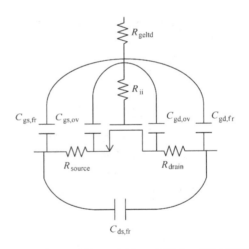

图 7.22   当 CGEOMOD = 1 时的 RC 网络。在图中，通过设置 NQSMOD = 1，
RGATEMOD = 1 和 RDSMOD = 1，可以开启非准静态电阻 R_{ii}、栅极电阻 R_{geltd}、
外部源电阻 R_{source} 和漏极电阻 R_{drain}

7.6.2   二维边缘电容的推导   ★★★

在平面 MOSFET 中，在栅极边缘和源/漏极的垂直表面，可以用一个简单的
保角映射方程来计算边缘电容[26]。然而，在 FinFET 中，如图 7.23 所示，目前

还没有精确的二维保角映射方法能够描述凸起的源极和漏极结构。

　　观察图 7.23，这里采用的解决方案是将总电容分解成一个鳍片 – 栅极分量 C_{fg} 和一个鳍片 – 沟道分量 C_{cg}。C_{cg} 进一步分为 C_{cg1}、C_{cg2} 和 C_{cg3}，它们具有不同的电场线轨迹（见图 7.24）。

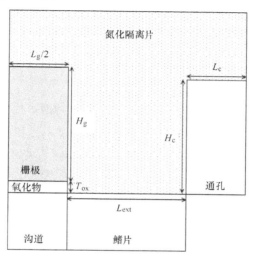

图 7.23　二维 FinFET 的半器件横截面，其中氮化物区的电动势
分布必须通过求解才能得到相应的电容值

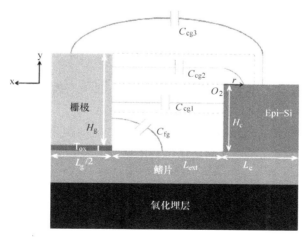

图 7.24　边缘电容分解成鳍片 – 栅极分量 C_{fg} 和接触 – 栅极分量（C_{cg1}、C_{cg2} 和 C_{cg3}）

　　每个分量都是通过求和无穷小的电容来计算的，每个电容的电容值为

$$\Delta C = \varepsilon_{ox} \frac{\Delta A}{d} \tag{7.38}$$

式中，ΔA 为无穷小电容的面积；d 为电场线的长度。

1. 鳍片-栅极电容 C_{fg}

C_{fg} 与源自硅鳍片顶部表面并终止于栅极边缘的电场线有关。每条电场线的长度是四分之一椭圆的周长，可以用欧拉近似法进行近似[27]

$$椭圆周长 = 2\pi \sqrt{\frac{a^2 + b^2}{2}} \tag{7.39}$$

式中，a 为长轴的长度；b 为短轴的长度。

如图 7.25 所示，C_{fg} 每四分之一椭圆线的长轴为 l，短轴为 $T_{ox} + h$，其中 h 为 $0 \sim H_{max}$，l 为 $0 \sim L_{max}$。假设椭圆电场线没有超过 L_{max} 和 H_{max}。源自 H_{max} 上方栅极部分的电场线水平移动并落在接触点上，成为 C_{cg1} 的一部分，稍后将展示。如果 H_g 小于 H_{max}，则 C_{cg1} 变为 0。通过改变 H_g 并找到 C_{cg1} 减至零的点，就可以从 TCAD 仿真中提取 H_{max}。

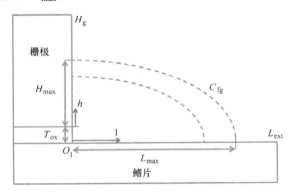

图 7.25　在鳍片-栅极区域内的电场线

此外，因为增加 L_{ext} 会增加栅极和接触点之间的距离，并降低凸起源/漏极接触点内表面对栅极和鳍片之间边缘电容的影响，所以 H_{max} 与 L_{ext} 成正比。从而可以得到

$$H_{max} = \frac{L_{ext}}{H_r} \tag{7.40}$$

$$L_{max} = \frac{L_{ext}}{L_r} \tag{7.41}$$

式中，$H_r = HR_0 + HR_1 \cdot \dfrac{H_g + T_{ox}}{H_c}$，$L_r = LRA + LRB \cdot L_{ext} + LRC \cdot \dfrac{H_c}{H_g + T_{ox}}$。

如果设置 h 和 l 分别为 H_{max} 和 L_{max}，则栅极 - 鳍片区域电场线有一个椭圆轴从 0 变化到 L_{max}；另一个椭圆轴从 T_{ox} 变化到 $H_{max} + T_{ox}$ 不等。为了简化积分，假设两个轴的变化率是成比例的，可以将 h 表示为关于 l 的函数

$$h = \frac{H_{max}}{L_{max}} \cdot l = \frac{l}{H_r - L_r} \cdot l \tag{7.42}$$

利用式（7.39）~式（7.42），可以计算电场线的长度

$$d(l) = \frac{1}{4}\left(2\pi \sqrt{\frac{\left(T_{ox} + \dfrac{1}{L_r H_r}\right)^2 + l^2}{2}}\right) \tag{7.43}$$

利用式（7.38）和式（7.43），每单位宽度的鳍片 - 栅极电容值可以表示为

$$C_{fg,sat} = \varepsilon_{sp} \int_0^{L_{max}} \frac{1}{d(l)} dl = \varepsilon_{sp} \frac{2\sqrt{2}}{\pi} \int_0^{L_{max}} \frac{1}{\sqrt{\left(T_{ox} + \dfrac{1}{H_r L_r}\right)^2 + l^2}} dl \tag{7.44}$$

对式（7.44）进行积分，并引入一个常数拟合参数 CF1，则 $C_{fg,sat}$ 可以表示为

$$C_{fg,sat} = \text{CF1} \cdot \frac{2\sqrt{2}\varepsilon_{sp} r}{\pi \sqrt{r^2 + 1}}$$

$$\cdot \ln\left(\frac{\sqrt{(r^2 + 1)\left[(rT_{ox})^2 + 2rL_{max}T_{ox} + (r^2 + 1)L_{max}^2\right]} + rT_{ox} + (r^2 + 1)L_{max}}{rT_{ox}\left[1 + \sqrt{r^2 + 1}\right]}\right)$$

$$\tag{7.45}$$

式中，$r = H_r \cdot L_r$。

式（7.45）是在栅极高度 H_g 大于 H_{max} 的假设下计算的，因此，随着 H_g 的增加，C_{fg} 不会改变，将这种情况视为饱和状态。另一方面，如果 H_g 小于 H_{max}，则整个栅侧壁属于鳍片 - 栅极区域。在这种情况下，C_{fg} 是 H_g 的一阶对数函数。以对数形式进行表示，单位长度的 $C_{fg,log}$ 可以表示为

$$C_{fg,log} =$$

$$\varepsilon_{sp}\left\{\frac{2\sqrt{2}}{\pi\sqrt{k+1}} \cdot \ln\left[\frac{\sqrt{k+1}\sqrt{(T_{ox} + H_g)^2 + (k \cdot H_g)^2} + T_{ox} + (k+1)H_g}{T_{ox}\left[(k+2) + \sqrt{(k+2)^2 + 1}\right]}\right] + WL\right\} \tag{7.46}$$

式中，$k = \dfrac{L_{max}}{H_g + T_{ox}}$；$W$ 为拟合参数。

利用具有拟合参数 DELTA（δ）的平滑函数来描述从 $C_{fg,log}$ 到 $C_{fg,sat}$ 的过渡，最终 C_{fg} 可以表示为

$$C_{\mathrm{fg}} = H_{\mathrm{Fin}}\left[C_{\mathrm{fg,sat}} - \frac{(C_{\mathrm{fg,sat}} - C_{\mathrm{fg,log}} - \delta) + \sqrt{(C_{\mathrm{fg,sat}} - C_{\mathrm{fg,log}} - \delta)^2 + 4\delta C_{\mathrm{fg,sat}}}}{2} \right]$$

$$(7.47)$$

2. 源/漏极接触至栅极电容 C_{cg}

接触-栅极电容 C_{cg} 描述栅极和外延生长源/漏极接触点之间的电容。如图 7.24 所示，接触点假设为矩形。C_{cg} 包含了 C_{cg1}、C_{cg2} 和 C_{cg3}。每个分量表示来自栅极/接触点不同表面的电容。此外，引入一个拟合参数 C0CG 来提供恒定的偏移量。总 C_{cg} 可以表示为

$$C_{\mathrm{cg}} = H_{\mathrm{Fin}} \cdot (C_{\mathrm{cg1}} + C_{\mathrm{cg2}} + C_{\mathrm{cg3}} + \varepsilon_{\mathrm{sp}} \cdot \mathrm{C0CG}) \qquad (7.48)$$

在下面的章节中，假设栅极高度大于接触点高度（$H_{\mathrm{g}} + T_{\mathrm{ox}} > H_{\mathrm{c}}$），可以推导出每个电容的表达式。

需要注意的是在实际中，C_{cg3} 覆盖的区域通常属于相邻结构的范围，不需要包括相应的电容，所以在三个分量中，BSIM-CMG 中只包含 C_{cg1} 和 C_{cg2}。

（1）C_{cg1}　如图 7.24 所示，C_{cg1} 为栅极和接触点之间的平板电容。利用式（7.38），可以得到每单位高度的电容为

$$C_{\mathrm{cg1}} = \varepsilon_{\mathrm{sp}} \frac{H_{\mathrm{g}} - H_{\mathrm{max}}}{L_{\mathrm{ext}}}, \text{当 } H_{\mathrm{g}} \geqslant H_{\mathrm{max}} \text{ 时} \qquad (7.49)$$

正如之前提到的，如果 $H_{\mathrm{g}} < H_{\mathrm{max}}$，那么栅极的整个内侧壁都属于鳍片-栅极区域。这就是意味着

$$C_{\mathrm{cg1}} = 0, \text{当 } H_{\mathrm{g}} < H_{\mathrm{max}} \text{时} \qquad (7.50)$$

利用平滑函数将式（7.49）和式（7.50）组合成一个连续表达式

$$C_{\mathrm{cg1}} = \frac{1}{\mathrm{CNON}} \cdot \ln\left[1 + \exp\left(\mathrm{CNON} \cdot \varepsilon_{\mathrm{sp}} \frac{H_{\mathrm{g}} - H_{\mathrm{max}}}{L_{\mathrm{ext}}} \right) \right] \qquad (7.51)$$

当 H_{g} 趋近 H_{max} 时，CNON 确保指数项与 1 相当。

然而，式（7.51）假设 C_{cg1} 横跨 H_{max} 以上栅极的整个高度。如果接触点不够高，则将导致物理上的错误。所以，BSIM-CMG 中 C_{cg1} 的最终表达式可以表示为

$$C_{\mathrm{cg1}} = \frac{1}{\mathrm{CNON}} \cdot \ln\left\{ 1 + \exp\left[\mathrm{CNON} \cdot \varepsilon_{\mathrm{sp}} \frac{\min(H_{\mathrm{c}}, H_{\mathrm{g}} + T_{\mathrm{ox}}) - H_{\mathrm{max}}}{L_{\mathrm{ext}}} \right] \right\}$$

$$(7.52)$$

需要注意，式（7.51）中的 H_{g} 由（H_{c}，$H_{\mathrm{g}} + T_{\mathrm{ox}}$）的最小值所替代。

（2）C_{cg2}　C_{cg2} 电场线从栅极侧壁开始，水平移动一段距离 L_{ext}，然后沿四分之一圆移动，直到它们在接触面顶部终止（见图 7.24）。四分之一圆的半径为 r，以接触角为中心（图 7.24 中标记为 O_2）。因此，电场线长度的表达式是

$$d = L_{\text{ext}} + \frac{2\pi r}{4} \tag{7.53}$$

其中，半径 r 从 0 变化到 R

$$R = \frac{1}{2}\Delta H \cdot \frac{H_{\text{c}}}{H_{\text{g}} + T_{\text{ox}}} = \frac{H_{\text{c}}}{2}\left|1 - \frac{H_{\text{c}}}{H_{\text{g}} + T_{\text{ox}}}\right|$$

$$\Delta H = \left|H_{\text{g}} + T_{\text{ox}} - H_{\text{c}}\right| \tag{7.54}$$

式中，ΔH 为栅极高度加上 T_{ox} 与接触点高度之间的差。R 以外区域的电容属于 C_{cg3}。从 0 到 R 进行积分，以获得每单位高度的 C_{cg2}

$$C_{\text{cg2}} = \varepsilon_{\text{sp}}\int_0^R \frac{1}{L_{\text{ext}} + \dfrac{2\pi r}{4}}\mathrm{d}r = \frac{2\varepsilon_{\text{sp}}}{\pi}\ln\!\left(\frac{L_{\text{ext}} + 0.5\pi R}{L_{\text{ext}}}\right) \tag{7.55}$$

（3）C_{cg3}　C_{cg3} 描述了电场线从栅极顶部开始，终止于接触点顶部的电容。可以用两个串联的电容 C_{cg3a} 和 C_{cg3b} 来表示。C_{cg3b} 是一个简单的平行板电容，可以由接触面面积和平板距离进行表示

$$C_{\text{cg3b}} = \varepsilon_{\text{sp}}\frac{L_{\text{c}} - R}{\Delta H} \tag{7.56}$$

除了半圆电场直径可以在 L_{ext} 到 $L_{\text{ext}} + L_{\text{c}} + L_{\text{g}}/2$ 之间变化，C_{cg3a} 的表达式与 C_{fg} 类似。这里只考虑一半的栅极长度，因为另一半栅极会在 FinFET 的另一侧产生相同的寄生电容。根据相同的推导，可以得到

$$C_{\text{cg3a}} = \frac{2\varepsilon_{\text{sp}}}{\pi\left[(L_{\text{c}} - R) + L_{\text{g}}/2\right]}\ln\!\left(\frac{L_{\text{ext}} + L_{\text{c}} + L_{\text{g}}/2}{L_{\text{ext}} + R}\right) \tag{7.57}$$

假设栅极比接触外延厚，则可以推导出 C_{cg3a} 的公式。如果栅极比接触外延薄，则交换 $L_{\text{g}}/2$ 和 L_{c} 的值，就得出相同的公式。可以用两个串联的电容来表示 C_{cg3}

$$C_{\text{cg3}} = \frac{1}{\dfrac{1}{C_{\text{cg3a}}} + \dfrac{1}{C_{\text{cg3b}}}} \tag{7.58}$$

正如之前章节所述，BSIM – CMG 中并没有包括 C_{cg3}。因此，要在 BSIM – CMG 模型之外对其进行建模。

（4）对于接触点高于栅极的总结　需要特别考虑 $H_{\text{g}} + T_{\text{ox}} < H_{\text{c}}$ 的工艺角情况。在 FinFET 中，在垂直方向上，栅极通常比凸起的源/漏极接触点高，因此不会遇到这种情况。然而，当使用相同的模型来描述鳍片侧面上的寄生电容时，H_{g} 称为鳍片侧面上的栅极宽度，H_{c} 称为原始鳍片侧面上的接触宽度。在这种情况下，对于单鳍 FinFET 或者多鳍 FinFET 中的最后一个鳍片，$H_{\text{g}} + T_{\text{ox}}$ 可以小于 H_{c}。需要对 C_{cg} 模型进行几个简单的修改来涵盖这种情况。首先，C_{cg1} 中平行板电容的宽度变为 $(H_{\text{g}} + T_{\text{ox}}) - (H_{\text{max}} + T_{\text{ox}})$。$C_{\text{cg1}}$ 更为普遍的表达式可以表示为

$$C_{\mathrm{cg1}} = \frac{1}{\mathrm{CNON}} \cdot \ln\left\{ 1 + \exp\left[\mathrm{CNON} \cdot \varepsilon_{\mathrm{sp}} \frac{\min(H_{\mathrm{g}} + T_{\mathrm{ox}}, H_{\mathrm{c}}) - (H_{\max} + T_{\mathrm{ox}})}{L_{\mathrm{ext}}} \right] \right\}$$

$$(7.59)$$

其次,对于 C_{cg2},R 更为普遍的表达式为

$$R = \frac{1}{2}\Delta H \cdot \min\left(\frac{H_{\mathrm{g}} + T_{\mathrm{ox}}}{H_{\mathrm{c}}}, \frac{H_{\mathrm{c}}}{H_{\mathrm{g}} + T_{\mathrm{ox}}} \right) \qquad (7.60)$$

对于不同的几何结构,C_{cg3} 需要一些小修正。其中,所有的 L_{c} 和 $L_{\mathrm{g}}/2$ 项都可以互相交换。因为变量 L_{c} 和 $L_{\mathrm{g}}/2$ 是可交换的,所以半圆形结构的 C_{cg3a} 保持不变。在式(7.55)中绝对值的使用中,也可以采用 ΔH 为通用值。式(7.56)中的分子 $L_{\mathrm{c}} - R$ 可以用 $\dfrac{L_{\mathrm{g}}}{2} - R$ 替换。总的来说,式(7.56)中的 L_{c} 可以用变量 L 来替换,L 可以表示为

$$\begin{matrix} L_{\mathrm{c}}, & \text{当 } H_{\mathrm{g}} + T_{\mathrm{ox}} > H_{\mathrm{c}} \text{ 时} \\ L_{\mathrm{g}}, & \text{当 } H_{\mathrm{g}} + T_{\mathrm{ox}} < H_{\mathrm{c}} \text{ 时} \end{matrix} \qquad (7.61)$$

式(7.58)仍然适用于 C_{cg3}。

7.7 三维结构中 FinFET 边缘电容建模:CGEOMOD = 2

在之前的章节中,建立了栅极和凸起源/漏极接触点之间区域的模型。在三维 FinFET 中(见图 7.26),情况更加复杂。为了简化该问题,如图 7.27 所示,将三维电容分为一个顶部分量 C_{top},两个侧壁分量 C_{side} 和两个角分量 C_{corner}。

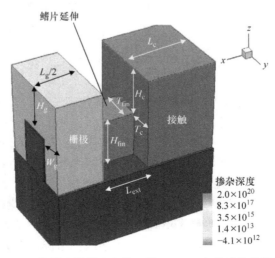

图 7.26 用于 TCAD 仿真和符号定义的三维 FinFET 中单鳍片的结构(见封二彩图)

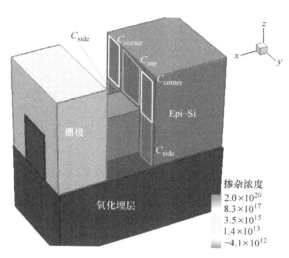

图 7.27　简单电容的组合，进而求出整体寄生电容（见封二彩图）

顶部分量值是二维电容值乘以鳍片宽度 T_{Fin}。侧壁分量也采用二维公式，但将 H_{c} 替换为 T_{c}，H_{g} 替换为 W_{c}（符号定义见图 7.26），并乘以鳍片高度 H_{Fin}。将 C_{corner} 建模为一个简单的平行板电容，两个极板之间的距离为 L_{ext}，C_{corner} 表示如下：

$$C_{\text{corner}} = \varepsilon_{\text{ox}} \frac{\min(T_{\text{c}}, W_{\text{g}} + T_{\text{ox}}) \cdot H_{\text{c}}}{L_{\text{ext}}} \tag{7.62}$$

对于具有 NFIF 鳍片的多栅 FinFET，整体电容值为

$$C_{\text{f}} = \text{NFIN} \cdot (2C_{\text{corner}} + 2C_{\text{side}} + C_{\text{top}}) \tag{7.63}$$

7.8　寄生电容模型验证

在 FinFET 中，寄生电容的分析模型是在多个自由度下建立起来的，因为可以对各种器件结构进行建模。根据固有的模型假设，需要确定一些拟合参数值，可以通过与数值仿真（TCAD）的比较来确定这些值。图 7.28 ~图 7.30 通过与二维 TCAD 仿真比较，验证每个区域的寄生电容。图 7.31 和图 7.32 通过与三维 TCAD 仿真比较，验证栅极总寄生电容。表 7.5 列出了与 TCAD 仿真最佳匹配的拟合参数值。除 C0CG 外，这些验证的所有参数均保持不变。

在图 7.28 中，对于不同的 L_{ext} 值，绘制了单位厚度的鳍片 - 栅极电容 C_{fg} 与 H_{g} 的关系。如模型所预期的，饱和区和对数区如下所示：首先，因为 $H_{\text{g}} + T_{\text{ox}}$ 仍小于 H_{max}，所以 C_{fg} 与 H_{g} 呈对数增长；当 $H_{\text{g}} + T_{\text{ox}} > H_{\text{max}}$ 后，晶体管进入饱和区，C_{fg} 几乎不变。图 7.29 显示了不同 L_{ext} 值时，接触源/漏极 - 栅极电容与 H_{c} 的关

系,其中 $H_g + T_{ox} = H_c$。当 $H_g + T_{ox} = H_c$ 时,根据式 (7.24),强制 C_{cg2} 等于零。在这个比较中,C_{cg3} 不在仿真结构中。整体 C_{cg} 的验证如图 7.30 所示。在这个情况下,仿真了图 7.24 中的结构,由于 $H_g + T_{ox}$ 和 H_c 不均匀,故 C_{cg2} 和 C_{cg3} 都不为零。

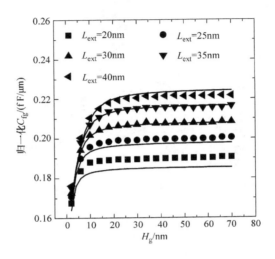

图 7.28 不同 L_{ext} 时,归一化 C_{fg}（单位厚度的鳍片 – 栅极电容）与 H_g 的关系。线条代表模型,符号代表二维 TCAD 仿真结果

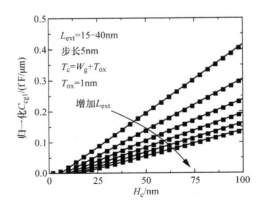

图 7.29 不同 L_{ext} 时,归一化 C_{cg1}（单位厚度的 C_{cg1}）与 H_c 的关系。线条代表模型,符号代表二维 TCAD 仿真结果

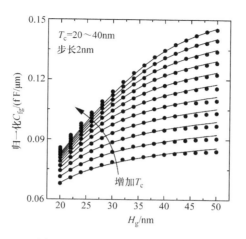

图 7.30　不同 H_c 时，归一化 C_{cg}（单位厚度的 C_{cg}）与
H_g 的关系。COCG = 0.4，线条代表模型，符号代表二维 TCAD 仿真结果

图 7.31 和图 7.32 分别验证了图 7.33 中中间鳍片和边缘鳍片的总栅极寄生电容。这两种情况下，COCG 值都为 0.47。在中间鳍片情况下（见图 7.31），分别在 $H_{Fin} = 20\mathrm{nm}$，30nm，40nm 时，绘制整体寄生电容和 T_c（$T_c = W_g + T_{ox}$）的关系。在边缘鳍片电容情况下（见图 7.32），在不同 T_c 值时，绘制整体寄生电容与 W_g 的关系。

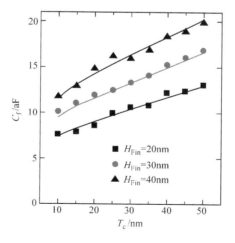

图 7.31　对于中间鳍片情况，不同 H_{Fin} 条件下，总寄生电容与 T_c 的关系。
线条代表模型，符号代表二维 TCAD 仿真结果

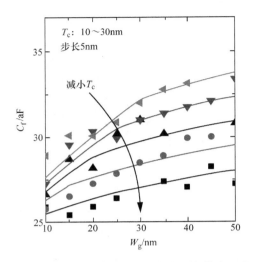

图 7.32　对于边缘鳍片电容情况，不同 T_c 条件下，整体寄生电容与 W_g 的关系。
线条代表模型，符号代表二维 TCAD 仿真结果

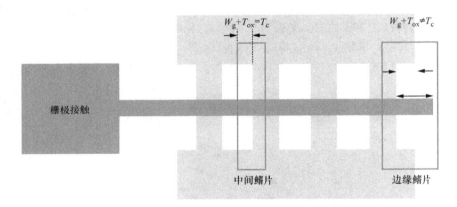

图 7.33　四鳍 FinFET 的俯视图，模型对电容模型进行了调整，以计算各部分的边缘电容

表 7.5　紧凑边缘电容模型的提取参数

参数名	值（TCAD 校正）	值（BSIM - CMG）[1]
LRA	1.05	1.05
LRB	0.0025	0.0
LRC	− 0.01	0.0
WR0	2.3	2.3
WR1	0.2	0.2

（续）

参数名	值（TCAD 校正）	值（BSIM - CMG）[1]
HL	2.6	12.27
CF1	0.935	0.70（双栅 FinFET） 0.85（三栅 FinFET）
DELTA（δ）	1.2×10^{-12}	1.2×10^{-12}
COCG[2]	0.47	0.47
CNON	1.7×10^{12}	1.7×10^{12}

① BSIM - CMG 中实现的值是额外校准的结果，其值与本章所示验证中使用的值略有不同。

② COCG 是一个拟合参数，允许用户对其进行调整以匹配数据。

7.9　总　　结

在 BSIM - CMG 中，对 FinFET 中的寄生电阻和寄生电容进行了建模。

就寄生电阻而言，开发一个简单的栅极电阻模型，以及一个偏置电压和几何结构相关的寄生源/漏极电阻模型。栅极电阻模型能够模拟单侧接触或双面接触模型。对于源极电阻和漏极电阻，接触电阻、扩展电阻和延伸电阻与几何结构的关系得到了很好的模拟。基于传输线的接触电阻模型预测了其与外延高度、鳍片间距、接触长度、截面形状等的关系，并对各种不同的接触硅化方案进行了建模，并建立了扩展电阻和延伸电阻的表达式。由于栅极的边缘场，延伸电阻表现出对偏置电压的依赖性。通过 TCAD 仿真验证了该模型的有效性。延伸电阻模型能够很好地获得源/漏极电阻对栅极偏压的依赖关系，即使对于电阻依赖性强的低交叠器件也是如此。电阻击穿分析表明，扩展电阻可以忽略不计，而延伸电阻和接触电阻占主导地位。

针对 FinFET 结构的二维横截面建立了寄生栅极电容模型，并利用对称性扩展到整个三维结构。该模型由一个以从栅极到鳍片的椭圆场线表征的栅极 - 鳍片区域 C_{fg}，以及栅极 - 接触区域 C_{cg} 组成，并进一步划分为各种接触面或栅极上的表面，以便电流通过。C_{cg1} 本质上是一个平行板电容，在薄栅极或薄接触厚度时，其值为零。C_{cg2} 具有从栅极侧面到接触点顶部的场线，其特征是直线加上四分之一圆。C_{cg3} 具有从栅极顶部到接触点顶部的场线，它的电场线可以模拟成一个大半圆加上一条直线。同时，也可以用一个平行板电容来描述 C_{corner}。通过二维和三维数值模拟验证了总电容的正确性，并发现总电容在各种结构尺寸下都是精确的。此外，所用的拟合参数也适用于各种结构尺寸的测试。

参 考 文 献

[1] K. Mistry, et al., A 45 nm logic technology with high-k + metal gate transistors, strained silicon, 9 Cu interconnect layers, 193 nm dry patterning, and 100% Pb-free packaging, in: International Electron Devices Meeting Technical Digest, 2007, pp. 247–250.

[2] International Roadmap Committee, Process integration, devices, and structures, in: International Technology Roadmap for Semiconductors 2012 Update, 2012, Available: http://www.itrs.net/ [Online].

[3] W. Wu, M. Chan, Gate resistance modeling of multifin MOS devices, IEEE Electron Dev. Lett. 27 (1) (2006) 68–70.

[4] A. Dixit, A. Kottantharayil, N. Collaert, M. Goodwin, M. Jurczak, K. De Meyer, Analysis of the parasitic S/D resistance in multiple-gate FETs, IEEE Trans. Electron Devices 52 (6) (2005) 1132–1140.

[5] D. Tekleab, P. Zeitzoff, Modeling and analysis of parasitic resistance in double gate FinFETs, in: Proceedings of the IEEE International SOI Conference, 2008, pp. 51–52.

[6] J. Kedzierski, M. Ieong, E. Nowak, T.S. Kanarsky, Y. Zhang, R. Roy, D. Boyd, D. Fried, H.-S.P. Wong, Extension and source/drain design for high-performance FinFET devices, IEEE Trans. Electron Dev. 50 (4) (2003) 952–958.

[7] H. Shang, et al., Investigation of FinFET devices for 32 nm technologies and beyond, in: Symposium on VLSI Technology Digest of Papers, 2006, pp. 54–55.

[8] R.S. Sheony, K.C. Saraswat, Optimization of extrinsic source/drain resistance in ultrathin body double-gate FETs, IEEE Trans. Nanotechnol. 2 (4) (2003) 265–270.

[9] V. Trivedi, J.G. Fossum, M.M. Chowdhury, Nanoscale FinFETs with gate-source/drain underlap, IEEE Trans. Electron Devices 52 (1) (2005) 56–62.

[10] Sentaurus Device, Synopsys, Inc., September 2008.

[11] G. Masetti, M. Severi, S. Solmi, Modeling of carrier mobility against carrier concentration in arsenic-, phosphorus-, and boron-doped silicon, IEEE Trans. Electron Devices 30 (7) (1983) 764–769.

[12] H.H. Berger, Model for contacts to planar devices, Solid-State Electron. 15 (1972) 145–158.

[13] BSIM4 Model, Department of Electrical Engineering and Computer Science, UC Berkeley, Available: http://www-device.eecs.berkeley.edu/~bsim3/bsim4.html [Online].

[14] Sentaurus Structure Editor, Synopsys, Inc., September 2008.

[15] Noffset 3D, Synopsys, Inc., September 2008.

[16] H. Kawasaki, et al., Demonstration of highly scaled FinFET SRAM cells with high-K metal gate and investigation of characteristic variability for the 32 nm node and beyond, in: International Electron Devices Meeting Technical Digest, 2008, pp. 237–240.

[17] C. Lombardi, S. Manzini, A. Saporito, M. Vanzi, A physically based mobility model for numerical simulation of nonplanar devices, IEEE Trans. Comput. Aided Des. 7(11) (1988) 1164–1171.

[18] C. Canali, G. Majni, R. Minder, G. Ottaviani, Electron and hole drift velocity measurements in silicon and their empirical relation to electric field and temperature, IEEE Trans. Electron Devices 22(11) (1975) 1045–1047.

[19] R. Vega, T.-J. King, Three-dimensional FinFET source/drain and contact design optimization study, IEEE Trans. Electron Devices 56(7) (2009) 1483–1492.

[20] International Roadmap Committee, Interconnect, in: International Technology Roadmap for Semiconductors 2010 Update, 2010, Available: http://www.itrs.net/ [Online].

[21] N. Stavitski, M.J.H. van Dal, A. Lauwers, C. Vrancken, A.Y. Kovalgin, R.A.M. Wolters, Systematic TLM measurements of NiSi and PtSi specific contact resistance to n- and p-type Si in a broad doping range, IEEE Electron Dev. Lett. 29(4) (2008) 378-381.

[22] R.S. Shenoy, K.C. Saraswat, Optimization of extrinsic source/drain resistance in ultrathin body double-gate FETs, IEEE Trans. Nanotechnol. 2(4) (2003) 265-270.

[23] V.P. Trivedi, J.G. Fossum, Quantum-mechanical effects on the threshold voltage of undoped double-gate MOSFETs, IEEE Electron Device Lett. 29 (8) (2005) 579–582.

[24] R.H. Dennard, F.H. Gaensslen, H.-N. Yu, V.L. Rideout, E. Bassous, A.R. Leblanc, Design of ion implanted MOSFET's with very small dimensions, IEEE J. Solid-State Circ. 9(5) (1974) 256-268.

[25] K. Suzuki, Parasitic capacitance of submicrometer MOSFET's, IEEE Trans. Electron Dev. 46(9) (1999) 1895-1900.

[26] S. Sykora (Ed.), Approximations of Ellipse Perimeters, Stan's Library, vol. I, Castano Primo, Italy, December 2005, Available: http://www.ebyte.it/library/docs/math05a/EllipsePerimeterApprox05.html [Online].

第 **8** 章 »

噪 声

8.1 概 述

从微观角度看，电子器件中的载流子输运是一个随机过程。电子和空穴以热速度（$\sqrt{3kT/m} \approx 10^7 \text{cm/s}$）随机运动。在之前章节中介绍的传输模型和 BSIM – CMG $I - V$ 模型只对平均电流进行建模，并没有考虑这些载流子的随机运动；另一方面，载流子运动的随机特性会使得电流产生与时间相关的波动。这种现象可以通过噪声模型来描述。本章将讨论 BSIM – CMG 中的噪声模型。

全耗尽器件 FinFET 中的物理噪声与平面 MOSFET 中的类似。由于这些原因，可以利用平面 MOSFET 中建立的模型表达式（如 BSIM4 模型[1]），再进行一定的修正。可以通过使用 FinFET 迁移参数值来解释定量差异，例如由于 FinFET（大多数是〈110〉）与平面器件（〈100〉）中的沟道表面方向不同而产生不同的迁移率。

噪声主要包括与沟道、源极、漏极和衬底相关的热噪声、闪烁或 $1/f$ 噪声以及散粒噪声，这些都将在接下来的章节中进行介绍。

8.2 热 噪 声

与导电（或电阻）器件相关的热噪声（奈奎斯特噪声或约翰逊噪声）可以根据噪声谱密度给出

$$\frac{S}{\Delta f} = 4kTG \tag{8.1}$$

式中，G 为器件的电导。对于工作在线性区的 MOSFET，在长沟道条件下，沟道电导可以表示为

$$G = \frac{I_{ds}}{V_{ds}} = \mu_{eff} \frac{W}{L_{eff}} Q_{inv} = \frac{\mu_{eff} q_{inv}}{L_{eff}^2} \qquad (8.2)$$

式中，Q_{inv} 为单位面积的反型电荷密度；q_{inv} 为器件沟道中的总反型电荷。以上表达式都是在长沟道 MOSFET 中建立的。

总电阻是沟道电荷、外部源极电阻和漏极电阻之和

$$\frac{1}{G} = R_{dsi} + \frac{L_{eff}^2}{\mu_{eff} q_{inv}} \qquad (8.3)$$

将式（8.3）代入式（8.1）中，可以得到

$$S_{id} = \frac{4kT\mu_{eff} q_{inv}}{\mu_{eff} q_{inv} R_{dsi} + L_{eff}^2} \qquad (8.4)$$

将漏极噪声谱密度表示为 S_{id}。以上表达式与 BSIM4 中基于电荷模型的表达式一致（可以通过在 BSIM4 中设置 tnoiMod = 0 时启用）。

对于短沟道器件，漏极噪声通常比长沟道理论的预测值要大。短沟道器件的噪声增加通常用乘法因子 γ 来解释。在 BSIM – CMG 中，γ 由模型参数 NTNOI 表示。包含 NTNOI 的最终的热噪声表达式为

$$S_{id} = NTNOI \cdot \frac{4kT\mu_{eff} q_{inv}}{\mu_{eff} q_{inv} R_{dsi} + L_{eff}^2} \qquad (8.5)$$

虽然式（8.5）是针对工作在线性区的 MOSFET 所推导出来的，但同样的表达式也适用于饱和区。这是因为饱和区的热噪声与接近饱和开始的线性区的热噪声一致（见图 8.1）。

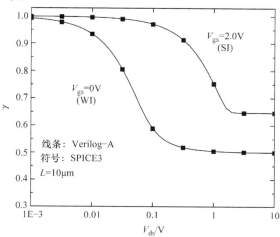

图 8.1　对于长沟道平面 MOSFET，在弱反型区（$V_{gs} = 0$）和强反型区（$V_{gs} = 2$）中，仿真的 γ 和漏极电压的关系。在弱反型区，漏极噪声等于 $2qI_d$

除了从漏极到源极的噪声 S_{id}，沟道中载流子波动产生的热噪声也可以通过栅极介质耦合到栅极上，这称为栅极感应噪声。本章参考文献 [2-5] 建立了栅极感应噪声模型的理论。栅极感应噪声正比于 $\omega^2 L_{eff}^2$，其中 ω 为频率值的 2π 倍。所以，对于长沟道器件或在较高频率段，栅极感应噪声十分重要（见图8.2）。有相关文献提出了一种栅极感应噪声模型，可用于 BSIM-CMG 的实现。

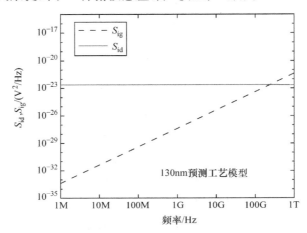

图 8.2 对于 BSIM4 130nm 预测工艺模型[6]，漏极噪声 S_{id} 和栅极感应噪声 S_{ig} 与频率的评估（$L = 130$nm，tnoiMod = 1，fnoiMod = 0）。直到工作频率高于 100GHz，否则 S_{ig} 远小于 S_{id}

8.3 闪烁噪声

除了热噪声，闪烁噪声（也称为 $1/f$ 噪声）是 MOSFET 漏极电流噪声的另一个主要来源，特别是在低频段，它的产生与栅极介质的缺陷有关。目前有两种理论用来解释 $1/f$ 噪声的物理机理：载流子数量波动理论和迁移率波动理论。在载流子数量波动理论中，闪烁噪声是由 Si-SiO$_2$ 界面附近的氧化陷阱随机俘获或者释放电荷过程所产生的。电荷数量变化导致沟道载流子密度的变化，从而对漏极电流进行调制[7]。在迁移率波动理论中[8]，在另一方面，由于衬底迁移率的变化，使得电流增大或减小。

本章参考文献 [9,10] 中的统一模型考虑了以上两种机制，在 BSIM-CMG 中也采用了该模型。同样的，BSIM4 模型也采用了该模型[1]。本节将对统一噪声模型的建立过程进行讨论。

MOSFET 中漏极电流可以表示为

$$I_d = W\mu qN\varepsilon_x \tag{8.6}$$

式中，ε_x 为横向电场。对上式进行求导，并重新整理，可以得到

$$\frac{1}{I_d}\frac{\delta I_d}{\delta N_t} = \underbrace{\frac{1}{N}\frac{\delta N}{\delta N_t}}_{\text{载流子数量波动}} \pm \underbrace{\frac{1}{\mu}\frac{\delta \mu}{\delta N_t}}_{\text{迁移率波动}} \tag{8.7}$$

这里从数学上分离了两种基本物理机制的漏电流变化。在式（8.7）中，沟道载流子波动 δN 和陷阱数量波动 δN_t 通过电容耦合，产生如下关系：

$$R = \frac{\delta N}{\delta N_t} = -\frac{C_{\text{inv}}}{C_{\text{ox}} + C_{\text{inv}} + \text{CIT}} = -\frac{N}{N + N^*} \tag{8.8}$$

其中

$$N^* = \frac{kT}{q^2}(C_{\text{ox}} + \text{CIT}) \tag{8.9}$$

CIT 为用于界面陷阱耦合电容的 BSIM – CMG 模型参数。式（8.7）中的迁移率项可以用 Matthiessen 规则表示（以 n 沟道器件为例）

$$\frac{1}{\mu} = \frac{1}{\mu_n} + \frac{1}{\mu_{\text{ox}}} = \frac{1}{\mu_n} + \alpha N_t \tag{8.10}$$

式中，μ_n 为沟道中的电子迁移率；α 为氧化物陷阱电荷对迁移率影响的散射参数。将式（8.10）对 N_t 求导，可以得到

$$\frac{\delta \mu}{\delta N_t} = -\alpha \mu^2 \tag{8.11}$$

将式（8.8）和式（8.11）代入式（8.7），可以得到

$$\frac{\delta I_d}{I_d} = \left(\frac{1}{N} \cdot R \pm \alpha \mu\right)\delta N_t \tag{8.12}$$

可以用陷阱密度波动来表示局部电流波动

$$S_{\Delta I_d} = \left(\frac{R}{N} \pm \alpha \mu\right)^2 I_d^2 \cdot S_{\Delta N_t} \tag{8.13}$$

其中，陷阱密度波动为

$$S_{\Delta N_t} = \int_{E_v}^{E_c} \int_0^W \int_0^{T_{\text{ox}}} 4N_t f_t(1 - f_t)\frac{\tau}{1 + \omega^2\tau^2}\mathrm{d}z\mathrm{d}y\mathrm{d}\varepsilon = N_t(E_{\text{fn}}) \cdot \frac{kTW\Delta x}{\gamma f} \tag{8.14}$$

其中，洛伦兹噪声谱与每个单独的陷阱相积分。在上式（8.14）中，γ 是俘获时间常数 τ 与位置相关的指数系数；τ 是栅极氧化物中坐标的指数函数

$$\tau = \tau_0(E)\mathrm{e}^{\gamma z} \tag{8.15}$$

式（8.14）中的积分项产生了 $1/f$ 项。本章参考文献［10］介绍了更多积分项的细节。在漏极，对局部电流波动进行积分，从而得到噪声谱密度

$$S_{\text{id}} = \frac{1}{L^2}\int_0^L \frac{kTI_d^2}{\gamma f}N_t(E_{\text{fn}})\left(\frac{R}{N} \pm \alpha \mu\right)^2\mathrm{d}x$$

$$= \frac{1}{L^2} \int_0^L \frac{kTq\mu}{\gamma f} N_t(E_{fn}) \left(1 + \frac{\alpha\mu N}{R}\right)^2 \frac{R^2}{N} dV \tag{8.16}$$

用三个参数 A、B 和 C 将陷阱密度表示为载流子密度的抛物线函数

$$N_t^*(E_{fn}) = N_t(E_{fn})\left(1 \pm \frac{\alpha\mu N}{R}\right)^2 = A + BN + CN^2 \tag{8.17}$$

然后在式（8.16）中进行积分，得到线性（晶体管）区域的漏极噪声谱密度表达式

$$S_{id} = \frac{kTq^2 I_d \mu}{a\gamma f L^2 C_{ox}}\left[A\ln\left(\frac{N_0 + N^*}{N_L + N^*}\right) + B(N_0 - N_L) + \frac{1}{2}C(N_0^2 - N_L^2)\right] \tag{8.18}$$

其中，N_0 和 N_L 分别为源极和漏极的载流子密度

$$N_0 = \frac{C_{ox} \cdot q_{is}}{q} \tag{8.19}$$

$$N_L = \frac{C_{ox} \cdot q_{id}}{q} \tag{8.20}$$

式中，S_{id} 表示晶体管区的噪声。在截断区域，简单地将式（8.17）代入式（8.16）中，仅在 $x = L$ 时计算被积函数，并用 ΔL_{clm}（沟道长度调制距离）代替 dx，可以得到

$$S_{id} = \Delta L_{clm} \cdot \frac{kT I_d^2}{\gamma f W L^2} \frac{A + B N_L + C N_L^2}{(N_L + N^*)^2} \tag{8.21}$$

其中

$$\Delta L_{clm} = l \cdot \ln\left[\frac{1}{E_{sat,noi}} \cdot \left(\frac{V_{ds} - V_{dseff}}{l} + EM\right)\right] \tag{8.22}$$

式中，EM 为 BSIM-CMG 中表示沟道长度调制效应的模型参数；$E_{sat,noi}$ 为用于噪声建模的饱和区电场。在 BSIM-CMG 中，通过添加式（8.18）和式（8.21），实现了强反型区域最终统一的闪烁噪声表达式

$$S_{si} = \frac{kTq^2\mu_{eff}I_{ds}}{C_{ox}L_{eff,noi}^2 \cdot f^{EF} \times 10^{10}} \cdot FN1 + \frac{kT I_{ds}^2 \Delta L_{clm}}{W_{eff} \cdot NFIN_{total} \cdot L_{eff,noi}^2 \cdot f^{EF} \times 10^{10}} \cdot FN2 \tag{8.23}$$

式中，$\gamma = 10^{10}$ 由实验得到。虽然理论上闪烁噪声正比于 $1/f$，但可调参数 EF 允许模型斜率稍微偏移单位 1。FN1 和 FN2 可以表示为

$$FN1 = NOIA \cdot \ln\left(\frac{N_0 + N^*}{N_L + N^*}\right) + NOIB \cdot (N_0 - N_L) + \frac{NOIC}{2}(N_0^2 - N_L^2) \tag{8.24}$$

$$FN2 = \frac{NOIA + NOIB \cdot N_L + NOIC \cdot N_L^2}{(N_L + N^*)^2} \tag{8.25}$$

式中，NOIA、NOIB 和 NOIC 都是常数。在弱反型区，可以使用相同的 S_{id} 表达式，但 $Q-V$ 关系不同。亚阈值噪声表达式可通过式（8.16）求得

$$\frac{\mathrm{d}N}{\mathrm{d}V} = -\beta \qquad (8.26)$$

弱反型区 S_{id} 为

$$S_{wi} = \frac{\text{NOIA} \cdot kT \cdot I_{ds}^2}{W_{eff} \cdot \text{NFIN}_{total} \cdot L_{eff,noi} \cdot f^{EF} \times 10^{10} N^{*2}} \qquad (8.27)$$

将弱反型区式（8.27）和强反型区式（8.23）与谐波平均值公式相结合

$$S_{id,flicker} = \frac{S_{wi} S_{si}}{S_{wi} + S_{si}} \qquad (8.28)$$

上述表达式在 BSIM – CMG 和其他用于闪烁噪声计算的 BSIM 模型中都可以实现。

8.4 其他噪声分量

MOS 器件中的寄生电阻也会产生噪声。当 RDSMOD = 0 时，在沟道热噪声表达式（8.5）中，需要考虑源极和漏极电阻热噪声；另一方面，当 RDSMOD = 1 时，源极和漏极电阻建模为电阻器件。在这种情况下，利用式（8.1），结合 R_{source} 和 R_{drain} 对热噪声建模

$$\frac{\overline{i_{RS}^2}}{\Delta f} = 4kT \cdot \frac{1}{R_{source}} \qquad (8.29)$$

$$\frac{\overline{i_{RD}^2}}{\Delta f} = 4kT \cdot \frac{1}{R_{drain}} \qquad (8.30)$$

式中，$\overline{i_{RS}^2}$ 和 $\overline{i_{RD}^2}$ 分别为与 R_{source} 和 R_{drain} 并联的噪声电流源。

同样的，如果将栅电极电阻建模为一个电阻器件（RGATEMOD = 1），可以得到

$$\frac{\overline{i_{RG}^2}}{\Delta f} = 4kT \cdot \frac{1}{R_{geltd}} \qquad (8.31)$$

与量子隧穿相关的噪声是散粒噪声。因此，每个栅极电流分量都有一个 $2qI$ 给出的相应的散粒噪声分量，其中 I 为隧穿电流

$$\overline{i_{gs}^2} = 2q(I_{gcs} + I_{gs}) \qquad (8.32)$$

$$\overline{i_{gs}^2} = 2q(I_{gcs} + I_{gs}) \qquad (8.33)$$

$$\overline{i_{gb}^2} = 2qI_{gbinv} \qquad (8.34)$$

8.5 总 结

本章推导了 BSIM – CMG 的热噪声表达式，其中漏极噪声表示为关于总反型电荷的函数。基于统一的模型对闪烁噪声进行了建模，该模型考虑了载流子数量波动和迁移率波动，同时也对栅极隧穿电流产生的散粒噪声进行了建模。最后，在 BSIM – CMG 中适当地考虑了与每个电阻器件相关的热噪声。

参 考 文 献

[1] BSIM4 MOSFET Model User's Manual, Available: http://www-device.eecs.berkeley.edu/bsim/ [Online].

[2] A. Van der Ziel, Gate noise in field effect transistors at moderate high frequencies, Proc. IEEE 51 (3) (1963) 461–467.

[3] J.C.J. Paasschens, A.J. Scholten, R. van Langevelde, Generalizations of the Klaassen-Prins equation for calculating the noise of semiconductor devices, IEEE Trans. Electron Devices 52 (11) (2005) 2463–2472.

[4] A.J. Scholten, L.F. Tiemeijer, R. van Langevelde, R.J. Havens, A.T.A. Zegers-van Duijnhoven, V.C. Venezia, Noise modeling for RF CMOS circuit simulation, IEEE Trans. Electron Devices 50 (3) (2003) 618–632.

[5] J.-S. Goo, W. Liu, C. Chang-Hoon, K.R. Green, Z. Yu, T.H. Lee, R.W. Dutton, The equivalence of van der Ziel and BSIM4 models in modeling the induced gate noise of MOSFETs, in: International Electron Devices Meeting Technical Digest, 2000, pp. 811–814.

[6] Predictive Technology Model (PTM), School of Electrical, Computer, and Electrical Engineering, Arizona State University, Available: http://ptm.asu.edu/ [Online].

[7] S. Christensson, I. Lundstrom, C. Svensson, Low frequency noise in MOS transistors—I theory, Solid-State Electron. 11 (1968) 797.

[8] L.K.J. Vandamme, Model for $1/f$ noise in MOS transistors biased in the linear region, Solid-State Electron. 23 (1980) 317.

[9] K.K. Hung, P. Ko, C. Hu, Y. Cheng, A unified model for the flicker noise in metal-oxide-semiconductor field-effect transistors, IEEE Trans. Electron Devices 37 (3) (1990) 654–665.

[10] K.K. Hung, P.K. Ko, C. Hu, Y.C. Cheng, A physics-based MOSFET noise model for circuit simulations, IEEE Trans. Electron Devices 37 (5) (1990) 1323–1333.

第 **9** 章 »

结二极管*I-V*和*C-V*模型

随着沟道长度的减小，传统的平面体 MOSFET 从源极到漏极，表面下的泄漏电流会增大。界面下方的这一区域受栅极控制较少，受源极－漏极电场控制较多。在平面晶体管中，通过在源极和漏极区域下方植入晕轮以减小这种电流。随着沟道长度的减小，需要增加植入晕轮的数量，几乎将两个极合并在一起。然而，若尺寸继续缩小，则不能使用更多的植入晕轮。半导体工业摆脱了平面晶体管，创造了对多栅晶体管的需求，在多栅晶体管中，沟道的三维特性允许对沟道进行更好的栅极控制。今日，体衬底和绝缘衬底上硅的 FinFET 已经进入大规模生产阶段。

FinFET 的三维特性是通过一系列工艺步骤制造的，这些步骤与传统的体平面 MOSFET 稍有不同。体衬底上的 FinFET 在鳍片下有一部分受栅极控制较弱的区域。来自源极和漏极区域的电场会延伸到鳍片下面的区域，产生表面下的泄漏（尽管与相同沟道长度的平面晶体管相比，其幅度较小）。为了减弱这些电场，在体硅 FinFET 生产中采用了一定数量的穿通阻止注入（Punch - Through Stop，PTS），也称为地平面掺杂[1]。一个 p 型 FinFET 横截面如图 9.1 所示，在实际的鳍片区域下有注入。本征鳍片区域下方的注入将在源/漏极连接区下方进行横向扩散。采用高剂量阱注入会导致结隧穿电流泄漏分量的增加。所以，该区域的掺杂量必须小于或等于阱掺杂量。图 9.2 给出了源漏区下 p 型 FinFET 的截面图，这导致了两种不同的 n 型掺杂 $p^+|n_{pts}|n$ 阱（n_{well}）双结的形成。当施加在该结上的反向偏压增大时（如通过增加正向漏极电压），耗尽区边缘将穿过 n_{pts} 区，也可能进入 n_{well} 区。这导致源/漏极结二极管的行为与在平面体 MOSFET 中观察到的理想均匀掺杂 $p^+|n$ 型阶跃结二极管的行为发生偏差。对结二极管电流而言，由于反向偏压电流相当小，所以这种差异是不可察觉的。因此，BSIM - CMG 中的结二极管电流模型类似于平面体 MOSFET（如 BSIM4 模型）。BSIM - CMG 采用了一种能获得反向击穿和有限串联寄生电阻效应的结二极管电流模型。然而，可以观察到反向偏压结二极管的电容行为明显不同于平面体 MOSFET。本

书提出一种新的结电容模型，用于获得体 FinFET 结区中的这一过程。与 BSIM4 相比，考虑到射频 CMOS 集成电路设计中高次谐波电流的准确度，改进了正向偏压结二极管的电容模型。

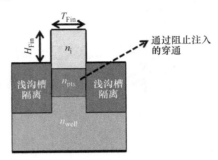

图 9.1　体 p 型 FinFET 的横截面，图中显示在鳍片下通过阻止注入的穿通。图中未显示栅极和氧化物区域

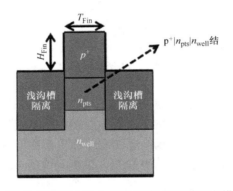

图 9.2　鳍片下方的穿通阻止注入在源/漏极结区域下方横向扩散，产生 $p^+|n_{pts}|$n 阱（n_{well}）结。图中显示了栅极和氧化物区域

9.1　结二极管电流模型

从玻尔兹曼输运模型中，可以得出理想结电流的解析表达式，如下所示：

$$I_{jn} = I_{jn0}(e^{\frac{qV_{jn}}{kT}} - 1) \tag{9.1}$$

式中，V_{jn} 为二极管的电压偏置；I_{jn0} 为结反偏饱和电流。在 BSIM – CMG 中（与平面体 MOSFET 紧凑模型类似），为了对结底或区域器件、浅沟道隔离（Shallow Trench Isolation，STI）侧结或边界器件，以及 MOSFET 栅极边缘器件进行建模，源/漏基结二极管区域被分为三个不同的区域，这些是通过一组不同源端和漏端参数获得的。在下面的内容中，将对源端结二极管电流进行讨论。漏极侧结二极管电流方程类似于源极侧结电流方程，但有一组不同的参数。源端和漏端的不同参数集可以获得源端和漏端结的任何不对称性，如在多指 FinFET 中。

反偏饱和电流可以表示为

$$I_{jns0} = ASEJ \cdot JSS + PSEJ \cdot JSWS + W_{eff} \cdot NF \cdot NFIN \cdot JSWGS \qquad (9.2)$$

式中，ASEJ 为底面积；PSEJ 为结的浅沟道隔离侧边周长；JSS、JSWS 和 JSWGS 分别为底部、浅沟道隔离侧面以及栅极边缘反偏饱和电流密度。在反偏条件下，理想二极管电流公式（9.1）预测了常数的反向饱和电流。然而，实际结二极管中的结电流随着反偏幅度增加而增加（之后会讨论这是因为不同泄漏电流引起的）。并且在达到一定的反偏电压之后，击穿的现象会引起电流的指数增长。对于大的反向偏压，结的耗尽区会经历高电场，电场会加速电子和空穴，从而使更多的电子从材料的晶格中消失，导致电流雪崩。在高电场的类似条件下，在一些高度掺杂的结中，电子可以通过称为隧道效应的量子力学效应从结的一侧跳到另一侧。反向击穿电流在 BSIM—CMG 模型中表示如下：

$$I_{jns} = I_{jns0}(e^{\frac{qV_{es}}{NJS \cdot kT}} - 1) \cdot F_{breakdown} \qquad (9.3)$$

击穿因子 $F_{breakdown}$ 根据经验性可以建模为

$$F_{breakdown} = 1 + XJBVS \cdot e^{-\frac{q(BVS+V_{es})}{NJS \cdot kT}} \qquad (9.4)$$

式中，V_{es} 为衬底到源极的偏置电压。XJBVS 为击穿系数，默认值为 1。如果不想通过模型获得击穿特性，则 XJBVS 可以设置为零。BVS 表示源极 – 衬底的击穿电压。非理想因子 NJS 用于获得结二极管电流模型中与实际二极管相关的任何非理想特性，例如由于结区域中陷阱而产生的额外泄漏电流（稍后讨论）。

在正偏条件下，结二极管电流方程式（9.3）是一个纯指数函数，在 SPICE 模拟器环境中可能产生收敛问题。实际的二极管远不理想，二极管的准中性区存在有限的串联电阻，限制了二极管的电流行为对结偏压的线性关系。反偏击穿的情况也比较类似。在 BSIM—CMG 中，串联电阻的影响是通过使结二极管的电流平稳过渡到与电压偏差有关的线性行为，以及在电流达到或超过一定的绝对值之后获得的。在模型中，对于正向偏压区域，该值由参数 IJTHSFWD 设置，对于反向偏压区域，通过参数 IJTHSREV 设置。所以，结二极管电流公式可分为三个区域，即结二极管电流小于 IJTHSREV、介于 IJTHSREV 和 IJTHSFWD 之间、大于 IJTHSFWD 的区域（见图 9.3）。对于 IJTHSREV 和 IJTHSFWD 之间的区域，式（9.3）描述了结二极管电流。再来考虑结二极管电流大于 IJTHSFWD 的情况。通过将 IJTHSFWD 和 V_{jsmFwd} 代入式（9.3），可以得到发生这种情况时的偏压 V_{jsmFwd}。对相似项进行重新组合，得到如下二次方程：

$$X^2 - BX - C = 0 \qquad (9.5)$$

其中

$$X = e^{\frac{q \cdot V_{jsmFwd}}{NJScotk T}}$$

$$B = 1 + \frac{\text{IJTHSFWD}}{I_{jns0}} - \text{XJBVS} \cdot e^{-\frac{q \cdot BVS}{NJS \cdot kT}}$$

$$C = \text{XJBVS} \cdot e^{-\frac{q \cdot BVS}{NJS \cdot kT}}$$

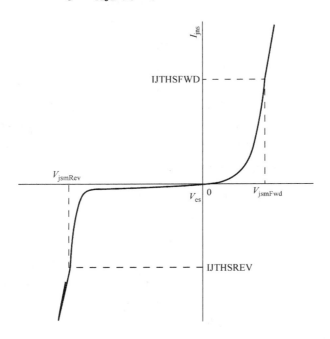

图 9.3 BSIM-CMG 模型中三个区域的结二极管电流

然后，可以求解 V_{jsmFwd} 为

$$V_{jsmFwd} = \frac{NJS \cdot kT}{q} \log\left(\frac{B + \sqrt{B^2 + 4C}}{2}\right) \tag{9.6}$$

然后利用式（9.3）在 $V_{es} = V_{jsmFwd}$ 时的一阶泰勒展开式，得到大于 IJTHSF-WD 时的结二极管电流表达式，如下所示：

$$I_{jns} = \text{IJTHSFWD} + k_{slopeFwd} \cdot (V_{es} - V_{jsmFwd}) \tag{9.7}$$

其中，当 $V_{es} = V_{jsmFwd}$ 时，从式（9.3）的一阶导数可以得到斜率因子 $k_{slopeFwd}$

$$k_{slopeFwd} = \frac{qI_{jns0}}{NJS \cdot kT}\left(e^{\frac{qV_{jsmFwd}}{NJS \cdot kT}} + \text{XJBVS} \cdot e^{-\frac{BVS+V_{es}}{NJS \cdot kT}}\right) \tag{9.8}$$

对于反向偏压，二极管电流方程式（9.3）可以得到反向击穿特性。然而，对于较大的反偏（负 V_{es}），$F_{breakdown}$ 占主导地位，并呈指数级增长。我们采用与

处理正偏行为相似的办法，将结二极管电流进行线性化，来获得串联电阻的影响。在反向击穿时，结二极管电流可近似表示为

$$I_{\text{jns,rev}} = I_{\text{jns0}} F_{\text{breakdown}} \tag{9.9}$$

通过将 $I_{\text{jns,rev}} = \text{IJTHSREV}$ 和 $V_{\text{es}} = V_{\text{jsmRev}}$ 代入上述等式，可以得到将其转变为线性行为的偏压 V_{jsmRev}。最终得到

$$V_{\text{jsmRev}} = -\text{BVS} - \frac{\text{NJS} \cdot kT}{q} \log\left(\frac{\text{IJTHSREV} - I_{\text{jns0}}}{\text{XJBVS} \cdot I_{\text{jns0}}}\right) \tag{9.10}$$

利用式（9.9）在 $V_{\text{es}} = V_{\text{jsmRev}}$ 时的一阶泰勒展开式，可以求出小于 IJTH-SREV 的反偏结二极管电流

$$I_{\text{jns}} = \left(\text{e}^{\frac{qV_{\text{es}}}{\text{NJS} \cdot kT}} - 1\right)\left[\text{IJTHSREV} + k_{\text{slopeRev}}(V_{\text{es}} - V_{\text{jsmRev}})\right] \tag{9.11}$$

最后，给出了 BSIM – CMG 模型中源极二极管结总电流如下：

$$I_{\text{jns}} = \begin{cases} \left(\text{e}^{\frac{qV_{\text{es}}}{\text{NJS} \cdot kT}} - 1\right)\left[\text{IJTHSREV} + k_{\text{slopeRev}} \cdot (V_{\text{es}} - V_{\text{jsmRev}})\right], & V_{\text{es}} < V_{\text{jsmRev}} \\ I_{\text{jns0}}\left(\text{e}^{\frac{qV_{\text{es}}}{\text{NJS} \cdot kT}} - 1\right) \cdot F_{\text{breakdown}}, & V_{\text{jsmRev}} < V_{\text{es}} < V_{\text{jsmFwd}} \\ \text{IJTHSFWD} + k_{\text{slopeFwd}} \cdot (V_{\text{es}} - V_{\text{jsmFwd}}), & V_{\text{es}} > V_{\text{jsmFwd}} \end{cases} \tag{9.12}$$

9.1.1 反偏附加泄漏模型 ★★★

众所周知，MOSFET 中的结二极管会出现三种不同的漏电流现象。

首先，大家知道电子和空穴产生复合陷阱中心会导致肖克利里德霍尔（Shockley – Reed – Hall ，SRH）电流。这些陷阱中心的存在是由于杂质和在结形成过程中形成的硅中的物理晶格缺陷。半导体制造的步骤，如退火，需要努力保持这些陷阱中心的密度低于一定的限度。在这些陷阱中，只有落入结耗尽区的陷阱才会导致泄漏电流的产生。在正偏工作模式下，这些陷阱有助于净电子空穴复合，而在反偏工作模式下，则会产生净电子空穴。耗尽区的内置电场有助于分离/重新组合电子霍尔对，从而产生肖克利里德霍尔漏电流。

由于带 – 带隧穿，重掺杂（$10^{19}\,\text{cm}^{-3}$）结也会产生泄漏电流。当内置电场超过 10MV/cm 时，就会产生基于带 – 带隧穿的电流。这种量子过程发生时，并没有借助于跨物理薄势垒区的陷阱。这个电流分量正比于 $E_{\text{dep,max}}^2 \text{e}^{\frac{1}{E_{\text{dep,max}}}}$，其中 $E_{\text{dep,max}}$ 式耗尽区内最大电场的幅度。反向偏压下的电场高于正向偏压下的电场，因此带 – 带隧穿电流也较高。然而，在现代 CMOS 器件中，通常可以避免如此高的掺杂量，以使这种泄漏分量得到良好的控制。出于这个原因，在模型中并没有包括这个分量。

最后，上述的陷阱中心也有助于电子和空穴在结中穿过耗尽区的隧穿。在二

极管的反偏工作区中（也就是在较高的内建电场情况下），陷阱辅助隧穿（Trap – Assisted Tunneling，TAT）泄漏电流分量是十分重要的。可以将陷阱辅助隧穿电流视为电场增强的肖克利里德霍尔电流。在此条件下，二极管 p 型区价带的电子跃迁到耗尽区的陷阱中，或跃迁到 n 型区的导带中。隧穿概率与跃迁物理距离呈指数关系。在这种情况下，两步陷阱辅助跃迁比一步从 p 型跃迁到 n 型区域具有更高的概率。在先进的 CMOS 工艺中，这种反偏操作下的漏电流分量占主导地位，导致泄漏电流随偏置电压的升高而增大，而不同于理想二极管反向偏压下的饱和行为。

上述三种漏电现象均存在于正偏模式和反偏模式的结电流中。在正向偏压情况下，只有在二极管打开之前，低偏压时才能看到泄漏电流的影响，而此时模型的准确度是不可预期的。为此，为了节省模型计算时间，不同于之前独立的方程组，对前一节讨论的结二极管电流方程提出了非理想因子形式的修正。该非理想因子可以通过在式（9.3）中使用参数 NJS 获得。然而，在反偏工作区中，与二极管反向饱和电流相比，漏极电流更为显著（体现在幅度以及与偏置电压相关的行为），使用半经验模型来获得肖克利里德霍尔和陷阱辅助隧穿漏电流。

本章参考文献 [2，3] 总结了场增加的肖克利里德霍尔（陷阱辅助隧穿漏）电流为

$$I_{\text{jn,TAT}} = \int_{\text{耗尽区}} K_{\text{SRH}} \cdot (1 + \varGamma_{\text{TAT}}) \cdot \frac{e^{\frac{V_{\text{jn}}}{kT}} - 1}{e^{\frac{\psi + 0.5V_{\text{jn}}}{kT} + \frac{-\psi + 0.5V_{\text{jn}}}{kT}} + 2} \cdot d\psi \qquad (9.13)$$

式中，K_{SRH} 为耗尽区的肖克利里德霍尔电子/空穴俘获截面和俘获密度；$\varGamma_{\text{TAT}}$ 为考虑陷阱辅助隧穿漏电流的场增强系数；V_{jn} 为通过结的偏压。不幸的是，式（9.13）中的积分没有解析解，必须借助一些近似来获得一个解析解。虽然本章参考文献 [3] 证明了 $\varGamma_{\text{TAT}}$ 是一个场相关函数，但还是将它近似为一个常数。积分内分母中的项可以替换为发生在金属接触处的最大值。然后可以得到积分的闭合表达式，并且肖克利里德霍尔和陷阱辅助隧穿结电流总和可以表示为

$$I_{\text{jn,TAT}} = K_{\text{SRH}} \cdot (1 + \varGamma_{\text{TAT}}) \cdot W_{\text{dep}} \cdot (e^{\frac{V_{\text{jn}}}{2kT}} - 1) \qquad (9.14)$$

式中，W_{dep} 为耗尽区宽度。由于与其他项相比，W_{dep} 是一个与结偏压关系较弱的函数，因此如果假设它也是一个常数，也不会损失太多的准确度。在 BSIM – CMG 模型中，到目前为止，由于在推导过程中所做的假设而导致的准确度损失是通过引入调整参数来弥补的。在 BSIM – CMG 模型中，源极结的反向漏电流由下式（9.15）得出：

$$I_{\text{jn,es,TAT}} = -\text{ASEJ} \cdot \text{JTSS} \cdot (e^{\frac{qV_{\text{es}}}{\text{NJTS} \cdot kT} \frac{\text{VTSS}}{\text{VTSS} - V_{\text{es}}}} - 1) - \text{PSEJ} \cdot \text{JTSSWS} \cdot$$
$$(e^{\frac{qV_{\text{es}}}{\text{NJTSSW} \cdot kT} \frac{\text{VTSSWS}}{\text{VTSSWS} - V_{\text{es}}}} - 1) - \text{NF} \cdot \text{NFIN} \cdot W_{\text{eff0}} \cdot \text{JTSSWGS} \cdot (e^{\frac{qV_{\text{es}}}{\text{NJTSSWG} \cdot kT} \frac{\text{VTSSWGS}}{\text{VTSSWGS} - V_{\text{es}}}} - 1)$$

$$(9.15)$$

式中，JTSS、JTSSWS 和 JTSSWGS 为底部区域、浅沟道隔离侧边界和栅侧边界结的指数前调整因子；NJTS、NJTSSW 和 NJTSSWG 为相应的非理想因子，式（9.14）中观察到的理想值等于2。V_{es} 为结衬底到源极的偏置电压。指数内的项乘以与附加偏差相关的系数 VTX/（VTX − V_{es}），以确保指数项的影响在正向偏压操作下迅速降至零。这是因为已经通过式（9.3）中的非理想因子 NJS 考虑了肖克利里德霍尔泄漏分量的影响。通过式（9.15）中使用的调谐参数，介绍了肖克利里德霍尔和陷阱辅助隧穿结电流泄漏器件的温度关系，并将在后面讨论。漏极反向泄漏电流可以用一组类似于上述的方程来描述。

9.2 结二极管电荷/电容模型

如本章引言中所述，由于在鳍片区下方存在穿通阻止注入时形成的双结，因此可以观察到 FinFET 的结电容行为与平面体 MOSFET 的结电容行为不同。例如，如图 9.4 所示，具有穿通阻止的 FinFET 源漏结的反偏结电容 $1/C_{jn}^2$ 与 V_{jn} 曲线偏离了不具有穿通阻止的 FinFET 源漏结的线性行为。该曲线的斜率与耗尽区边缘的 n 型掺杂呈反比。当使用穿通阻止注入时，FinFET 源漏结往往呈现两种不同的斜率和更高的结电容。接下来，将尝试在一个新的结二极管电荷/电容模型中获得这种行为。

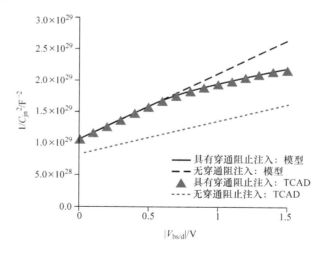

图 9.4　与理想的突变结的单斜率相比，在 $1/C_{jn}^2$ 与 V_{jn} 曲线中，
$p^+ \mid n_{pts} \mid n_{well}$ 结展现出两个斜率。所使用的掺杂值为 $p^+ = 3 \times 10^{20} \, \text{cm}^{-3}$，$n_{pts} = 10^{18} \, \text{cm}^{-3}$，
$n_{well} = 3 \times 10^{18} \, \text{cm}^{-3}$。线条表示模型得到的结果，符号表示从 TCAD 中得到的仿真结果

9.2.1 反偏模型 ★★★

以类似于对结二极管电流进行讨论的方式，因为漏极结的假设和推导也是相似的，所以在本节中将只讨论源极结。首先，在反偏情况下，将利用单结 pn 二极管电容模型推导结电荷模型[2]。从描述二极管 p 型和 n 型区域中电荷载流子静电的泊松方程出发，利用下式给出结耗尽深度：

$$W_{\mathrm{dep,jn}} = W_{\mathrm{dep0}} \cdot \left(1 - \frac{V_{\mathrm{es}}}{\mathrm{PBS}}\right)^{\mathrm{MJS}} \tag{9.16}$$

式中，V_{es} 为源极结上的电压；W_{dep0} 为零偏置时结耗尽的宽度；PBS 为源极结的内建电压；MJS 为结掺杂分级系数（对于理想的突变结，MJS 为 0.5）。结电容可以表示为

$$C_{\mathrm{jes}} = \frac{\varepsilon_0 \varepsilon_{\mathrm{r}}}{W_{\mathrm{dep,jn}}} = \frac{C_{\mathrm{jes0}}}{\left(1 - \frac{V_{\mathrm{es}}}{\mathrm{PBS}}\right)^{\mathrm{MJS}}} \tag{9.17}$$

式中，ε_{r} 为结材料的相对介电常数；C_{jes0} 为零偏置结电容。通过对上式进行积分，可以得到结耗尽电荷密度

$$Q_{\mathrm{es}} = \frac{C_{\mathrm{jes0}}\mathrm{PBS}}{1 - \mathrm{MJS}} \left[1 - \left(1 - \frac{V_{\mathrm{es}}}{\mathrm{PBS}}\right)\right]^{1-\mathrm{MJS}} \tag{9.18}$$

为了获得双结效应，特别是观测电容斜率的变化，如前所示，上述电荷模型可以表示为

$$Q_{\mathrm{es,rev}} = \begin{cases} C_{\mathrm{j01}}\mathrm{PBS} \dfrac{1 - \left(1 - \frac{V_{\mathrm{es}}}{\mathrm{PBS}}\right)^{1-\mathrm{MJS}}}{1 - \mathrm{MJS}} & ,0 < V_{\mathrm{es}} < V_{\mathrm{ec}} \\[4mm] C_{\mathrm{j01}}\mathrm{PBS} \dfrac{1 - \left(1 - \frac{V_{\mathrm{es}}}{\mathrm{PBS}}\right)^{1-\mathrm{MJS}}}{1 - \mathrm{MJS}} + C_{\mathrm{j02}}\mathrm{PBS2} \dfrac{1 - \left(1 - \frac{V_{\mathrm{es}} - V_{\mathrm{ec}}}{\phi_{\mathrm{b2}}}\right)^{1-\mathrm{MJS2}}}{1 - \mathrm{MJS2}} & ,V_{\mathrm{ec}} < V_{\mathrm{es}} \end{cases} \tag{9.19}$$

式中，C_{j01} 和 C_{j02} 为零偏置电容值；PBS 和 PBS2 为 $p^+|n_{\mathrm{well}}$ 和 $p^+|n_{\mathrm{pts}}$ 结的势垒高度。MJS 和 MJS2 表示 $p^+|n_{\mathrm{well}}$ 和 $p^+|n_{\mathrm{pts}}$ 结的梯度。可以观察到式（9.19）中的第一项与单结二极管中的第一项相同。式（9.19）在交叉电压 $V_{\mathrm{es}} = V_{\mathrm{ec}}$ 时保持了电荷的连续性。为了准确预测模拟/RF 电路仿真中晶体管输出的高次谐波，还需要确定电荷的第一导数和第二导数的连续性。式（9.19）中电荷的一阶导数（也是结电容）在 $V_{\mathrm{es}} = V_{\mathrm{ec}}$ 时也保持了连续性，可以得到

$$C_{\mathrm{j01}} \left(1 - \frac{V_{\mathrm{es}}}{\mathrm{PBS}}\right)^{-\mathrm{MJS}} = C_{\mathrm{j02}} \tag{9.20}$$

确保电荷的二阶导数（电容的一阶导数）在 $V_{\mathrm{es}} = V_{\mathrm{ec}}$ 处的连续性会产生以下

情况：

$$C_{j01} \text{MJS} \frac{\left(1 - \dfrac{V_{ec}}{\text{PBS}}\right)^{-1-\text{MJS}}}{\text{PBS}} = \frac{C_{j02} \text{MJS2}}{\text{PBS2}} \qquad (9.21)$$

这些条件下，式（9.20）和式（9.21）被分解为各自的参数提取过程。在结电容曲线中，$1/C_{jn}^2 - V_{es}$（见图9.4）与单结二极管类似，利用穿过穿通阻止注入区的耗尽边缘的第一个斜率区，来提取参数 C_{j01}、PBS 和 MJS 的值。在与 n_{well} 区域（第二斜率区域）相对应的其余四个参数（V_{ec}、C_{j02}、PBS2 和 MJS2）中，式（9.20）和式（9.21）允许灵活地使用其中的两个。选择 C_{j02} 和 PBS2 分别表示穿通阻止注入 n_{well} 区域边界的深度和 n_{well} 区域的掺杂浓度。然后，通过使用为 C_{j02} 和 MJS2 选择的值来求解式（9.20）和式（9.21），从而确定参数 V_{ec} 和 PBS2

$$V_{ec} = \text{PBS} \cdot \left[1 - \left(\frac{C_{j01}}{C_{j02}}\right)^{\frac{1}{\text{MJS}}}\right] \qquad (9.22)$$

$$\text{PBS2} = \frac{\text{PBS} \cdot \text{MJS2} \cdot C_{j02}}{C_{j01} \cdot \text{MJS} \cdot \left(1 - \dfrac{V_{ec}}{\text{PBS}}\right)^{-1-\text{MJS}}} \qquad (9.23)$$

然后，由导数 dQ_{es}/dV_{es} 给出结电容，如下所示：

$$C_{jes,rev} = \begin{cases} C_{j01}\left(1 - \dfrac{V_{es}}{\text{PBS}}\right)^{-\text{MJS}} & ,0 < V_{es} < V_{ec} \\ C_{j02}\left(1 - \dfrac{V_{es} - V_{ec}}{\text{PBS2}}\right)^{-\text{MJS2}} & ,V_{ec} < V_{es} \end{cases} \qquad (9.24)$$

为了验证模型，使用 TCAD 仿真图9.2 中的结构[4]。选择源/漏极区域 p^+ 掺杂为 $3 \times 10^{20} \text{cm}^{-3}$。$n_{pts}$ 和 n_{well} 区域的掺杂浓度分别为 10^{18}cm^{-3} 和 $3 \times 10^{18} \text{cm}^{-3}$。从源/漏极和衬底上提取两个终端电容。从图9.4 中，可以观察到交叉电压 V_{bc} 大约出现在反偏结电压0.6V 的附近，其中 $1/C_{jn}^2$ 在图9.4 中的斜率变化反映了耗尽区边缘的掺杂。对于这类结，式（9.24）中的导出模型显示了与 TCAD 仿真（见图9.4）良好的一致性（在参数调整后）。

9.2.2 正偏模型 ★★★◀

式（9.19）和式（9.24）中的电荷/电容模型对于电压 V_{es} 接近 PBS，即二极管正偏时无效。在实际二极管中，准中性区的串联电阻控制并限制了结的实际电压降（或者更确切地说，是在金属接触结两侧的耗尽边缘）。在式（9.24）中将得到非常大的值，这使得在紧凑模型框架中实现变得非常困难。出于这个原因，行业标准的紧凑模型采用的是正偏区域的近似值。例如，BSIM4 使用二次方程来描述正偏的结电荷（即结电容是线性的）。对于 p 型场效应晶体管，正偏结电荷基本上是由式（9.24）的泰勒级数展开式得出的，在 $V_{es} = 0V$ 时可达到二阶

$$Q_{es,fwd} = C_{j01} \cdot V_{es} + \frac{C_{j01}MJS}{2PBS}V_{es}^2, \text{当 } V_{es} < 0 \text{ 时} \tag{9.25}$$

式（9.25）和式（9.19）确保了结电荷及其在 $V_{es} = 0V$ 附近一阶导数电容的连续性。然而，总结电荷的三阶导数存在不连续性，即当 $V_{bs/d} = 0V$ 时的 $d^3 Q_{es}/dV_{es}^3$。由于紧凑模型的收敛性，这种不连续性并不是大家主要关注的问题。为了保证收敛，SPICE 模拟器只需要具备电荷二阶导数的连续性。然而，对于致力于精确预测高阶互调失真的射频设计界来说，必须准确预测带外发射的无线发射机，理想状态是希望电荷连续性高达六阶以上。例如，在无源混频器中，场效应晶体管在源极 - 漏极电压 $V_{ds} = 0V$ 时，严格工作在线性区域中。对于这类混频器，如果场效应晶体管的体接地，则在混频过程中源漏结上的电压也集中在 0V 左右。式（9.19）和式（9.25）组合在一起时的不连续性将导致对高阶互调产物的错误预测。这可以通过一个简单的谐波平衡仿真来验证，其中一个单音射频激励输入到场效应晶体管的源极，其栅极电压设置为高于阈值的电压。之后可以观察漏极电流谐波含量中的功率。低功率输入时，第 n 次谐波分量功率对输入功率的斜率为 n。任何与源极和漏极有关的不连续或模型对称问题都会产生错误的斜率。在图 9.5 中，展示了对具有对称结构，但利用上述结电荷/电容模型进行此类测试的结果。正如预期的那样，可以看到四次谐波和五次谐波输出功率的斜率偏差。为了纠正这个问题，提出一个替代模型，该模型不是将泰勒级数在 $V_{es} = 0V$ 附近展开，而是将过渡点进一步推向正偏状态。在 $V_{es} = k \cdot PBS$ 周围进行二次泰勒级数展开，如下所示：

$$Q_{es,fwd} = C_{j01}PBS\frac{(1-k)^{1-MJS}}{1-MJS} + C_{j01}(1-k) - MJS \cdot (V_{es} + k \cdot PBS) \cdots$$

$$+ C_{j01}MJS\frac{(1-k)^{-1-MJS}}{2PBS} \cdot (V_{es} + k \cdot PBS)^2, \text{当 } V_{es} < -k \cdot PBS \text{ 时} \tag{9.26}$$

为了实现 BSIM - CMG 的应用目的，选择 $k = 0.9$。这种改变提高了高阶互调产物的准确度。对 BSIM - CMG 中的结电容进行修正，无源混频器的谐波平衡仿真结果如图 9.6 所示。正如预期的那样，这个模型预测出了 MOSFET 中高达五分之一谐波含量的精确斜率。在非常高的正偏情况下，持续的不连续性不应该是一个问题。考虑到二极管电流与偏置电压 V_{es} 呈指数关系，所有的电压降都将穿过寄生源极 - 漏极电阻或衬底网络电阻，限制结二极管上产生较高的电压降。

完整的结电荷模型可以表示为

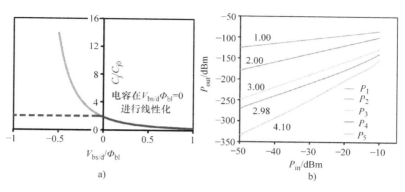

图　9.5

a）利用式（9.25）中线性化得到的结电容的一阶导数　b）p 型 MOSFET 无源混频器结构的谐波平衡测试结果表明，四次和五次谐波输出功率的斜率存在错误

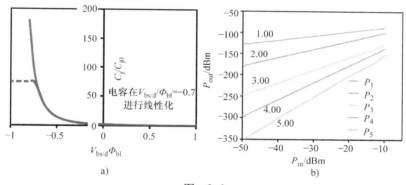

图　9.6

a）利用式（9.26）中 $k = 0.7$ 的线性化得到的结电容的一阶导数

b）p 型 MOSFET 无源混频器的谐波平衡测试结果表明，四次和五次谐波输出功率的斜率是正确的

$$
Q_{es} = \begin{cases}
C_{j01} \text{PBS} \dfrac{(1-k)^{1-\text{MJS}}}{1-\text{MJS}} + C_{j01}(1-k)^{\text{MJS}} \cdot (V_{es} + k \cdot \text{PBS}) \cdots \\
\quad + C_{j01} \text{MJS} \dfrac{(1-k)^{-1-\text{MJS}}}{2\text{PBS}} \cdot (V_{es} + k \cdot \text{PBS})^2, \quad V_{es} < -k \cdot \text{PBS} \\[4mm]
C_{j01} \text{PBS} \dfrac{1 - \left(1 - \dfrac{V_{es}}{\text{PBS}}\right)^{1-\text{MJS}}}{1-\text{MJS}}, \quad -k \cdot \text{PBS} < V_{es} < V_{ec} \\[4mm]
C_{j01} \text{PBS} \dfrac{1 - \left(1 - \dfrac{V_{es}}{\text{PBS}}\right)^{1-\text{MJS}}}{1-\text{MJS}} + C_{j02} \text{PBS2} \dfrac{1 - \left(1 - \dfrac{V_{es} - V_{ec}}{\text{PBS2}}\right)^{1-\text{MJS2}}}{1-\text{MJS2}}, \quad V_{ec} < V_{es}
\end{cases}
$$

$$(9.27)$$

由 dQ_{es}/dV_{es} 得到的结电容为

$$
C_{jes} = \begin{cases}
\dfrac{C_{j01}}{(1-k)^{1-MJS}} + \dfrac{C_{j01}\,MJS}{PBS\,(1-k)^{1+MJS}} \cdot (V_{es}+k\cdot PBS) & ,V_{es} < -k\cdot PBS \\[3mm]
C_{j01}\left(1-\dfrac{V_{es}}{PBS}\right)^{-MJS} & ,-k\cdot PBS < V_{es} < V_{ec} \\[3mm]
C_{j02}\left(1-\dfrac{V_{es}-V_{ec}}{PBS2}\right)^{-MJS2} & ,V_{ec} < V_{es}
\end{cases}
$$

(9.28)

与结二极管电流模型类似，结二极管的电容分为三个部分：底部区域、浅沟道隔离边界和栅极边缘分量。到目前为止，每个分量都是用通用描述来说明的，用独立的参数来描述每一个分量的变化。在上述公式中对于底部区域、浅沟道隔离边界和栅极边缘分量，C_{j01} 分别用 ASEJ·CJS、PSEJ·CJSWS 和 NF·NFIN·W_{eff0}·CJSWGS 替换。

同样的，PBS、PBSWS 和 PBSWGS 表示内建电动势，MJS、MJSWS 和 MJSWGS 分别表示相应的结掺杂梯度分量。在 BSIM-CMG 模型中，相对于 C_{j01}，利用 C_{j02} 这个新的参数进行描述：$C_{j02}=SJS\cdot C_{j01}$。出于这个考虑，SJS、SJSWS 和 SJSWGS 分别为对应二极管的参数。MJS2、MJSWS2 和 MJSWGS2 为描述每一个分量中第二个结掺杂梯度的参数。如果在一个工艺节点中，第二个结影响不强，则可以方便地将 SJS、SJSWS 和 SJSWGS 设置为零。这将把模型转换为默认的单突变结二极管电容。

参 考 文 献

[1] K. Okano, T. Izumida, H. Kawasaki, A. Kaneko, A. Yagishita, T. Kanemura, M. Kondo, S. Ito, N. Aoki, K. Miyano, T. Ono, K. Yahashi, K. Iwade, T. Kubota, T. Matsushitaand, I. Mizushima, S. Inaba, K. Ishimaru, K. Suguro, K. Eguchi, Y. Tsunashima, H. Ishiuchi, Process integration technology and device characteristics of CMOS FinFET on bulk silicon substrate with sub-10 nm fin width and 20 nm gate length, in: International Electron Devices Meeting Technical Digest (IEDM), 2005, pp. 721–724.

[2] S.M. Sze, K.K. Ng, Physics of Semiconductor Devices, Wiley, New York, 2006.

[3] G.A.M. Hurkx, D.B.M. Klaassen, M.P.G. Knuvers, A new recombination model for device simulation including tunneling, IEEE Trans. Electron Devices 39 (2) (1992) 331–338.

[4] Sentaurus Device, Synopsys, Inc., 2013.

第 ⑩ 章

紧凑模型的基准测试

正如第 1 章所讨论的，对电路仿真而言，紧凑模型是十分重要的。紧凑模型不仅必须满足准确度的要求，而且必须在数学和物理上对仿真的收敛具有鲁棒性。电路模拟器在寻找网络基尔霍夫电流定律和基尔霍夫电压定律的解的同时，不断地使用网络中存在器件的紧凑模型。一个行为良好的紧凑模型增加了求解的几率。因此，在将紧凑模型放置到电路模拟器中之前，对其收敛性的鲁棒性测试也是非常重要的。如果要在射频和模拟电路设计中使用紧凑模型，那么测试就显得尤为重要。这是因为射频/模拟电路仿真需要一种更先进的仿真算法，如谐波平衡，而这些算法对紧凑的收敛模型提出了更严格的要求。那么，如何测试紧凑模型的收敛性呢？一种简单的方法是通过渐进正确性原理对紧凑模型进行测试。这将检查模型在极端输入条件下的行为是否如预期所示。另一种更复杂的评估紧凑模型物理行为的方法是通过多种基准测试来实现的[1-7]，这些测试旨在检查紧凑模型的不同方面。本章将讨论渐进校正原理和不同的基准测试。以 BSIM - CMG 模型为例，将对其进行基准测试。

10.1　渐近正确性原理

渐近正确原理是一个检查紧凑模型中潜在问题的简单原则。由于模型输入（如器件几何结构、温度或偏置）达到极限值（或者非常大，或者非常小），所以模型公式应以物理方式运行，不应存在任何数值问题。下面的简单例子说明了这个原理。

正偏二极管电流随外加电压升高呈指数增长，并表示为

$$I = I_0 e^{V_a/V_{th}} \tag{10.1}$$

式中，V_a 为施加的电压；V_{th} 为热电压；I_0 为模型参数。虽然该式能很好地拟合测量数据，但它也可以预测零外加偏压下的非零电流。这显然是不符合物理规律的，而且明显违反了渐进正确性原理。一个更好的二极管电流模型可以表示为

$$I = I_0 (e^{V_a / V_{th}} - 1) \tag{10.2}$$

式（10.2）确保在零偏压时存在零电流，并构成一个渐进正确性模型。绝缘体 MOSFET 与热电阻 R_{TH} 器件几何关系的模型是另一个显著例子。随着器件面积和周长的增加，R_{TH} 相应减小[8]。一个简单的建模方法可以表示为

$$R_{TH} = \frac{R_{THA}}{WL} + \frac{R_{THP}}{W + L} \tag{10.3}$$

式中，R_{THA} 和 R_{THP} 为拟合参数；W 和 L 分别为器件的宽度和长度。式（10.3）中分母 WL 表示器件面积，$(W + L)$ 表示器件周长。虽然式（10.3）可以满足有限的一些器件数据，但当 L 或 W 中的一个减小到极小值时，因为它可以预测较大值的一个热电阻，所以该式将以非物理方式表现。从物理角度考虑，因为热导可以在器件的边界上产生，所以如果 W 或 L 变小，则 R_{TH} 也表现为一个有限值。所以，该模型存在渐进错误。可以把热导更好地表示为

$$R_{TH} = \frac{1}{G_{TH}} = \frac{1}{G_{THA} WL + G_{THP}(W + L)} \tag{10.4}$$

式中，G_{THA} 和 G_{THP} 为拟合参数。式（10.4）具有良好的渐近性，是一个比式（10.2）更好的模型。总的来说，渐进正确性原理是为了在偏置、几何尺寸等极端输入条件下检验模型的物理完备性。

10.2 基准测试

基准测试是使用模型进行的特定类型的仿真。将输出与物理上正确的结果进行比较，以了解紧凑模型的工作原理。多年来，研究者们设计了一些基准测试来检查紧凑模型的各个方面，具体内容将在以下小节中进行讨论。

10.2.1 弱反型区和强反型区的物理行为验证 ★★★

这些测试检查了模型在弱反型区和强反型区的物理行为是否正确。强反型区显然是十分重要的。然而，随着先进工艺节点中电源电压的不断下降，弱反型区的工作状态也变得越来越重要。此外，模拟/射频器件通常偏置在弱反型区（参考第 2 章），进一步增加了其重要性。弱反型区和强反型区的基准测试通常包括斜率比测试、输出电导测试和体反型测试，将在以下内容中进行讨论。

1. 斜率比（Slope Ratio，SR）测试

该测试检查了在弱反型区和强反型区中，紧凑模型是否考虑了不同漏极 - 源极电压 V_{ds} 与漏极 - 源极电流 I_{ds} 的关系。在弱反型区中，V_{ds} 和 I_{ds} 的关系可以表示为

$$I_{ds} \propto \left[1 - e^{-(V_{ds} / V_{th})} \right] \tag{10.5}$$

式中，V_{th}为热电压。在强反型区（线性条件下），I_{ds}为关于V_{ds}的线性函数。为了验证紧凑模型是否包含这一重要差异，从弱反型区到强反型区持续计算了斜率比。斜率比被定义为

$$SR = \frac{(I_{ds2} + I_{ds1})(V_{ds2} - V_{ds1})}{(I_{ds2} - I_{ds1})(V_{ds2} + V_{ds1})} \tag{10.6}$$

式中，I_{ds1}和I_{ds2}分别为V_{ds1}和V_{ds2}时的漏极 – 源极电流。在室温下，从弱反型区到强反型区，斜率比应平稳单调地从接近 1.3 下降到 1.0。从弱反型区到强反型区的斜率比变化可以通过在各自区域利用正确的V_{ds}与I_{ds}的关系来计算。

如图 10.1 所示，BSIM – CMG 模型通过了这一测试，从模型计算出的斜率比在上述值之间确实平稳变化。需要注意的是，弱反型区中的斜率比值取决于温度，这是因为式（10.5）中存在热电压V_{th}。

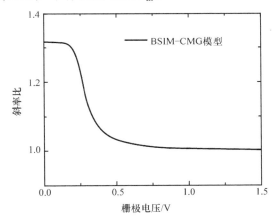

图 10.1　在室温下，利用 BSIM – CMG 模型计算的斜率比。在计算中，$V_{ds1} = 10mV$ 和 $V_{ds2} = 20mV$，$T_{Fin} = 15nm$，$L = 1\mu m$ 和 $N_{Fin} = 10$

2. 电导测试

该测试还测试了在弱反型区和强反型区中，模型是否包含了V_{ds}与I_{ds}的行为差异。在弱反型区中，从式（10.5）中可以得到

$$\frac{\partial}{\partial V_{ds}}[g_{ds}\exp(V_{ds}/V_{th})] = 0 \tag{10.7}$$

式中，$g_{ds} = \partial I_{ds}/\partial V_{ds}$为输出电导。所以，如果在弱反型区绘制$g_{ds}\exp(V_{ds}/V_{th})$和$V_{ds}$的关系，则关系线应该是绝对平坦的。从弱反型区到强反型区，在$g_{ds}\exp(V_{ds}/V_{th})$与$V_{ds}$的关系图中存在一个有限的斜率。图 10.2 证明了 BSIM – CMG 模型以正确的物理方式工作。

3. 体反型测试

在薄体轻掺杂多鳍片器件的亚阈值区中，栅极偏置不仅导致在表面处能带的

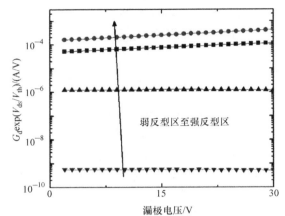

图 10.2　弱反型区和强反型区中，BSIM – CMG 模型输出电导的测试结果。其中，V_g 以
0.2V 的步长从 0 变化到 0.6V，$T_{Fin} = 15nm$，$L = 1\mu m$ 和 $N_{Fin} = 10$

移动，还会使其跨过器件的整个体厚度[9,10]。这会使得器件在整个体厚度范围内都发生反型，而在体 MOSFET 中的反型只会发生在表面处，这种现象称为体反型。体反型只发生在亚阈值区中，因为在强反型时，表面的载流子屏蔽了电场，避免其进入硅体内的深处。因为体反型，这些器件中的亚阈值电流随着鳍片厚度 T_{Fin} 的增大而增大，紧凑模型中包含了这种现象。可以通过获得不同鳍片厚度的长沟道器件的亚阈值电流来测试一个紧凑模型是否包含了体反型现象。使用长沟道器件以避免因短沟道效应而产生的其他影响。在模型中，需要关闭所有真实的器件（见第 4 章）。亚阈值电流应该随着鳍片厚度的增大而增大。当 $T_{Fin} = 10nm，20nm，30nm$ 时，BSIM – CMG 模型的仿真结果如图 10.3 所示。图 10.3 中的结果表明 BSIM – CMG 模型包含了体反型现象。

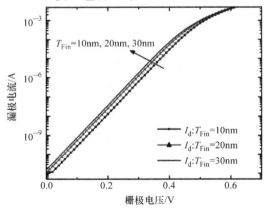

图 10.3　BSIM – CMG 模型中得到的亚阈值电流。由于体反型效应，
亚阈值电流随着鳍片厚度 T_{Fin} 的增大而增大

10.2.2 对称性测试 ★★★

从物理结构上说，考虑到源极和漏极，MOSFET 是一种对称结构。因此理想上，紧凑模型应该反映这种特性。然而，在紧凑模型中也存在近似，即并不是将漏极和源极进行同等处理。举例来说，通常将体效应建模为体 – 源极电压的函数，而不是体 – 漏极电压的函数。这可能会破坏紧凑模型中源极 – 漏极的对称性。如果紧凑模型违反了源极 – 漏极对称性的要求，则已经证明了诸如传输门之类的电路，在仿真中会出现错误[11]。本节将描述可用于检查模型对称性的基准测试，以及每个测试中 BSIM – CMG 模型的结果。

1. Gummel 对称性测试

Gummel 对称性测试是一种测试漏极电流模型对称性的标准方法，测试的仿真设置如图 10.4 所示。电压源 V_x 加到漏极，$-V_x$ 加到源极。对一组 V_g 和 V_b，对 V_x 从负电压到正电压（0.1V）进行扫描。如果模型是对称的，则满足

$$I_x(V_g, V_x, -V_x, V_b) = -I_x(V_g, -V_x, V_x, V_b)$$

$$(10.8)$$

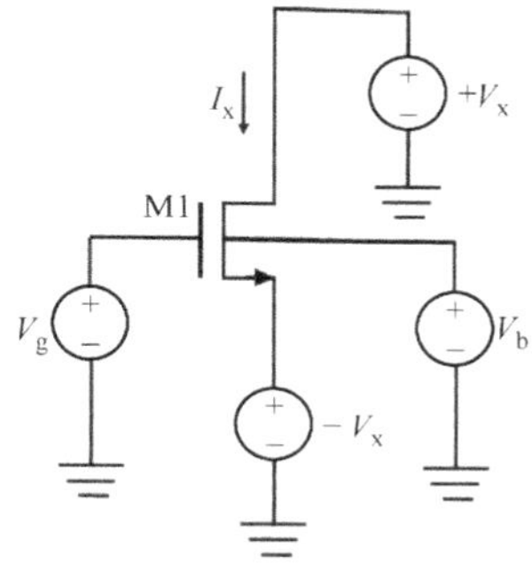

图 10.4 Gummel 对称性测试设置。M1 为采用紧凑模型的测试器件

由式（10.8）可知，I_x 相对于 V_x 的奇数阶导数是偶数函数，而偶数阶导数是 V_x 的奇数函数。除了测试 I_x 的对称性，该测试也会检查 I_x 的连续性和平滑度。在这个设置中，可以通过将 I_x 对 V_x 的一次、二次、三次以及高阶导数进行测试来检查 I_x 的连续性和平滑度。一个良好的紧凑模型至少需要具有高达五次导数的 I_x 的连续性和平滑度。当模型用于电路的失真分析时，导数连续性和平滑度特别重要。BSIM – CMG 模型的 Gummel 对称性测试如图 10.5 所示。显然，BSIM – CMG 模型明显通过了 Gummel 对称性测试。

2. 谐波平衡仿真测试

因为谐波平衡仿真通常用于射频电路设计，所以对射频电路而言，谐波平衡仿真测试十分重要。如果一个紧凑模型在漏极电流导数中有奇点，则它将可以预测非物理谐波。理论上，二次谐波与输入信号的二次方成正比，三次谐波与输入信号的三次方成正比，依此类推[12]。当进行谐波平衡仿真时，一个性能良好的紧凑模型应该能够模拟这种行为。为了测试紧凑模型的这种性能，电路设置如图 10.6 所示。在器件的源/漏极加入射频信号，并将漏极电流的谐波分量表示为关于输入射频信号的函数。在图 10.7 中，BSIM – CMG 模型的谐波平衡仿真结果与理论值具有良好的一致性。

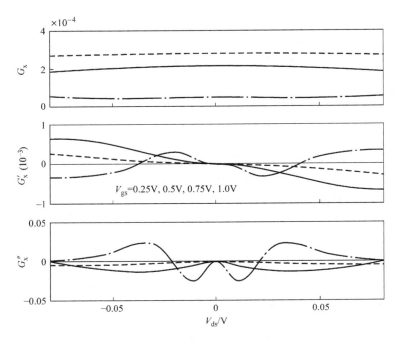

图 10.5 BSIM – CMG 模型的 Gummel 对称性测试结果。该模型展现出漏极电流导数的平滑性和连续性，并通过了 Gummel 对称性测试

3. 交流对称性测试

除了漏极电流，考虑到源极和漏极，从紧凑模型中得到的终端电荷也应该具有对称性。图 10.8 中的设置可以用于检查电荷模型的对称性。将同相和异相的交流源加载在器件的源极和漏极，端口电流如图 10.8 所示。直流源 V_x 和 $-V_x$ 分别加载在器件的漏极和源极。对于同相 i_g^+ 和异相 i_g^- 源的交流端口，电流 i_g 的虚部可以表示为

$$i_g^+ = 2\pi f (C_{gs} + C_{gd}) \qquad (10.9a)$$
$$i_g^- = 2\pi f (C_{gs} - C_{gd}) \qquad (10.9b)$$

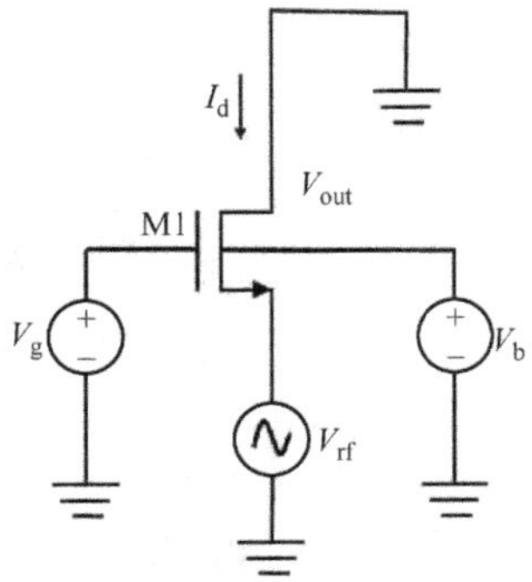

图 10.6 谐波平衡仿真设置

式中，f 为交流源的信号频率。C_{gs} 和 C_{gd} 分别为栅极 – 源极和栅极 – 漏极电容。δC_g 定义为

$$\delta C_g = \frac{i_g^-}{i_g^+} = \frac{C_{gs} - C_{gd}}{C_{gs} + C_{gd}} \qquad (10.10)$$

式中，δC_g 为 V_x 的奇函数。δC_g 用于测试栅极 – 电荷模型。同样的，漏极 – 电荷和源极 – 电荷模型也可以通过定义 δC_{sd} 来测试。

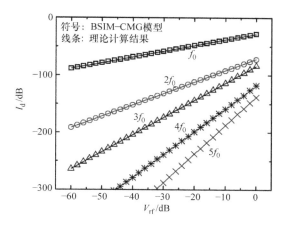

图 10.7 从 BSIM – CMG 模型中得到的基波 f_0、二次谐波 $2f_0$、三次谐波 $3f_0$、
四次谐波 $4f_0$ 和五次谐波 $5f_0$ 的谐波平衡仿真结果。模型仿真结果与理论计算结果
具有良好的一致性。其中 $f_0 = 1\mathrm{MHz}$，$V_g = 1\mathrm{V}$

$$\delta C_{sd} = \frac{C_{ss} - C_{dd}}{C_{ss} + C_{dd}} \tag{10.11}$$

式中，C_{ss} 和 C_{dd} 分别为源极电容、漏极电容。

在图 10.9 中，BSIM – CMG 模型交流对称性测试的结果如图所示。绘制
δC_g、δC_{sd} 和它们一次导数的曲线，结果表明电荷模型以及它的连续性和平滑性
具有良好的对称性。

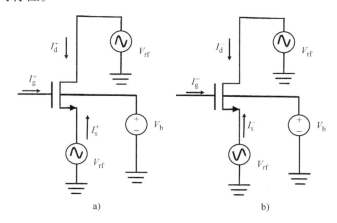

图 10.8 交流对称性测试设置中的交流源的交流电流。
直流源 V_x 和 $-V_x$ 分别加载在器件的漏极和源极
a）同相交流源 b）异相交流源

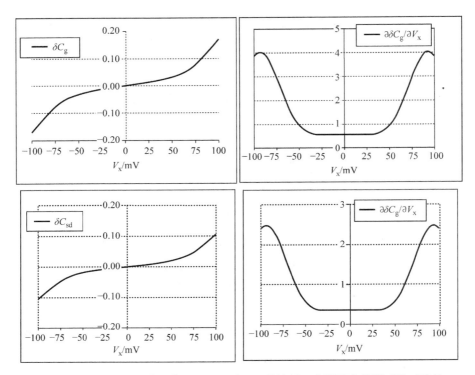

图 10.9　BSIM – CMG 模型中 δC_g、δC_{sd} 与 V_x 的关系，表明了电荷模型的对称性。
δC_g、δC_{sd} 的导数表明电荷模型在 BSIM – CMG 模型具有连续性和平滑性

10.2.3　紧凑模型中电容的互易性测试 ★★★

如第 6 章所述，表面电位或基于电荷的紧凑模型通过建立器件终端电荷的解析方程来描述器件的电容行为。然后，可以使用（第 i 个端口）端口电荷 Q_i，通过以下表达式来评估器件任何两个端口 i 和 j 之间的电容：

$$C_{ij} = \delta_{ij} \frac{\partial Q_i}{\partial V_j} \tag{10.12}$$

式中，当 $i = j$ 时，$\delta_{ij} = 1$，否则 $\delta_{ij} = -1$。

从紧凑模型中获得的电容应以符合物理的方式工作。其中一个要求就是所谓的在 $V_{ds} = 0$ 时电容具有互易性。互易性意味着当 $V_{ds} = 0$ 时，模型满足 $C_{ij} = C_{ji}$。如图 10.10 所示为从 BSIM – CMG 模型中获得的 C_{gs} 和 C_{sg} 的例子。C_{gd} 和 C_{dg} 具有同样的结果。

10.2.4　自热效应模型测试 ★★★

通过热电阻和热电容组成的热网络来模拟自热效应[13]。热网络的电压在数

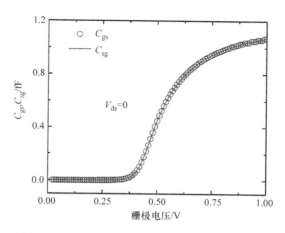

图 10.10　从 BSIM – CMG 模型中得到的电容 C_{gs} 和 C_{sg} 与 V_g 的关系。

当 $V_{ds}=0$ 时，$C_{gs}=C_{sg}$ 表明 BSIM – CMG 模型具有电容互易性。

其他电容对也通过了该测试

值上等于器件的局部沟道温度 T_{ch}。为了测试自热模型的实现，应进行以下仿真：首先，启动自热效应，扫描模型中的热阻，得到漏极电流 I_d 的值和固定 V_{gs} 和 V_{ds} 时的沟道温度 T_{ch}。之后，关闭自热效应，在同样的 V_{gs} 和 V_{ds} 条件下，通过扫描周围温度 T_{amb} 来获得 I_d。当 $T_{ch}=T_{amb}$ 时，两种情况下得到的漏极电流应该相等。BSIM – CMG 模型的测试结果如图 10.11 所示。

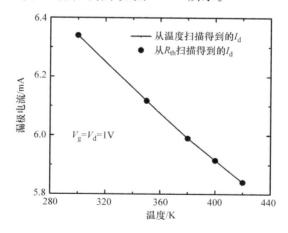

图 10.11　BSIM – CMG 模型的自热测试结果。其中 $T_{Fin}=15nm$，$L=30nm$，

$N_{Fin}=100$，$V_g=V_d=1V$。两种不同仿真设置中得到的 I_d 值相等，

表明 BSIM – CMG 模型通过了自热测试

10.2.5 热噪声模型测试 ★★★

一个完整的紧凑模型还应该包括一个器件热噪声行为的模型。测试热噪声模型的一种简单方法如下：将器件偏置于 $V_{ds} = 0$，栅极电压稍大于器件的阈值电压。对于这种偏置情况，器件本质上是一个 $R = 1/g_{ds}$ 的电阻。在足够低的频率范围内，对器件进行噪声仿真，这时电容可以忽略。模型中的电流噪声谱密度等于 $4kTg_{ds}$ A^2/Hz。当 $g_{ds} = 10^{-4} A/V$ 时，BSIM-CMG 模型在漏极产生的电流噪声谱密度为 $1.65 \times 10^{-24} A^2/Hz$，这与理论计算值匹配。

参 考 文 献

[1] Y. Tsividis, Operation and Modeling of the MOS Transistor, second ed., Oxford University Press, Oxford, 1999.

[2] C. McAndrew, Practical modeling for circuit simulations, IEEE J. Solid State Circuits 33 (3) (1998) 439–448.

[3] Y. Tsividis, K. Suyama, MOSFET modeling for analog circuit CAD: problems and prospects, IEEE J. Solid State Circuits 29 (3) (1994) 210–216.

[4] C. McAndrew, H. Gummel, K. Singhal, Benchmarks for compact MOSFET models, Proceedings. SEMATECH Compact Models Workshop, 1995.

[5] X. Li, W. Wu, A. Jha, G. Gildenblat, R. van Langevelde, G.D.J. Smit, A.J. Scholten, D.B.M. Klassen, C.C. McAndrew, J. Watts, M. Olsen, G. Coram, S. Chaudhary, J. Victory, "Benchmarking the PSP compact model for MOS transistors", Proceedings of the IEEE ICMTS, 2007, pp. 259–264.

[6] C. McAndrew, "Validation of MOSFET model source drain symmetry", IEEE Trans. Electron Dev. 53 (9) (2006) 2202–2206.

[7] G. Gildenblat, Compact Modeling Principles, Techniques and Applications, Springer, Berlin, 2010.

[8] S. Khandelwal, J. Watts, E. Tamilmani, L. Wagner, Scalable thermal resistance model for single- and multi-finger SOI MOSFETs, Proceedings IEEE ICMTS, 2011, pp. 182–185.

[9] Y. Taur, An analytical solution to a double gate MOSFET with undoped body, IEEE Electron Dev. Lett. 21 (5) (2005) 245–247.

[10] Y. Taur, X. Liang, W. Wang, H. Lu, A continuous, analytic drain current model for DG MOSFETs, IEEE Electron Dev. Lett. 25 (2) (2004) 107–109.

[11] K. Joardar, K.K. Gullapalli, C.C. McAndrew, M.E. Burnham, A. Wild, An improved MOSFET model for circuit simulation, IEEE Trans. Electron Dev. 45 (1) (1998) 104–148.

[12] T.H. Lee, The Design of CMOS Radio Frequency Integrated Circuits, second ed., Cambridge University Press, Cambridge, 2004.

[13] BSIMSOI4.6 Users' Manual, BSIM Group. Available: http://www-device.eecs.berkeley.edu/bsim/.

第11章

BSIM-CMG模型参数提取

正如第4章所述，紧凑模型中包含了多种参数，以对器件中的不同效应进行建模。出于以下的原因，将模型公式进行参数化。

1）核心模型推导是针对理想器件的，举个例子，沟道掺杂分布已知且完全均匀，迁移率已知，其对栅极电压的依赖性可以忽略不计。所以，即使对于长沟道器件，核心模型也无法预测实际晶体管的特性，即使没有拟合参数，核心模型对于集成电路设计来说也是足够精确的。但仍然需要不同参数以匹配模型，从而能够测量实际器件的特性。

2）有许多实际的器件效应几乎不可能在不使用拟合参数的情况下以足够的准确度和计算速度进行建模。在这种情况下，基于对器件物理具有良好理解的简单公式可以很好地捕捉电压偏置和几何结构对器件行为的复杂影响，并且在一些拟合参数的帮助下，这些公式是非常精确的。举个例子，在引入基于物理的模型公式之前，作为 V_{ds}、V_{gs}、V_{bs} 和 L 函数的输出电阻（见图11.8）是无法通过纯"曲线拟合"来精确建模的（参考4.11节），所以不应将拟合参数的使用等同于纯曲线拟合。

3）仍然需要模型参数，这是因为器件几何图形（如拐角形状或掺杂轮廓）的不准确或具有制造上的差异。

实际上，模型参数的引入对模型的实际应用至关重要。因此，在将模型用于电路设计之前，提取这些参数的值是一个关键步骤。事实上，模型的准确性，有时甚至还包括其收敛性，很大程度上取决于参数的提取值。本章将讨论 BSIM-CMG 模型的参数提取过程。对于 BSIM-CMG 模型，本章还展示了沟道长度为 30nm ~10μm 的测量数据的模型结果。

11.1 参数提取背景

正如之前所讨论的，为了获取器件中不同的物理效应，紧凑模型包含了多种参数。通过对各类测试数据的拟合，可以得到这些参数值，例如，在多个温度下得到的 $I_d - V_g$、$I_d - V_d$、$C_{gg} - V_g$ 和 $I_d - V_g$。提取参数值是一个多维的优化问题。实际上，如 Levenberg – Marquardt 算法[1]、遗传算法[2]和粒子群优化算法等优化算法经常用于参数提取[3,4]。目前也存在多种用于参数提取的商用工具，如 BSIMProPlus[5]、ICCAP[6]、MBP[7] 和 UTMOST[8]。然而，为了有效利用这些成熟的算法和工具，理解这些参数的模型公式，以及器件特性所产生的影响也是十分重要的。

在开始参数提取过程之前，必须了解参数的重要分类。总的来说，紧凑模型中的参数分为全局参数和局部参数。这种分类可以理解为考虑到当为单个器件执行参数提取时的情况。参数提取工程师只需要调整针对特定效应的参数，如 UO 和 RDSW，而不需要关注这些参数与几何结构的关系。提取后获得的参数集是一个"局部"集，因为它适用于特定几何结构的器件；另一方面，当对一系列沟道长度和宽度执行参数提取时，需要调用"局部"参数与几何结构的关系。例如，迁移率参数 UO 随着沟道长度的增加而下降，而 UO 与 L 的关系就可以通过 AU0 和 BU0 来建模。因此，当 UO 为"局部"参数时，它是针对某个器件，而参数 AU0 和 BU0 则可以称为全局参数。本章参考文献［9］讨论了 BSIM – CMG 模型中各类沟道长度缩减的公式。在标准 CMOS 工艺中，为满足不同的电路设计需要，制造了不同类型的器件，如 n 沟道高性能（低阈值电压）MOSFET。一个紧凑模型应该能够准确地预测不同器件几何结构的电气行为。但只有在为器件提取全局参数集时，这才是可能的。下一节将讨论 BSIM – CMG 模型中的全局参数提取策略。

11. 2   BSIM – CMG 模型参数提取策略

完整的全局参数提取流程如图 11.1 所示。这个流程从参数初始化到噪声模型参数的提取。本节将主要讨论室温情况下，BSIM – CMG 模型的漏极电流参数提取策略。该策略具体可以分为以下几个步骤：

1. 参数提取过程的第一步是固定由用户直接测量或指定的参数值。这些参数包括器件几何结构、模型选择开关和可直接从工艺信息中获取的参数。BSIM – CMG 模型中的这类参数[9]见表11.1。这里，带有后缀mod的参数是模型选择开关。模型中使用这些参数来打开/关闭特定效应（如 GIDLMOD），或者调用不同的公式来模拟相同的效应（如 RDSMOD）。如果数据中不存在该效应，或者这些参数对于将要使用该模型的最终应用程序不重要，则最好通过这些模型选择参数关闭特定效应。这避免了不必要的模型公式评估，也提高了模型运行速度。

表 11.1　在开始提取流程前需要设置的参数

参数名称	描述
EOT	栅极氧化层厚度
HFIN	鳍片高度
TFIN	鳍片厚度
L	鳍片长度
NFIN	鳍片数量
NF	并联的鳍片数量
NBODY	沟道掺杂浓度
BULKMOD	0: SOI；1: 体
GIDLMOD	0: 关闭；1: 开启
GEOMOD	0: 双栅；1: 三栅；2: 四栅
RDSMOD	0: 内部；1: 外部
DEVTYPE	0: PMOS；1: NMOS
NGATE	0: 金属栅极；>0: 多晶硅栅极掺杂

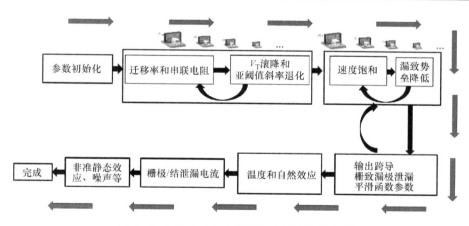

图 11.1　BSIM-CMG 模型的参数提取流程图

2. 将上述参数设置为适当的值后，应初始化全局参数。此步骤在图 11.1 中表示为参数初始化步骤。它由三个子步骤组成，每个子步骤设置特定的参数。为此，应观察测量数据中的以下趋势：

2.1　绘制电阻 $R_d = V_d$（约 0.05V）$/I_d$（V_g）与 L 的关系。对该曲线进行线性拟合。并外推每条直线，直到找到交点。这些线在（ΔL, R_{series}）处相交，得到参数 LINT $= \Delta L/2$，RDSW $= R_{series}$。曲线示例如图 11.2 所示。这一步在工艺节点缩小时变得越来越重要，因为与本征沟道电阻相比，R_{series} 阻值更大。在先进的生产工艺中，L 可能是负值，这在实际中也很常见。虽然不直观，但这是真的，因为光源和漏极的光掺杂正好在栅极边缘外，栅极氧化物的厚度很小。栅极电压对该区电导的影响大于杂质掺杂。根据 MOSFET 理论，沟道电导由栅极电压控制，源漏电导为常数。因此，该地区应属于沟道而非源漏极。如 4.12 节和 7.2 节所述，像 BSIM – CMG 这类紧凑模型不仅获取了该效应，而且提供了额外的参数来描述小电压 V_g 与源漏电阻的关系（在 $L + \Delta L$ 之外的区域）。

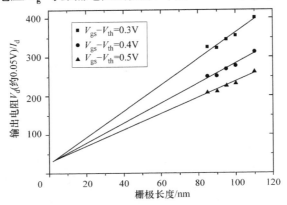

图 11.2　在不同 V_g 值时，V_d（约 0.05V）$/I_d$ 与 L 的关系。这些线在（ΔL, R_{series}）处相交

2.2　当 $V_d \approx 0.05$V 和 $V_d = V_{dd}$ 时，绘出阈值电压 V_{th} 差值 $\Delta V_{th} = V_{th(short)} - V_{th(long)}$ 与 L 的关系。V_{th} 可以从恒流或最大斜率外推算法中提取。从该图中，可以提取与短沟道效应和反向短沟道相关的参数。这些参数为 DVT0、DVT1、ETA0、DSUB、K1RSCE 和 LPE0。一个实例如图 11.3 所示。在短沟道器件中，短沟道效应表现为 V_{th} 减小，而对于反向短沟道效应，V_{th} 则增大。通常，只有线性 V_{th}（$V_d \approx 0.05$V）随沟道长度的减小而增大，而饱和条件下 V_{th}（$V_d = V_{dd}$）随沟道长度的减小而减小。在线性和饱和条件下，通过适当调整反短沟道和漏致势垒降低（DIBL）参数，可以在 BSIM – CMG 中模拟出 V_{th} 的不同行为。

2.3　在线性和饱和条件下，绘出亚阈值斜率 SS = $(d \log_{10} I_d / dV_g)^{-1}$ 与 L 的关系。从这个曲线中可以提取亚阈值斜率参数 CDSC、CDSCD 和 DVT1SS。一个示例曲线如图 11.4 所示。通常，亚阈值斜率随着沟道长度的减小而增大，这表明短沟道器件的栅极控制能力较差。在 BSIM – CMG 模型中，可以通过亚阈值斜率参数来精确模拟这种行为。亚阈值斜率参数的调整将改变上一步骤中获得的 V_{th} 与 L 的拟合，在调整亚阈值斜率参数的同时，也要注意 V_{th} 的拟合。

步骤 2 不仅有助于初始化全局参数的值，还可以从测量数据中删除异常值。如果在绘制 V_{th}、亚阈值斜率、R_{ds} 与 L 的关系时，发现某个器件与通常观察到的趋势相差太远，则该器件可能出现异常值。当测试或制造出现问题时，就有可能

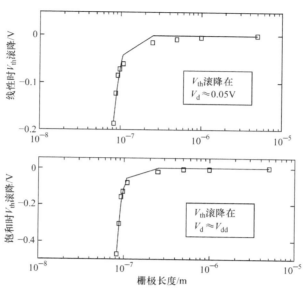

图 11.3　在线性和饱和漏极电压条件下，利用V_{th}滚降曲线提取短沟道和反短沟道模型参数

出现具有异常值的器件，因为它不是此几何结构的代表性器件，所以不应调整模型参数以适合此器件。

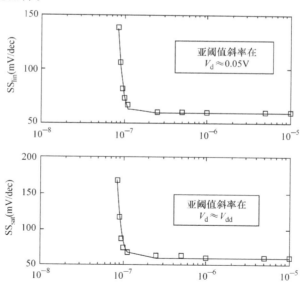

图 11.4　在线性和饱和条件下，亚阈值斜率与L的曲线可以
用于提取 CDSC、CDSCD 和 DVT1SS 参数

3. 一旦将缩放参数设置为合理的值，下一步的重点便是为长沟道和短沟道器件拟合线性$I_d - V_g$曲线。它分为以下子步骤：

3.1 首先提取长沟道器件的功函数、界面电荷、迁移率参数。通过拟合阈值电压和 I_d - V_g 亚阈值斜率曲线可以提取功函数参数 PHIG 和界面电荷参数 CIT，当 V_g 大于 V_{th} 时，可以从 I_d - V_g 曲线中提取迁移率参数。G_m - V_g 曲线对于提取这些参数也是非常有用的，特别是在提取迁移率退化参数 UA、UD、EU 和 ETAMOB 时。表 11.2 显示了模型参数以及从本步骤中提取的实验数据。需要注意的是，$U0_0$、UA_0 和 UD_0 分别是局部参数 U0、UA 和 UD 在长度缩减公式中的全局参数。

3.2 在线性区域中，可以通过稍微改变模型中 V_{th} 和 L 的关系、亚阈值斜率和 L 的关系的行为来完成以上参数的提取。所以，应微调步骤 2 中设置的 V_{th} 滚降和亚阈值斜率缩放参数。本阶段应微调的参数见表 11.3。

表 11.2 长沟道功函数、界面电荷和迁移率参数名以及从本步骤中提取的实验数据

提取参数	器件和实验数据	提取方法
PHIG、CIT	当 $V_d \approx 0.05\text{V}$ 时，长沟道器件中 I_d - V_g 的关系	从亚阈值区域偏差和斜率中观察得到
$U0_0$、UA_0 和 UD_0、EU、ETA-MOB	当 $V_d \approx 0.05\text{V}$ 时，长沟道器件中 I_d - V_g 的关系	从强反型区 I_{dlin} 和 G_{mlin} 中观察得到

表 11.3 应在步骤3.2中微调的模型参数

提取参数	器件和实验数据	提取方法
DVT0、DVT1、CDSC、DVT2	当 $V_d \approx 0.05\text{V}$ 时，短沟道和中等长度沟道器件中 I_d - V_g 的关系	在同一个关系图中观察所有器件的亚阈值区，优化 DVT0、DVT1、CDSC、DVT2

3.3 接下来，在长沟道和中等长度沟道器件中，可以从 I_d - V_g 特性中提取低场强的迁移率缩放参数，这些参数名和提取方法见表 11.4。在此阶段，对长沟道和中等长度沟道器件的线性条件亚阈值和强反型电流进行拟合。由于短沟道器件具有串联电阻和增强的迁移率退化效应，因此从长沟道器件中提取了低场强迁移率。

表 11.4 在长沟道和中等长度沟道器件中，提取的低场强的迁移率缩放参数

提取参数	器件和实验数据	提取方法
UP、LPA	当 $V_d \approx 0.05\text{V}$、$U0[L] = U0_0 \cdot (1 - UP \cdot L_{eff}^{-LPA})$ 时，长沟道和中等长度沟道器件中 I_d - V_g 的关系	从强反型区 I_{dlin} 和 G_{mlin} 中观察得到，对于每一个 L_i 值，提取 $U0[L]$ 来得到 UP、LP

3.4　在步骤3.3之后，可以在线性条件下提取短沟道器件参数。为此，应绘制短沟道和中等长度沟道器件的线性 $I_d - V_g$ 和 $G_m - V_g$ 的关系。还需要观察 UA（L）、UD（L）、RDSW（L）和 ΔL（L）的值，以适应不同的沟道长度。然后，可以使用全局参数 AUA、BUA、AUB、BUB、ARDSW、BRDSW、LL 和 LLN，同时拟合 UA、UD、RDSW 和 ΔL 的依赖关系。通常情况下，并不需要 L 与 ΔL 的关系，但为了增加灵活性，模型也包括它们之间的关系。该步骤还可能需要微调低场强迁移率缩放参数 UA 和 LPA。低场强迁移率与沟道长度的关系如图 11.5 所示。这就完成了步骤 3，其中包含了从长沟道器件到短沟道器件中拟合 $I_d - V_g$ 的线性关系。一个简单拟合结果如图 11.6 所示。

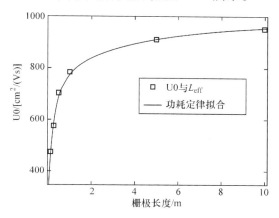

图 11.5　低场强迁移率与沟道长度的关系

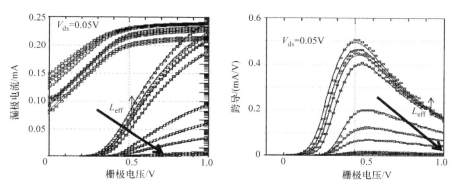

图 11.6　当沟道长度从 10μm 变化到 30nm 时，在提取器件线性 $I_d - V_g$ 参数后，
BSIM – CMG 模型中拟合结果示例

　　4. 在线性 $I_d - V_g$ 特性被拟合后，可以拟合饱和 $I_d - V_g$ 的关系。与步骤3类似，此步骤也分为不同的子步骤：

4.1 首先，需要优化长沟道和中等长度沟道器件的漏致势垒降低参数。表11.5 展示了这些参数，并指出了用于提取参数的数据。CDSCD 可以在饱和状态下进行调整，以适应亚阈值斜率，而不会对线性亚阈值斜率产生显著影响，可以通过拟合饱和 V_{th} 来提取 ETA0。

4.2 在对漏致势垒降低参数进行优化后，应提取长沟道和中等长度沟道器件的速度饱和参数，这些参数见表11.6。其中，$PARAM_0$（如表 11.6 中的 $VSTA_0$）是模拟局部参数 PARAM 与几何结构关系的全局参数（如表 11.6 中的 VSAT）。输出电导模型中使用 VSAT1，而饱和电压 V_{dsat} 计算中使用 VSAT（见 4.6 节和 4.7 节）。通常，VSAT 等于 VSAT1，BSIM – CMG 模型分别提供这两个参数，目的在于增加拟合的灵活性。PTWG 是 BSIM – CMG 模型中引入的一个经验参数，用于改善饱和 $G_m – V_g$ 特性的模型拟合。

表 11.5　漏致势垒降低参数以及从中提取的实验数据

提取参数	器件和实验数据	提取方法
ETA0、DSUB、CDSCD	当 $V_d \approx V_{dd}$ 时，短沟道和长沟道器件中 $I_d – V_g$ 的关系	在同一个关系图中观察所有器件的亚阈值区，优化 ETA0、DSUB、CDSCD

表 11.6　长沟道和中等长度沟道器件的速度饱和参数

提取参数	器件和实验数据	提取方法
$VSAT_0$、$VSAT1_0$、$PTWG_0$、$KSATIV_0$、$MEXP_0$	当 $V_d \approx V_{dd}$ 时，长沟道和中等长度沟道器件中 $I_d – V_g$ 的关系	通过观察强反型区的 I_{dsat}、G_{msat}、$I_d V_d$ 得到

4.3 在拟合了长沟道和中等长度沟道器件后，需要提取短沟道器件中的速度饱和参数。出于这个目的，需要使用速度饱和参数的长度缩减值。参数名和提取方法见表 11.7。在这一步骤之后获得的样本模型结果如图 11.7 所示，图中采用线性和半对数坐标。

表 11.7　短沟道器件的速度饱和参数

提取参数	器件和实验数据	提取方法
AYSAT、AVSAT1、APTWG、BVSAT、BVSAT1、BPTWG	当 $V_d \approx V_{dd}$ 时，长沟道和中等长度沟道器件中 $I_d – V_g$ 的关系	① 观察强反型区的 I_{dsat} 和 G_{msat}，得到 VSAT1 $[L_i] = X_i$，VSAT $[L_i] = Y_i$，PTWG $[L_i] = Z_i$ 用于拟合数据 ② 从 (L_i, X_i) 中提取 AVSATI；从 (L_i, Y_i) 中提取 BVSAT；从 (L_i, Z_i) 中提取 APTWG 和 BPTWG

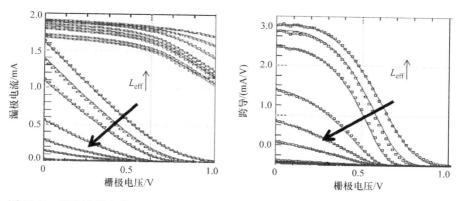

图 11.7　当沟道长度从 $10\mu m$ 变化到 $30nm$ 时，在 PMOS 器件的 BSIM-CMG 模型中，得到饱和 $I_d - V_g$ 特性的拟合结果

5. 一旦满足饱和 $I_d - V_g$ 特性，就应该查看输出特性。对于长沟道器件，输出特性应该已经很好地符合测试数据。可以使用参数 MEXP 对长沟道输出特性进行微调，该参数可以模拟线性和饱和区域之间的过渡。对于短沟道器件，输出电导参数应如表 11.8 所示进行调整。输出电导参数用于沟道长度调制、漏致势垒降低和短沟道效应。如 4.11 节所述，这些效应都会影响 $I_d - V_d$ 特性的特定区域。模型参数 CLM、DIBL 和 SCE 有助于对输出电导进行精确建模。为了进一步提高拟合度，可以利用 L 与 MEXP 的关系。图 11.8 所示为 $L = 90nm$ 的 n 型 MOS-FET 器件的 $I_d - V_d$ 和 $G_d - V_d$ 的样品拟合曲线。

表 11.8　用于拟合输出特性的 BSIM-CMG 参数

提取参数	器件和实验数据	提取方法
MEXP [L]、PCLM、PDIBL1、PDIBL2、DROUT、PVAG	不同 V_g 时，长沟道和短沟道器件中 $I_d - V_d$ 的关系	不同 V_g 时，通过观察强反型区的 $I_d - V_d$ 和 $G_d - V_d$ 的关系得到

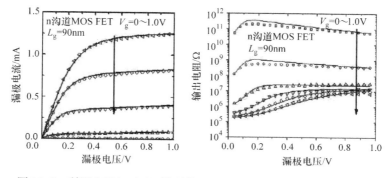

图 11.8　利用 BSIM-CMG 模型的 $I_d - V_d$ 和 $G_d - V_d$ 的样品拟合曲线

6. 一旦提取出所有器件的漏极电流模型参数，就可以从它们所控制的器件特性区域中提取出附加效应的参数，如栅致漏极泄漏（GIDL）、栅极漏电流和温度依赖性。栅极漏电流参数提取对大面积（宽长沟道）器件的拟合有一定的影响，而栅致漏极泄漏（GIDL）模型参数对模型预测的关断电流有一定的影响。器件特性的温度依赖性可以通过对迁移率和阈值电压等关键模型参数的温度依赖性进行建模得到（见第 12 章）。温度参数可以很容易地从多个环境温度下测量的器件特性中被提取出来。

7. 这就完成了提取 BSIM - CMG 漏极电流模型参数的指导步骤。结果表明，BSIM - CMG 模型参数可以系统地被提取出来，以适应沟道长度从长到极短的器件。对于 BSIM6 模型，可以按照本章参考文献 [9] 中所示的步骤进行更高级的模型提取，例如提取射频模型参数。

11.3 总　结

综上所述，本章讨论了 BSIM - CMG 模型的参数提取步骤。这些步骤是指导性步骤，根据某些测试数据的可用性或不可用性，这些步骤可能会有所不同。对器件特性中特定区域建模的意义也取决于模型的最终应用，这也可能改变参数提取的流程。在任何情况下，提取参数后都必须对提取的值进行全面检查。参数值应在合理的范围内，并以合理的方式与器件几何结构和环境温度成比例缩减。在参数提取后获得的模型卡上，运行第 10 章讨论的基准测试将会是一个很好的实践过程。

参 考 文 献

[1] K. Levenberg, A method for the solution of certain non-linear problems in least squares, Q. J. Appl. Math. II (1944) 164–168.

[2] D.E. Goldberg, Genetic Algorithm in Search, Optimization and Machine Learning, Addison-Wesley Professional, Boston, MA, 1989.

[3] A.M. Chopde, S. Khandelwal, R.A. Thakker, M.B. Patil, K.G. Anil, Parameter extraction for MOS Model 11 using particle swarm optimization, Proceedings of the International Workshop on Physics of Semiconductor Devices, 2007, pp. 253–256.

[4] J. Watts, C. Bittner, D. Heaberlin, J. Hoffman, Extraction of compact model parameters for ULSI MOSFETs using a genetic algorithm, Proceedings of the International Conference on Modeling and Simulation of Microsystems, November 1999, pp. 176–179.

[5] BSIMProPlus, Proplus, http://www.proplussolutions.com/en/pro1/Advanced-SPICE-Modeling-Platform---BSIMProPlus.html.

[6] ICCAP Users' Manual, Agilent Technologies, Available: http://cp.literature.agilent.com/litweb/pdf/iccap2008/iccap2008.html.

[7] Model Parameter Builder Users' Manual, Accelicon (now Agilent), Available: http:// www.home.agilent.com/en/pc-2112961/model-builder-program-silicon-focused-device-modeling-software?nid=33185.0.00&cc=US&lc=eng.

[8] UTMOST Users' Manual, Silvaco, Available: http://www.silvaco.com/products/analog_ mixed_signal/device_characterization_modeling/utmost_III.html.

[9] BSIM-CMG Users' Manual, BSIM Group. Available: http://www-device.eecs.berkeley. edu/bsim/.

[10] S. Venugopalan, K. Dandu, S. Martin, R. Taylor, C. Cirba, X. Zhang, A.M. Niknejad, C. Hu, A non-iterative physical procedure for RF CMOS compact model extraction using BSIM6, Proc. CICC 2012, pp. 1–4.

第 12 章 »

温度特性

大家都知道，任何工作温度的变化都会影响器件特性，进而改变电路性能。事实上，不提高微处理器工作频率的主要原因是功耗密度，这会导致温度大幅升高，从而影响性能和可靠性。对于任何模型，都必须在整个温度范围内提供准确的器件特性。理想情况下，模型应该能够预测所有温度下的这种行为，但实际上这是不可能的。通常，大多数紧凑 MOSFET 模型仅在 –50~150℃ 的范围有效，这也是大多数电路正常工作的范围。一个精确的温度模型需要对不同器件参数（如阈值电压、迁移率、寄生源/漏极电阻和源漏结参数）的温度特性进行精确建模。本章将简要描述 BSIM – CMG 模型的温度特性。

假设参数提取是在模型参数 TNOM 中进行的。总的来说，TNOM 是在常温下提取的，取值为 300.15K。

12.1　半导体特性

本征半导体和非本征半导体的基本特性随温度变化，这在器件物理书籍[1]中有详细讨论。这里将讨论其中一些涉及模型参数的问题，因为它们可能需要在参数提取期间进行修改。

12.1.1　带隙问题特性 ★★★

半导体的带隙随温度的升高而减小[2]。随着热能的增加，原子振动幅度增大，原子间距增大。原子间距的增大降低了半导体中电子所见的电动势，从而减小能带隙的大小[3]。本章参考文献 [4] 中使用 Varshni 的表达式对带隙的温度依赖性进行了经验性建模

$$E_g = \text{BG0SUB} - \frac{\text{TBGASUB} \cdot T^2}{T + \text{TBGBSUB}} \tag{12.1}$$

式中，T 为开尔文温度；BG0SUB、TBGASUB、TBGBSUB 为模型参数。

原子间距离的直接调制，例如通过施加较大的压缩（拉伸）应力，也会导致带隙增大（减小）。这一原理适用于所有现代集成电路应变硅晶体管。

12.1.2 N_C，V_{bi}和Φ_B的温度特性 ★★★

有效态密度、源漏内置势和Φ_B的温度关系由下式得出：

$$N_C = \text{NC0SUB} \cdot \left(\frac{T}{300.15}\right)^{3/2} \tag{12.2}$$

$$V_{bi} = \frac{kT}{q} \cdot \ln\left(\frac{\text{NSD} \cdot \text{NBODY}}{n_i^2}\right) \tag{12.3}$$

$$\Phi_B = \frac{kT}{q} \cdot \ln\left(\frac{\text{NBODY}}{n_i}\right) \tag{12.4}$$

12.1.3 本征载流子浓度的温度特性 ★★★

本征载流子浓度表示为

$$n_i = \sqrt{N_C N_V} \cdot \exp\left(-\frac{E_g}{2kT}\right) \tag{12.5}$$

式中，N_C和N_V分别为导带和价带中的有效态密度，是关于温度的函数（与$T^{3/2}$成比例）。n_i的主要温度特性来自于指数部分，这导致n_i随温度升高而增大。这就是半导体在很高的温度下变成"本征"的原因，因为n_i可以变得大于掺杂浓度。在另一种极端情况下（在非常低的温度下），可能存在自由化效应，这会导致掺杂的非电离。这就是为什么在低温下，未掺杂的Ⅲ－Ⅴ族半导体材料比硅材料更受欢迎，因为它们可以在低温下避免冻结的产生。

从式（12.5）中去掉温度特性，并在$T = \text{TNOM}$时将n_i表示为参数 NI0SUB，可以得到

$$n_i = \text{NI0SUB} \cdot \left(\frac{T}{\text{TNOM}}\right)^{3/2} \cdot \exp\left(\frac{\text{BG0SUB}}{2k \cdot \text{TNOM}} - \frac{E_g}{2k \cdot T}\right) \tag{12.6}$$

式中，BG0SUB 为$T = \text{TNOM}$时与带隙有关的参数。

12.2 阈值电压的温度特性

阈值电压V_{th}随着温度的升高而降低，这是由于费米能级的变化和带隙的减小。尽管半导体的温度特性是通过前面描述的参数来获得的，但并不将其用于阈值电压。采用这种方法的主要原因是将不同的影响和参数解耦，从而在模型拟合中提供灵活性。

对于长沟道器件[5]来说，在很大的温度范围内，阈值电压的温度特性几乎

是线性的，可以建模为[6-8]

$$V_{th}(T) = V_{th}(\text{TNOM}, L, V_{ds}) + \left(\text{KT1} + \frac{\text{KT1}L1}{L}\right)\left(\frac{T}{\text{TNOM}} - 1\right) \quad (12.7)$$

引入$\dfrac{\text{KT1}L1}{L}$是为了更好地进行拟合，带隙E_g的温度特性、阈值处的表面电动势ϕ_s，以及本征载流子浓度n_i均由 KT1 表示，KT1 可以用一个简单的线性方程表示。这样做是为了简化参数提取，使模型更易于拟合。在评估源漏结的饱和电流时，维持了E_g和n_i的温度特性。

12.2.1　漏致势垒降低的温度特性 ★★★

通常情况下，漏极电压与阈值电压的关系，也就是说，在 MOSFET 中，漏致势垒降低与温度无关[6]。然而，为了提供更好的漏极偏压的灵活性，特别是对于短沟道器件，模型提供了参数 TETA0。

$$\text{ETA0}(T) = \text{ETA0} \cdot [1 - \text{TETA0} \cdot (T - \text{TNOM})] \quad (12.8)$$

$$\text{ETA0R}(T) = \text{ETA0R} \cdot [1 - \text{TETA0R} \cdot (T - \text{TNOM})] \quad (12.9)$$

当 ASYMMOD = 1 时，可以使用参数 ETA0R。

12.2.2　体效应的温度特性 ★★★

衬底偏压效应也可能具有温度特性，可以表示为

$$\text{K0}(T) = \text{K0} + \text{K01} \cdot (T - \text{TNOM}) \quad (12.10)$$

$$\text{K1}(T) = \text{K1} + \text{K11} \cdot (T - \text{TNOM}) \quad (12.11)$$

$$\text{K0SI}(T) = \text{K0SI} + \text{K0SI1} \cdot (T - \text{TNOM}) \quad (12.12)$$

$$\text{K1SI}(T) = \text{K1SI} + \text{K1SI1} \cdot (T - \text{TNOM}) \quad (12.13)$$

$$\text{KISAT}(T) = \text{KISAT} + \text{KISAT1} \cdot (T - \text{TNOM}) \quad (12.14)$$

12.2.3　亚阈值摆幅 ★★★

亚阈值摆幅对温度非常敏感，因为扩散电流在这一操作区域占主导地位。关断电流随温度的降低呈指数增加，亚阈值斜率几乎随温度线性变化，模型如下：

$$\Theta_{SS} = 1 + \text{TSS} \cdot (T - \text{TNOM}) \quad (12.15)$$

与温度相关的亚阈值因子Θ_{SS}乘以式（4.31）中的n，其可以用于表面电动势计算。

12.3　迁移率的温度特性

对于迁移率温度特性的精确建模已经有很多研究成果[9,10]。反型层中载流

子迁移率的特性由三种主要的散射机制控制：声子散射、表面散射和库仑散射（包括电离杂质散射和界面电荷散射）。在不同的温度范围内，这些散射机制中的某一个占主导地位[11]，例如，在250K以上的温度时，声子散射成为主要机制，而库仑散射则在非常低的温度下起主要作用。低场强迁移率的温度特性可以表示为

$$\mu_0(T) = \text{U0} \cdot \left(\frac{T}{\text{TNOM}}\right)^{\text{UTE}} + \text{UTL} \cdot (T - \text{TNOM}) \tag{12.16}$$

式中，T为开尔文温度；TNOM为模型参数提取时的温度。在迁移率模型中，ETAMOB、UA、UC、UD和UCS也具有温度特性，并通过以下公式进行建模：

$$\text{ETAMOB}(T) = \text{ETAMOB} \cdot [1 + \text{EMOBT} \cdot (T - \text{TNOM})] \tag{12.17}$$

$$\text{UA}(T) = \text{UA} + \text{UA1} \cdot (T - \text{TNOM}) \tag{12.18}$$

$$\text{UC}(T) = \text{UC} \cdot [1 + \text{UC1} \cdot (T - \text{TNOM})] \tag{12.19}$$

$$\text{UD}(T) = \text{UD} \cdot \left(\frac{T}{\text{TNOM}}\right)^{\text{UD1}} \tag{12.20}$$

$$\text{UCS}(T) = \text{UCS} \cdot \left(\frac{T}{\text{TNOM}}\right)^{\text{UCSTE}} \tag{12.21}$$

式中，U0、ETAMOB、UA、UC、UD和UCS都是在标准温度下提取的。

12.4　速度饱和的温度特性

载流子速度在高场强下会饱和，在第6章中进行了讨论和仿真。由于晶格振动引起的散射增加，反型层中的电子速度随温度的升高而降低。反型层中饱和速度v_{SAT}的温度特性是线性的，如本章参考文献［6-8］中的实验所示，并且在BSIM - CMG中建模如下：

$$\text{VSAT}(T) = \text{VSAT} \cdot [1 - \text{AT} \cdot (T - \text{TNOM})] \tag{12.22}$$

$$\text{VSAT1}(T) = \text{VSAT1} \cdot [1 - \text{AT} \cdot (T - \text{TNOM})] \tag{12.23}$$

$$\text{VSAT1R}(T) = \text{VSAT1R} \cdot [1 - \text{AT} \cdot (T - \text{TNOM})] \tag{12.24}$$

$$\text{VSATCV}(T) = \text{VSATCV} \cdot [1 - \text{AT} \cdot (T - \text{TNOM})] \tag{12.25}$$

$$\text{PTWG}(T) = \text{PTWG} \cdot [1 - \text{PTWG} \cdot (T - \text{TNOM})] \tag{12.26}$$

$$\text{PTWGR}(T) = \text{PTWGR} \cdot [1 - \text{PTWGT} \cdot (T - \text{TNOM})] \tag{12.27}$$

$$\text{MEXP}(T) = \text{MEXP} \cdot [1 - \text{TMEXP} \cdot (T - \text{TNOM})] \tag{12.28}$$

与MOSFET中的其他量相比，饱和速度是关于温度的弱函数。这就是为什么当在低温下使用时，MOSFET不会提供显著的增益，因为饱和电流不会显著增大。

12.4.1　非饱和效应的温度特性　★★★

非饱和效应［式（4.71）］的温度特性也可以线性建模如下：

$$A1(T) = A1 + A11 \cdot (T - \text{TNOM}) \tag{12.29}$$

$$A2(T) = A2 + A21 \cdot (T - \text{TNOM}) \tag{12.30}$$

12.5 泄漏电流的温度特性

泄漏电流的温度特性根据经验建模如下:

12.5.1 栅极电流 ★★★

$$\text{AIGBINV}(T) = \text{AIGBINV} + \text{AIGBINV1} \cdot (T - \text{TNOM}) \tag{12.31}$$

$$\text{AIGBACC}(T) = \text{AIGBACC} + \text{AIGBACC1} \cdot (T - \text{TNOM}) \tag{12.32}$$

$$\text{AIGC}(T) = \text{AIGC} + \text{AIGC1} \cdot (T - \text{TNOM}) \tag{12.33}$$

$$\text{AIGS}(T) = \text{AIGS} + \text{AIGS1} \cdot (T - \text{TNOM}) \tag{12.34}$$

$$\text{AIGD}(T) = \text{AIGD} + \text{AIGD1} \cdot (T - \text{TNOM}) \tag{12.35}$$

$$\text{igtemp} = \left(\frac{T}{\text{TNOM}} \right)^{\text{IGT}} \tag{12.36}$$

式中,igtemp 需要乘以栅极电流公式。

12.5.2 栅致漏/源极泄漏 ★★★

$$\text{BGIDL}(T) = \text{BGIDL} \cdot [1 + \text{TGIDL} \cdot (T - \text{TNOM})] \tag{12.37}$$

$$\text{BGISL}(T) = \text{BGISL} \cdot [1 + \text{TGIDL} \cdot (T - \text{TNOM})] \tag{12.38}$$

12.5.3 碰撞电离 ★★★

$$\text{ALPHA0}(T) = \text{ALPHA0} + \text{ALPHA01} \cdot (T - \text{TNOM}) \tag{12.39}$$

$$\text{ALPHA1}(T) = \text{ALPHA1} + \text{ALPHA11} \cdot (T - \text{TNOM}) \tag{12.40}$$

$$\text{ALPHAII0}(T) = \text{ALPHAII0} + \text{ALPHAII01} \cdot (T - \text{TNOM}) \tag{12.41}$$

$$\text{ALPHAII1}(T) = \text{ALPHAII1} + \text{ALPHAII11} \cdot (T - \text{TNOM}) \tag{12.42}$$

$$\text{BETA0}(T) = \text{BETA0} \cdot \left(\frac{T}{\text{TNOM}} \right)^{\text{IIT}} \tag{12.43}$$

$$\text{SII0}(T) = \text{SII0} \left[1 + \text{TII} \cdot \left(\frac{T}{\text{TNOM}} - 1 \right) \right] \tag{12.44}$$

12.6 寄生源/漏极电阻的温度特性

对于 FinFET 或一般短沟道器件,寄生源/漏极电阻会显著降低驱动电流。第 7 章已经详细讨论了这些寄生电阻的精确建模。由于不同的材料和/或掺杂组合,反型层边缘的接触电阻、扩散电阻和扩展电阻可能具有不同的温度系数。所有这些电阻在 R_{ds} 模型中都被考虑在内，这些电阻随着温度的升高而线性增大[6,8]，模型如下：

对于 RDSMOD = 1 和 AYSMOD = 0

$$\text{RSWMIN}(T) = \text{RSWMIN} \cdot \left[1 + \text{PRT} \cdot (T - \text{TNOM}) \right] \tag{12.45}$$

$$\text{RDWMIN}(T) = \text{RDWMIN} \cdot \left[1 + \text{PRT} \cdot (T - \text{TNOM}) \right] \tag{12.46}$$

$$\text{RSW}(T) = \text{RSW} \cdot \left[1 + \text{PRT} \cdot (T - \text{TNOM}) \right] \tag{12.47}$$

$$\text{RDW}(T) = \text{RDW} \cdot \left[1 + \text{PRT} \cdot (T - \text{TNOM}) \right] \tag{12.48}$$

对于 RDSMOD = 0 或 2

$$\text{RDSWMIN}(T) = \text{RDSWMIN} \cdot \left[1 + \text{PRT} \cdot (T - \text{TNOM}) \right] \tag{12.49}$$

$$\text{RDSW}(T) = \text{RDSW} \cdot \left[1 + \text{PRT} \cdot (T - \text{TNOM}) \right] \tag{12.50}$$

$$\text{RSWMIN}(T) = \text{RSWMIN} \cdot \left[1 + \text{PRT} \cdot (T - \text{TNOM}) \right] \tag{12.51}$$

$$\text{RDWMIN}(T) = \text{RDWMIN} \cdot \left[1 + \text{PRT} \cdot (T - \text{TNOM}) \right] \tag{12.52}$$

对于 RDSMOD = 2

$$R_{s,geo}(T) = R_{s,geo} \cdot \left[1 + \text{PRT} \cdot (T - \text{TNOM}) \right] \tag{12.53}$$

$$R_{d,geo}(T) = R_{d,geo} \cdot \left[1 + \text{PRT} \cdot (T - \text{TNOM}) \right] \tag{12.54}$$

当 RDSMOD = 1 和 AYSMOD = 1 时，以下参数会使得漏极和源极电阻的温度特性产生不对称性：

$$\text{RSDR}(T) = \text{RSDR} \cdot \left[1 + \text{TRSDR} \cdot (T - \text{TNOM}) \right] \tag{12.55}$$

$$\text{RSDRR}(T) = \text{RSDRR} \cdot \left[1 + \text{TRSDR} \cdot (T - \text{TNOM}) \right] \tag{12.56}$$

$$\text{RDDR}(T) = \text{RDDR} \cdot \left[1 + \text{TRDDR} \cdot (T - \text{TNOM}) \right] \tag{12.57}$$

$$\text{RDDRR}(T) = \text{RDDRR} \cdot \left[1 + \text{TRDDR} \cdot (T - \text{TNOM}) \right] \tag{12.58}$$

12.7 源/漏极二极管的温度特性

pn 结二极管的两个组成部分，即电流和电容都与温度有关。这两种情况都需要在零偏差条件下建模。直流电流的温度特性来自于饱和电流，饱和电流的温度特性又来自于本征载流子密度 n_i 和能带隙 E_g[5,12,13] 的温度特性。结电容的温度特性取决于硅的介电常数和结内建电动势的温度特性[5,13]。

12.7.1 直接电流模型 ★★★

饱和电流包括由耗尽区内电子空穴对的热产生的电流和由于少数载流子扩散到耗尽区产生的扩散电流[1]。这两种电流都是关于温度的强函数，如下所示：

$$I_{generation} \propto n_i \propto T^{3/2} \exp\left(-\frac{E_g}{2kT} \right) \tag{12.59}$$

$$I_{\text{diffussion}} \propto n_{\text{i}}^2 \propto T^3 \exp\left(-\frac{E_{\text{g}}}{kT}\right) \qquad (12.60)$$

正如第9章所描述的，这两个参数组合在一个单一的电流方程中，如下所示（参数名取自源端结）：

$$I_{\text{saturation}} \propto T^{\text{XTIS}} \exp\left(-\frac{E_{\text{g}}}{\text{NJS} \cdot kT}\right) \qquad (12.61)$$

或者 $I_{\text{saturation}} \propto \exp\left(\ln T^{\text{XTIS}}\right) \exp\left(-\frac{E_{\text{g}}}{\text{NJS} \cdot kT}\right) \qquad (12.62)$

或者 $I_{\text{saturation}} \propto \exp\left(-\dfrac{-\dfrac{E_{\text{g}}}{kT} + \text{XTIS} \cdot \ln T}{\text{NJS}}\right) \qquad (12.63)$

式中，参数 XTIS 为结电流温度指数；NJS 为结发射系数。源侧和漏侧结饱和电流的模型如下：

$$I_{\text{sbs}} = J_{\text{ss}}(T) \cdot \text{ASEJ} + J_{\text{sws}}(T) \cdot \text{PSEJ} + J_{\text{swgs}}(T) \cdot W_{\text{eff0}} \cdot \text{NFIN}_{\text{total}} \qquad (12.64)$$

式中，ASEJ 为源极底部的面积；PSEJ 为周长；J_{ss} 为结底部的饱和电流密度（单位面积）；J_{sws} 为饱和侧壁电流密度（单位长度）；J_{swgs} 为栅侧壁饱和电流密度（单位长度）。利用式（12.63），可以将源侧壁电流密度的温度特性表示如下：

$$J_{\text{ss}}(T) = \text{JSS} \cdot \exp\left(\frac{\dfrac{E_{\text{g,TNOM}}}{k\text{TNOM}} - \dfrac{E_{\text{g}}}{kT} + \text{XTIS} \cdot \ln\left(\dfrac{T}{\text{TNOM}}\right)}{\text{NJS}}\right) \qquad (12.65)$$

$$J_{\text{sws}}(T) = \text{JSWS} \cdot \exp\left(\frac{\dfrac{E_{\text{g,TNOM}}}{k\text{TNOM}} - \dfrac{E_{\text{g}}}{kT} + \text{XTIS} \cdot \ln\left(\dfrac{T}{\text{TNOM}}\right)}{\text{NJS}}\right) \qquad (12.66)$$

$$J_{\text{swgs}}(T) = \text{JSWGS} \cdot \exp\left(\frac{\dfrac{E_{\text{g,TNOM}}}{k\text{TNOM}} - \dfrac{E_{\text{g}}}{kT} + \text{XTIS} \cdot \ln\left(\dfrac{T}{\text{TNOM}}\right)}{\text{NJS}}\right) \qquad (12.67)$$

同样，对于漏极，可以得到

$$I_{\text{sbd}} = J_{\text{sd}}(T) \cdot \text{ADEJ} + J_{\text{swd}}(T) \cdot \text{PDEJ} + J_{\text{swgd}}(T) \cdot W_{\text{eff0}} \cdot \text{NFIN}_{\text{total}}$$
$$(12.68)$$

式中，ADEJ 为漏极底部的面积；PDEJ 为周长；J_{sd} 为结底部的饱和电流密度（单位面积）；J_{swd} 为饱和侧壁电流密度（单位长度），J_{swgd} 为栅侧壁饱和电流密度（单位长度）。利用式（12.63），可以将漏侧壁电流密度的温度特性表示如下：

$$J_{\text{sd}}(T) = \text{JSD} \cdot \exp\left(\frac{\dfrac{E_{\text{g,TNOM}}}{k\text{TNOM}} - \dfrac{E_{\text{g}}}{kT} + \text{XTID} \cdot \ln\left(\dfrac{T}{\text{TNOM}}\right)}{\text{NJD}}\right) \qquad (12.69)$$

$$J_{\text{swd}}(T) = \text{JSWD} \cdot \exp\left(\dfrac{\dfrac{E_{\text{g,TNOM}}}{k\text{TNOM}} - \dfrac{E_g}{kT} + \text{XTID} \cdot \ln\left(\dfrac{T}{\text{TNOM}}\right)}{\text{NJD}}\right) \quad (12.70)$$

$$J_{\text{swgd}}(T) = \text{JSWGD} \cdot \exp\left(\dfrac{\dfrac{E_{\text{g,TNOM}}}{k\text{TNOM}} - \dfrac{E_g}{kT} + \text{XTID} \cdot \ln\left(\dfrac{T}{\text{TNOM}}\right)}{\text{NJD}}\right) \quad (12.71)$$

12.7.2　电容 ★★★

结电容温度特性可以通过单位面积或单位长度的具有温度特性的零偏压电容，以及具有温度特性的结内建电动势来建模。

在源端，结电容和电动势的温度关系定义为

$$\text{CJS}(T) = \text{CJS}[1 + \text{TCJ}(T - \text{TNOM})] \quad (12.72)$$

$$\text{CJSWS}(T) = \text{CJSWS}[1 + \text{TCJSW}(T - \text{TNOM})] \quad (12.73)$$

$$\text{CJSWGS}(T) = \text{CJSWGS}[1 + \text{TCJSWG}(T - \text{TNOM})] \quad (12.74)$$

$$\text{PBS}(T) = \text{PBS}(\text{TNOM}) - \text{TPB}(T - \text{TNOM})] \quad (12.75)$$

$$\text{PBSWS}(T) = \text{PBSWS}(\text{TNOM}) - \text{TPBSW}(T - \text{TNOM})] \quad (12.76)$$

$$\text{PBSWGS}(T) = \text{PBSWGS}(\text{TNOM}) - \text{TPBSWG}(T - \text{TNOM})] \quad (12.77)$$

式中，CJS 为底部结电容；CJSWS 为源侧结电容；CJSWGS 为栅侧结电容；PBS 为底部结电动势；PBSWS 为源侧结电容；PBSWGS 为栅侧结电容。

同样，在漏极侧，可以得到

$$\text{CJD}(T) = \text{CJD}[1 + \text{TCJ}(T - \text{TNOM})] \quad (12.78)$$

$$\text{CJSWD}(T) = \text{CJSWD}[1 + \text{TCJSW}(T - \text{TNOM})] \quad (12.79)$$

$$\text{CJSWGD}(T) = \text{CJSWGD}[1 + \text{TCJSWG}(T - \text{TNOM})] \quad (12.80)$$

$$\text{PBD}(T) = \text{PBD}(\text{TNOM}) - \text{TPB}(T - \text{TNOM})] \quad (12.81)$$

$$\text{PBSWD}(T) = \text{PBSWD}(\text{TNOM}) - \text{TPBSW}(T - \text{TNOM})] \quad (12.82)$$

$$\text{PBSWGD}(T) = \text{PBSWGD}(\text{TNOM}) - \text{TPBSWG}(T - \text{TNOM})] \quad (12.83)$$

式中，CJD 为底部结电容；CJSWD 为源侧结电容；CJSWGD 为栅侧结电容；PBD 为底部结电动势；PBSWD 为源侧结电动势；PBSWGD 为栅侧结电动势。

12.7.3　陷阱辅助隧穿电流 ★★★

陷阱辅助隧穿饱和电流的温度特性模型如下。在源端，可以得到

$$J_{\text{tss}}(T) = \text{JTSS} \cdot \exp\left(\dfrac{E_{\text{g,TNOM}} \cdot \text{XTSS} \cdot \left(\dfrac{T}{\text{TNOM}} - 1\right)}{kT}\right) \quad (12.84)$$

$$J_{\text{tssws}}(T) = \text{JTSSWS} \cdot \exp\left(\dfrac{E_{\text{g,TNOM}} \cdot \text{XTSSWS} \cdot \left(\dfrac{T}{\text{TNOM}} - 1\right)}{kT}\right) \quad (12.85)$$

$$J_{\text{tsswgs}}(T) = \text{JTSSWGS} \cdot \left(\sqrt{\frac{\text{JTWEFF}}{W_{\text{eff0}}}} + 1 \right) \cdot \exp\left(\frac{E_{g,\text{TNOM}} \cdot \text{XTSSWGS} \cdot \left(\frac{T}{\text{TNOM}} - 1 \right)}{kT} \right)$$

$$(12.86)$$

式中，J_{tss} 为结底部的电流密度；J_{tssws} 为结侧壁的电流密度；J_{tsswgs} 为栅侧壁的电流密度。

同样地，在漏端，可以得到

$$J_{\text{tsd}}(T) = \text{JTSD} \cdot \exp\left(\frac{E_{g,\text{TNOM}} \cdot \text{XTSD} \cdot \left(\frac{T}{\text{TNOM}} - 1 \right)}{kT} \right) \qquad (12.87)$$

$$J_{\text{tsswd}}(T) = \text{JTSSWD} \cdot \exp\left(\frac{E_{g,\text{TNOM}} \cdot \text{XTSSWD} \cdot \left(\frac{T}{\text{TNOM}} - 1 \right)}{kT} \right) \quad (12.88)$$

$$J_{\text{tsswgd}}(T) = \text{JTSSWGD} \cdot \left(\sqrt{\frac{\text{JTWEFF}}{W_{\text{eff0}}}} + 1 \right) \cdot \exp\left(\frac{E_{g,\text{TNOM}} \cdot \text{XTSSWGD} \cdot \left(\frac{T}{\text{TNOM}} - 1 \right)}{kT} \right)$$

$$(12.89)$$

式中，J_{tsd} 为结底部的电流密度；J_{tsswd} 为结侧壁的电流密度；J_{tsswgd} 为栅侧壁的电流密度。

体二极管的非理想因素也与温度有关，其模型如下。

对于源端，有

$$\text{NJTS}(T) = \text{NJTS} \cdot \left[1 + \text{TNJTS} \cdot \left(\frac{T}{\text{TNOM}} - 1 \right) \right] \qquad (12.90)$$

$$\text{NJTSSW}(T) = \text{NJTSSW} \cdot \left[1 + \text{TNJTSSW} \cdot \left(\frac{T}{\text{TNOM}} - 1 \right) \right] \qquad (12.91)$$

$$\text{NJTSSWG}(T) = \text{NJTSSWG} \cdot \left[1 + \text{TNJTSSWG} \cdot \left(\frac{T}{\text{TNOM}} - 1 \right) \right] \qquad (12.92)$$

式中，NJTS 为结底部；NJTSSW 为侧壁；NJTSSWG 为栅侧壁。

同样的，对于漏端，有

$$\text{NJTSD}(T) = \text{NJTSD} \cdot \left[1 + \text{TNJTSD} \cdot \left(\frac{T}{\text{TNOM}} - 1 \right) \right] \qquad (12.93)$$

$$\text{NJTSSWD}(T) = \text{NJTSSWD} \cdot \left[1 + \text{TNJTSSWD} \cdot \left(\frac{T}{\text{TNOM}} - 1 \right) \right] \qquad (12.94)$$

$$\text{NJTSSWGD}(T) = \text{NJTSSWGD} \cdot \left[1 + \text{TNJTSSWGD} \cdot \left(\frac{T}{\text{TNOM}} - 1 \right) \right] \qquad (12.95)$$

式中，NJTSD 为结底部；NJTSSWD 为侧壁；NJTSSWGD 为栅侧壁。

12.8 自热效应

功耗密度随着新工艺节点的进步而增加。功耗以热的形式在沟道中消散。正如前面讨论和建模所描述的，温度的升高会影响器件参数，如迁移率、阈值电压，从而导致晶体管电流的减小。自热效应取决于器件所用材料的耗散功率和导热系数。这就是为什么这种效应在高压/大功率器件（例如横向扩散的 MOSFET 和绝缘栅双极型晶体管器件），以及绝缘体硅（SOI）MOSFET 中更为突出，因为与体硅相比，SOI 衬底的热导率较低。由于 FinFET 驱动电流很大，并且没有足够的空间快速释放器件中的热量，因此 FinFET 也表现出自热效应。

通过调用 SHMOD = 1，可以使用热网络[14] 来模拟自热效应，如图 12.1 所示。晶体管中耗散的功率被输入到这个热网络中，由于自热效应，整个热网络的电压降导致温度升高，温度的升高会使器件的温度升高。SPICE 优化了自热效应引起的温度升高和电流减小，直至模型收敛。SPICE 增加的迭代次数会导致速度损失。

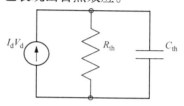

图 12.1 用于模拟自热效应的热网络

R_{th} 和 C_{th} 的值与宽度值相关，并通过以下公式得出：

$$R_{th} = \frac{RTH0}{WTH0 + F_{pitch} \cdot NFIN} \tag{12.96}$$

$$C_{th} = CTH0 \cdot (WTH0 + F_{pitch} \cdot NFIN) \tag{12.97}$$

式中，RTH0 和 CTH0 分别为归一化热电阻和热电容的模型参数；WTH0 为计算热电阻的最小宽度。

图 12.2 显示了具有和不具有自热效应的漏极电压下漏极电流的仿真结果。当 SHMOD = 1 时开启自热效应，与 SHMOD = 0 时的情况相比，此时漏极电流会减小一些。如果热电阻（RTH0）足够大，则它甚至可能导致电流随漏极电压的增大而减小，从而产生负的 g_{ds}。在第 10 章中讨论了测试自热效应是否正确的基准试验。

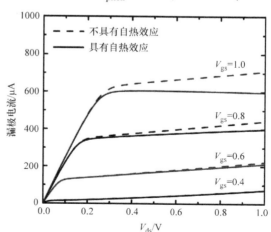

图 12.2 具有和不具有自热效应的 I_d - V_d 仿真结果。由于自热效应，漏极电流减小，可能产生负的 g_{ds}

12.9　验证范围

模型的有效温度范围为 $-50 \sim 200\text{℃}$。对于远低于 -50℃ 的温度，器件物理特性会发生重大变化，对这种低温情况的建模是一个单独的、具有挑战性的问题。

12.10　测量数据的模型验证

对 $L = 60\text{nm}$，$\text{TFIN} = 17\text{nm}$，$\text{HFIN} = 60\text{nm}$，$\text{NFIN} = 20$ 的 SOI FinFET 的测量数据进行了验证。温度扫描以 50℃ 为步进，从 -50℃ 扫至 200℃。图 12.3 显示

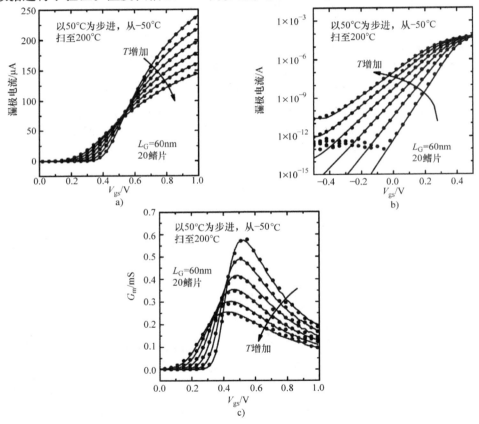

图　12.3

a) 线性轴上的漏极电流　b) 对数轴上的漏极电流　c) 在 $-50 \sim 200\text{℃}$
区间范围内，以 50℃ 为步进，当 $V_{ds} = 50\text{mV}$ 时，线性区中跨导与栅极偏置的关系。

实验数据取自 SOI FinFET，$L = 60\text{nm}$，$\text{TFIN} = 17\text{nm}$，$\text{HFIN} = 60\text{nm}$，$\text{NFIN} = 20$

了不同温度下线性区域的漏极电流，与不同温度下的阈值电压完全匹配。在低栅极电压下，迁移率受温度的影响很大，而在高栅极电压下，串联电阻控制着线性电流特性。该模型还与零温度系数相匹配，对设计温度不变的电路具有重要意义。不同温度时，饱和区域的漏极电流如图 12.4 所示。在饱和状态下，电流以速度饱和为主，模型与实验数据吻合较好。

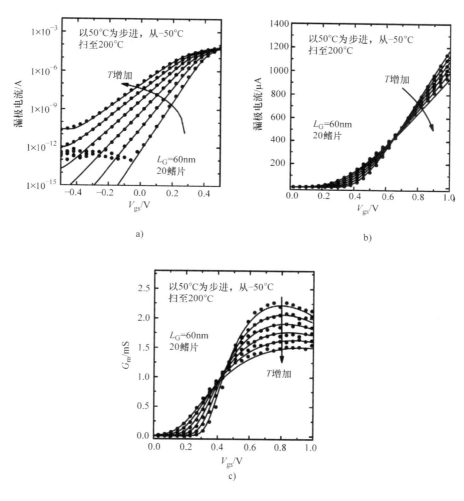

图　12.4

a）线性轴上的漏极电流　b）对数轴上的漏极电流　c）在 −50 ~ 200℃ 区间
范围内，以 50℃ 为步进，当 $V_{ds} = 1V$ 时，饱和区中跨导与栅极偏置的关系。实验
数据取自 SOI FinFET，$L = 60nm$，TFIN = 17nm，HFIN = 60nm，NFIN = 20

参 考 文 献

[1] C. Hu, Modern Semiconductor Devices for Integrated Circuits, Prentice Hall, New Jersey, 2010.

[2] H.Y. Fan, Temperature dependence of the energy gap in semiconductors, Phys. Rev. 82 (6) (1951) 900–905.

[3] B.V. Zeghbroeck, Principles of semiconductor devices, [Online] Available URL: http://ecee.colorado.edu/~bart/book/contents.htm.

[4] Y.P. Varshni, Temperature dependence of the energy gap in semiconductors, Physica 34 (1) (1967) 149–154.

[5] S.M. Sze, Physics of Semiconductor Devices, Wiley, New York, 1981.

[6] Y. Cheng, et al., Modeling temperature effects of quarter micrometer MOSFETs in BSIM3v3 for circuit simulation, Semicond. Sci. Technol. 12 (1997) 1349–1354.

[7] J.H. Huang, et al., BSIM3 Manual (Version 2.0), University of California, Berkeley, March 1994.

[8] Y. Cheng, et al., BSIM3 version 3.1 Users Manual, University of California, Berkeley, Memorandum No. UCB/ERL M97/2, 1997.

[9] M.S. Liang, J.Y. Choi, P.K. Ko, C. Hu, Inversion-layer capacitance and mobility of very thin gate-oxide MOSFETs, IEEE Trans. Electron Dev. ED-33 (1986) 409.

[10] C.L. Huang, G.S. Gildenblat, Measurements and modeling of the n-channel MOSFET inversion layer mobility and device characteristics in the temperature range 60-300K, IEEE Trans. Electron Devices ED-37 (1990) 1289–1300.

[11] Y. Cheng, C. Hu, MOSFET Modeling and BSIM3 User's Guide, Kluwer Academic Publishers, Norwell, MA, 1999.

[12] G. Massobrio, P. Antognetti, Semiconductor Device Modeling with SPICE, Mc-Graw-Hill, Inc., New York, 1993.

[13] N. Arora, MOSFET Models for VLSI Circuit Simulation, Springer-Verlag, Vienna, New York, 1994.

[14] P. Su, S.K.H. Fung, S. Tang, F. Assaderaghi, C. Hu, BSIMPD: a partial-depletion SOI MOSFET model for deep-submicron CMOS designs, Proceedings of the IEEE Custom Integrated Circuits Conference, 2000, pp. 197–200.

附　录

附录A　参数列表

A.1　模型控制器　★★★

名称	单位	默认值	最小值	最大值	描　述
TYPE	—	NMOS	PMOS	NMOS	NMOS = 1, PMOS = 0
BULKMOD	—	0	0	1	衬底模型选择器; 0 = SOI 衬底上的多栅, 1 = 体衬底上的多栅
COREMOD	—	0	0	1	简化的表面电动势选择器;0 = 关闭,1 = 打开（轻掺杂或者未掺杂）
GEOMOD	—	1	0	3	结构选择器;0 = 双栅,1 = 三栅,2 = 四栅,3 = 柱形栅
CGEOMOD	—	0	0	1	仅适用于 CGEOMOD = 1, GEO1SW = 1 在每鳍片 F、每栅极 - 叉指、每单位沟道宽度中启用参数 COVS、COVD、CGSP 和 CGDP
RDSMOD	—	0	0	1	与偏置相关,源/漏极延伸电阻模型选择器;0 = 取决于内部偏置,1 = 外部,2 = 内部
ASYMMOD	—	0	0	1	非对称 $I-V$ 模型选择器;0 = 关闭,忽略反向模型参数,1 = 打开
IGCMOD	—	0	0	1	I_{gc}、I_{gs} 和 I_{gd} 模型开关;1 = 打开,0 = 关闭
IGBMOD	—	0	0	1	I_{gb} 模型选择器;1 = 打开,0 = 关闭
GIDLMOD	—	0	0	1	GIDL/GISL 电流开关;1 = 打开,0 = 关闭
IIMOD	—	0	0	2	碰撞电离模型开关;0 = 关闭,1 = 基于 BSIM4 模型,2 = 基于 BSIMSOI 模型

（续）

名称	单位	默认值	最小值	最大值	描　述
NQSMOD	—	0	0	1	非准静态栅极电阻和 gi 节点开关；1 = 打开，0 = 关闭
SHMOD	—	0	0	1	自热和 T 形节点开关；1 = 打开，0 = 关闭
RGATEMOD	—	0	0	1	栅极电阻和 ge 节点开关；1 = 打开，0 = 关闭
RGEOMOD	—	0	0	1	与偏置相关的寄生电阻选择器
CGEOMOD	—	0	0	2	寄生电容模型选择器
CAPMOD	—	0	0	1	积累区域电容模型选择器；0 = 无积累电容，1 = 含有积累电容
TEMPMOD	—	0	0	1	温度相关模型选择器
TNOIMOD	—	0	0	2	热噪声模型选择器；0 = 电荷控制，1 = 整体相关，2 = 相关噪声模型

A.2　器件参数　★★★

名称	单位	默认值	最小值	最大值	描　述
L$^{(m)}$	m	30 n	1 n	—	设计栅极长度
D$^{(m)}$	m	40 n	1 n	—	柱形直径（对于几何模型 = 3）
TFIN$^{(m)}$	m	15 n	1 n	—	体（鳍片）厚度
FPITCH$^{(m)}$	m	80 n	TFIN	—	鳍片间距
NF	—	1	1		叉指数目
NFIN$^{(m)}$	—	1	>0	—	每叉指的鳍片数目
NGCON$^{(m)}$	—	1	1	2	栅极触点数目
ASEO$^{(m)}$	m^2	0	0	—	源极到基极的重叠区域氧化（所有叉指）
ADEO$^{(m)}$	m^2	0	0	—	漏极到源极的重叠区域氧化（所有叉指）
PSEO$^{(m)}$	m	0	0	—	源极到基极的重叠区域氧化周长（所有叉指）
PDEO$^{(m)}$	m	0	0	—	漏极到基极的重叠区域氧化周长（所有叉指）
ASEJ$^{(m)}$	m^2	0	0	—	源结区域（所有叉指；对于大部分 MuGFET，BULKMOD = 1）
ADEJ$^{(m)}$	m^2	0	0	—	漏结区域（所有叉指；对于大部分 MuGFET，BULKMOD = 1）

（续）

名称	单位	默认值	最小值	最大值	描　述
PSEJ$^{(m)}$	m	0	0	—	源结周长（所有叉指；对于大部分 MuGFET，BULKMOD = 1）
PDEJ$^{(m)}$	m	0	0	—	漏结周长（所有叉指；对于大部分 MuGFET，BULKMOD = 1）
COVS$^{(m)}$	F 或 F/m 参考 CGEO1SW	0	0	—	栅极到源极重叠区域的常数电容（基于 CGEO-MOD = 1）
COVD$^{(m)}$	F 或 F/m 参考 CGEO1SW	CVOS	0	—	栅极到漏极重叠区域的常数电容（基于 CGEO-MOD = 1）
CGSP$^{(m)}$	F 或 F/m 参考 CGEO1SW	0	0	—	栅极到源极的端常数电容（基于 CGEOMOD = 1）
CGDP$^{(m)}$	F 或 F/m 参考 CGEO1SW	0	0	—	栅极到漏极的端常数电容（基于 CGEOMOD = 1）
CDSP$^{(m)}$	F	0	0	—	漏极到源极的边缘常数电容
NRS$^{(m)}$	—	0	0	—	源极扩散方块数量（基于 RGEOMOD = 0）
NRD$^{(m)}$	—	0	0	—	漏极扩散方块数量（基于 RGEOMOD = 0）
LRSD$^{(m)}$	m	L	0	—	源/漏极的长度

注：带上标（m）的器件参数也是模型参数。

A.3　工艺参数　★★★◀

名称	单位	默认值	最小值	最大值	描　述
XL	m	0	—	—	由于掩膜/蚀刻效应导致沟道长度 L 的偏差
LINT	m	0.0	—	—	长度减少参数（掺杂扩散效应）
LL	m$^{(LLN+1)}$	0.0	—	—	长度减少参数（掺杂扩散效应）
LLN	—	1.0	—	—	长度减少参数（掺杂扩散效应）
DLC	m	0.0	—	—	基于 CV 的长度减少参数（掺杂扩散效应）
DLCACC	m	0.0	—	—	在积累区基于 CV 的沟道长度减少参数（基于 BULKMOD = 1，CAPMOD = 1）
LLC	m$^{(LLN+1)}$	0.0	—	—	基于 CV 的长度减少参数（掺杂扩散效应）
DLBIN	m	0.0	—	—	基于封装的长度减少参数

（续）

名称	单位	默认值	最小值	最大值	描　述
EOT	m	1.0n	0.1n	—	SiO_2 等效栅极介质厚度（包括反型层厚度）
TOXP	m	1.2n	0.1n	—	物理氧化层厚度
EOTBOX	m	140n	1n	—	SiO_2 等效氧化埋层厚度（包括衬底耗尽）
HFIN	m	30n	1n	—	鳍片高度
FECH	—	1.0	0		对于不同晶向/形状的沟道端末因子（侧沟道和顶部沟道之间的迁移率差异由该参数决定）
DELTAW	m	0.0	—		鳍片的形状导致有效宽度减小
FECHCV	—	1.0	0		对于不同晶向/形状的 CV 沟道端末因子
DELTAWCV	m	0.0	—		鳍片的形状导致 CV 有效宽度减小
NBODY	$1/m^3$	10^{22}			沟道（体）掺杂浓度
NBODYN1	—	0	-0.08		NBODY 与每叉指的鳍片数目相关性
NBODYN2	—	10^5	10^{-5}		NBODY 与每叉指的鳍片数目相关性
NSD	$1/m^3$	2×10^{26}	2×10^{25}	10^{27}	源/漏极的掺杂浓度
PHIG	eV	4.61	0		栅极的功函数
PHIGL	eV/m	0	—		栅极功函数的长度依赖性
PHIGN1	—	0	-0.08		PHIG 的每叉指的鳍片数目相关性
PHIGN2	—	10^5	10^{-5}		PHIG 的每叉指的鳍片数目相关性
EPSROX	—	3.9	1		栅极绝缘体的相对介电常数
EPSRSUB	—	11.9	1		沟道材料的相对介电常数
EASUB	eV	4.05	0		衬底材料的电子相关性
NI0SUB	$1/m^3$	1.1×10^{16}	—		在 300.15K 处沟道本征载流子的浓度
BG0SUB	eV	1.12			在 300.15K 处沟道材料的带隙
NC0SUB	$1/m^3$	2.86×10^{25}			在 300.15K 处导带的状态密度
NGATE	$1/m^3$	0			多晶硅栅极的掺杂参数（对金属栅极设 NGATE $=0$）
IMIN	A/m^2	10^{-15}	—		在积累过程中计算反型层中的电压钳位参数

A.4　基本模型参数　★★★

名称	单位	默认值	最小值	最大值	描　述
CIT	F/m^2	0.0	—	—	界面态参数
CDSC	F/m^2	7×10^{-3}	0.0	—	源/漏极与沟道之间的耦合电容

名称	单位	默认值	最小值	最大值	描 述
CDSCN1	—	0	-0.08	—	CDSC 的每叉指的鳍片数目相关性
CDSCN2	—	10^5	10^{-5}	—	CDSC 的每叉指的鳍片数目相关性
CDSCD	F/m^2	7×10^{-3}	0.0	—	CDSC 的漏偏灵敏度
CDSCDN1	—	0	-0.08	—	CDSCD 的每叉指的鳍片数目相关性
CDSCDN2	—	10^5	10^{-5}	—	CDSCD 的每叉指的鳍片数目相关性
CDSCDR	F/m^2	CDSCD	0.0	—	反型模式下的漏偏灵敏度
CDSCDRN1	—	CDSCDN1	-0.08	—	CDSCDR 的每叉指的鳍片数目相关性
CDSCDRN2	—	CDSCDN2	10^{-5}	—	CDSCDR 的每叉指的鳍片数目相关性
DVT0	—	0.0	0.0	—	SCE 系数
DVT1	—	0.60	>0	—	SCE 指数系数
DVT1SS	—	DVT1	>0	—	亚阈值摆幅指数系数
PHIN	V	0.05	—	—	非均匀垂直掺杂对表面电势的影响
ETA0	—	0.60	0.0	—	DIBL 系数
ETA0N1	—	0	-0.08	—	ETA0 的每叉指的鳍片数目相关性
ETA0N2	—	0	10^{-5}	—	ETA0 的每叉指的鳍片数目相关性
DSUB	—	1.06	>0	—	DIBL 指数系数
DVTP0	—	0	—	—	漏致 V_{th} 偏移系数（DITS）
DVTP1	—	0	—	—	DITS 指数系数
K1RSCE	$V^{1/2}$	0.0	—	—	反向短沟道效应的前置因子
LPE0	m	5×10^{-9}	$-L_{eff}$	—	零偏压下袋状区域的等效长度
K0	V	—	0.0	—	横向 NUD 参数
K0SI	—	1.0	>0	—	强反型校正系数/g_m
K1SI	—	K0SI	>0	—	在 M_{ob} 中使用的强反型校正系数
DVTSHIFT	V	0.0	—	—	附加的 V_{th} 切换开关
PHIBE	V	0.7	0.2	1.2	体效应电压参数
K1	$V^{1/2}$	0.0	0.0	—	亚阈值区域的体效应系数
K1SAT	$1/V^{1/2}$	0.0	—	—	饱和区的体效应系数
QMFACTOR	—	0.0	—	—	QM 中 V_{th} 偏移校正的前置因子
QMTCENIV	—	0.0	—	—	IV 中，QM 中有效宽度校正的前置因子/开关
QMTCENCV	—	0.0	—	—	CV 中，QM 中有效宽度和氧化度校正的前置因子/开关

（续）

名称	单位	默认值	最小值	最大值	描　　述
QMTCENCVA	—	0.0	—	—	积累区域 CV 中，QM 中有效宽度和氧化层厚度校正的前置因子/开关
ETAQM		0.54			QM 电荷质心的体电荷系数
QM0	V	10^{-3}	>0	—	QM 电荷质心的归一化参数（反型区）
PQM		0.66			QM 电荷质心的拟合参数（反型区）
QM0ACC	V	10^{-3}	>0	—	QM 电荷质心的归一化参数（积累区）
PQMACC		0.66			QM 电荷质心的拟合参数（积累区）
VSAT	m/s	85000	—	—	饱和区的饱和速度
VSATN1	—	0	-0.08	—	VSAT 的每叉指的鳍片数目相关性
VSATN2	—	10^5	10^{-5}	—	VSAT 的每叉指的鳍片数目相关性
VSAT1	—	VSAT			在正偏模式下，线性区内的饱和速度
VSAT1N1	—	0	-0.08	—	VSAT1 的每叉指的鳍片数目相关性
VSAT1N2	—	10^5	10^{-5}	—	VSAT1 的每叉指的鳍片数目相关性
VSAT1R	m/s	VSAT1			在反型模式下，线性区的饱和速度
VSAT1RN1	—	VSAT1N1	-0.08	—	VSAT1R 的每叉指的鳍片数目相关性
VSAT1RN2	—	VSAT1N2	10^{-5}	—	VSAT1R 的每叉指的鳍片数目相关性
DELTAVSAT	—	1.0	0.01	—	线性区中的速度饱和参数
PSAT	—	2.0	2.0	—	饱和速度场指数
KSATIV	—	1.0	—	—	长沟道 V_{dsat} 的参数
VSATCV	m/s	VSAT			电容模型的饱和速度
DELTAVSATCV	—	DELTAVSAT	0.01	—	电容模型线性区的饱和速度参数
PSATCV	—	PSAT	2.0	—	电容模型的速度饱和场指数
MEXP	—	4	2	—	V_{dsat} 的光滑函数因子
MEXPR	—	MEXP	2	—	V_{dsat} 的反向光滑函数因子
PTWG	$1/V^2$	0.0	—	—	正向模式下的速度饱和修正系数
GR	$1/V^2$	PTWG			反向模式下的速度饱和修正系数
	$1/V^2$	0.0	—	—	强反型区内的非饱和效应参数
	$1/V$	0.0	—	—	中度反型区内的非饱和效应参数
	m^2/Vs	3×10^{-2}	—	—	低场效应迁移率
	—	0	-0.08	—	U0 的每叉指的鳍片数目相关性
	—	10^5	10^{-5}	—	U0 的每叉指的鳍片数目相关性
		0	-1	1	平均沟道电荷加权（采样）系数，+1：源端，0：栅，-1：漏端

（续）

名称	单位	默认值	最小值	最大值	描　　述
ETAMOB	—	2.0	—	—	有效场参数
UP	μm^{LPA}	0.0	—	—	迁移率 L 系数
LPA	—	1.0	—	—	迁移率 L 功耗系数
UA	$(cm/MV)^{EU}$	0.3	>0.0	—	声子/表面粗糙度散射参数
UC	$(10^{-6}cm/MV^2)^{EU}$	0.0			迁移率的阈值电压系数（BULKMOD =1）
EU	cm/MV	2.5	>0.0	—	声子/表面粗糙度散射参数
UD	cm/MV	0.0	>0.0	—	库仑散射参数
UCS	—	1.0	>0.0	—	库仑散射参数
PCLM	—	0.013	>0.0	—	沟道长度调制（CLM）参数
PCLMG	—	0	—	—	沟道长度调制（CLM）的栅极偏压相关参数
RDSWMIN	$\Omega\mu m^{WR}$	0.0	0.0	—	RDSMOD =0，高 V_{gs} 下单位宽度的源/漏极扩展电阻
RDSW	$\Omega\mu m^{WR}$	100	0.0	—	RDSMOD =0，零偏下单位宽度的源/漏极扩展电阻
RSWMIN	$\Omega\mu m^{WR}$	0.0	0.0	—	RDSMOD =1，高 V_{gs} 下，单位宽度的源极扩展电阻
RSW	$\Omega\mu m^{WR}$	50	0.0	—	RDSMOD =1，零偏下，单位宽度的源极扩展电阻
RDWMIN	$\Omega\mu m^{WR}$	0.0	0.0	—	RDSMOD =1，高 V_{gs} 下，单位宽度的漏极扩展电阻
RDW	$\Omega\mu m^{WR}$	50	0.0	—	RDSMOD =1，零偏下，单位宽度的漏极扩展电阻
RSDR	$1/V^{PRSDR}$	0.0	0.0	—	RDSMOD =1，在正向模式下，源端漂移电阻参数
RSDRR	$1/V^{PRSDR}$	RSDR	0.0	—	RDSMOD =1，在反向模式下，源端漂移电阻参数
RDDR	$1/V^{PRDDR}$	RSDR	0.0	—	RDSMOD =1，在正向模式下，漏极漂移电阻参数
RSDRR	$1/V^{PRDDR}$	RDDR	0.0	—	RDSMOD =1，在反向模式下，漏极漂移电阻参数

（续）

名称	单位	默认值	最小值	最大值	描　　述
PRWGS	1/V	0.0	0.0	—	源极准饱和参数
PRWGD	1/V	PRWGS	0.0	—	漏极准饱和参数
PRSDR	—	1.0	0.0	—	RDSMOD = 1，在正向模式下，漏极漂移电阻参数
PRDDR	—	PRSDR	0.0	—	RDSMOD = 1，在反向模式下，漏极漂移电阻参数
WR	—	1.0	—	—	源/漏扩展电阻的 W 相关参数
RGEXT	Ω	0.0	0.0	—	有效栅极外电阻（实验获得）
RGFIN	Ω	10^{-3}	10^{-3}	—	每鳍片叉指的有效栅极电阻
RSHS	Ω	0.0	0.0	—	源极方块电阻
RSHD	Ω	RSHS	0.0	—	漏极方块电阻
PDIBL1	—	1.30	0.0	—	在正向模式下，DIBL 对 Rout 影响的参数
PDIBL1R	—	PDIBL1	0.0	—	在反向模式下，DIBL 对 Rout 影响的参数
PDIBL2	—	2×10^{-4}	0.0	—	DIBL 对 R_{out} 影响的参数
DROUT	—	1.06	>0.0	—	DIBL 对 R_{out} 影响与 L 的相关性
PVAG	—	1.0	—	—	V_{gs} 与厄利电压的相关性
TOXREF	m	1.2nm	>0.0	—	栅极隧穿电流的标称栅极氧化层厚度
TOXG	m	TOXP	>0.0	—	栅极电流模型的氧化层厚度
NTOX	—	1.0	—	—	栅极氧化率的指数函数
AIGBINV	$(Fs^2/g)^{0.5}/m$	1.11×10^{-2}	—	—	反型区域中 I_{gb} 的参数
BIGBINV	$(Fs^2/g)^{0.5}/(m \cdot V)$	9.49×10^{-4}	—	—	反型区域中 I_{gb} 的参数
CIGBINV	1/V	6.00×10^{-3}	—	—	反型区域中 I_{gb} 的参数
EIGBINV	V	1.1	—	—	反型区域中 I_{gb} 的参数
NIGBINV	—	3.0	>0.0	—	反型区域中 I_{gb} 的参数
AIGBACC	$(Fs^2/g)^{0.5}/m$	1.36×10^{-2}	—	—	在积累区域的 I_{gb} 参数
BIGBACC	$(Fs^2/g)^{0.5}/(m \cdot V)$	1.71×10^{-3}	—	—	在积累区域的 I_{gb} 参数
CIGBACC	1/V	7.5×10^{-2}	—	—	在积累区域的 I_{gb} 参数
NIGBACC	—	1.0	>0.0	—	在积累区域的 I_{gb} 参数
AIGC	$(Fs^2/g)^{0.5}/m$	1.36×10^{-2}	—	—	在反型区域的 I_{gc} 参数
BIGC	$(Fs^2/g)^{0.5}/(m \cdot V)$	1.71×10^{-3}	—	—	在反型区域的 I_{gc} 参数

（续）

名称	单位	默认值	最小值	最大值	描　　述
CIGC	1/V	0.075	—	—	在反型区域的 I_{gc} 参数
PIGCD	—	1.0	>0.0	—	I_{gcs} 和 I_{gcd} 对 V_{ds} 的相关性
DLCIGS	m	0.0	—	—	I_{gs} 模型的增量 L
AIGS	$(Fs^2/g)^{0.5}/m$	1.36×10^{-2}	—	—	在反型区域的 I_{gs} 参数
BIGS	$(Fs^2/g)^{0.5}/(m \cdot V)$	1.71×10^{-3}	—	—	在反型区域的 I_{gs} 参数
CIGS	1/V	0.075	—	—	在反型区域的 I_{gs} 参数
DLCIGD	m	DLCIGS	—	—	I_{gd} 模型的增量 L
AIGD	$(Fs^2/g)^{0.5}/m$	AIGS	—	—	在反型区域的 I_{gd} 参数
BIGD	$(Fs^2/g)^{0.5}/(m \cdot V)$	BIGS	—	—	在反型区域的 I_{gd} 参数
CIGD	1/V	CIGS	—	—	在反型区域的 I_{gd} 参数
POXEDGE	—	1	>0.0	—	栅极边缘氧化层厚度因子 T_{ox}
AGIDL	1/Q	6.055×10^{-12}	—	—	GIDL 的预指数系数
BGIDL	V/m	0.3×10^9	—	—	GIDL 的指数系数
CGIDL	V^3	0.2	—	—	GIDL 的衬偏效应参数
EGIDL	V	0.2	—	—	GIDL 的能带弯曲参数
PGIDL	—	1.0	—	—	GIDL 的电场指数
AGISL	1/Q	AIGDL	—	—	GISL 的预指数系数
BGISL	V/m	BGIDL	—	—	GISL 的指数系数
CGISL	V^3	0.2	—	—	GISL 的衬偏效应参数
EGISL	V	EGIDL	—	—	GISL 的能带弯曲参数
PGISL	—	1.0	—	—	GISL 的电场指数
ALPHA0	1/mV	0.0	—	—	I_{ii} 的第一参数（IIMOD = 1）
ALPHA1	1/V	0.0	—	—	I_{ii} 的 L 缩放参数（IIMOD = 1）
ALPHAII0	1/mV	0.0	—	—	I_{ii} 的第一参数（IIMOD = 2）
ALPHAII1	1/V	0.0	—	—	I_{ii} 的 L 缩放参数（IIMOD = 2）
BETA0	1/V	0.0	—	—	关于 I_{ii} 的 V_{ds} 相关参数（IIMOD = 1）
BETAII0	1/V	0.0	—	—	关于 I_{ii} 的 V_{ds} 相关参数（IIMOD = 2）
BETAII1	—	0.0	—	—	关于 I_{ii} 的 V_{ds} 相关参数（IIMOD = 2）
BETAII2	V	0.1	—	—	关于 I_{ii} 的 V_{ds} 相关参数（IIMOD = 2）
ESATII	V/m	10^7	—	—	关于 I_{ii} 的饱和沟道电场（IIMOD = 2）
LII	Vm	0.5×10^{-9}	—	—	关于 I_{ii} 的沟道长度相关参数（IIMOD = 2）

名称	单位	默认值	最小值	最大值	描　　述
SII0	1/V	0.5	—	—	关于 I_{ii} 的 V_{gs} 相关参数（IIMOD = 2）
SII1	—	0.1	—	—	关于 I_{ii} 的 V_{gs} 相关参数（IIMOD = 2）
SII2	V	0.0	—	—	关于 I_{ii} 的 V_{gs} 相关参数（IIMOD = 2）
SIID	V	0.0	—	—	关于 I_{ii} 的 V_{ds} 相关参数（IIMOD = 2）
EOTACC	m	EOT	0.1n	—	积累区的 SiO_2 等效栅介质厚度
DELVFBACC	V	0.0	—	—	积累区中附加的 V_{fb} 偏差
PCLMCV	—	0.013	>0.0	—	电容模型的沟道长度调制（CLM）参数
CFS	F/m	2.5e − 11	0.0	—	源极的外边缘区电容（CGEOMOD = 0）
CFD	F/m	CFS	0.0	—	漏极的外边缘区电容（CGEOMOD = 0）
CGSO	F/m	计算值	0.0	—	在非 LDD 区域，每单位沟道宽度的栅源交叠电容（CGEOMOD = 0, 2）
CGDO	F/m	计算值	0.0	—	在非 LDD 区域，每单位沟道宽度的栅漏交叠电容（CGEOMOD = 0, 2）
CGSL	F/m	0	0.0	—	在栅极和低掺杂的源极区域形成的交叠电容（CGEOMOD = 0, 2）
CGDL	F/m	CGSL	0.0	—	在栅极和低掺杂的漏极区域形成的交叠电容（CGEOMOD = 0, 2）
CKAPPAS	V	0.6	0.02	—	源极与偏压相关的交叠电容系数（CGEOMOD = 0, 2）
CKAPPAD	V	CKAPPAS	0.02	—	漏极侧与偏压相关的交叠电容系数（CGEOMOD = 0, 2）
CGBO	F/m	0	0.0	—	单位沟道长度、每叉指和每个栅极接触中的栅极 – 衬底交叠电容
CGBN	F/m	0	0.0	—	单位沟道长度、每叉指和每个鳍片中的栅极 – 衬底交叠电容
CSDESW	F/m	0	0.0	—	每单位长度源/漏极处的边缘电容
CJS	F/m²	0.0005	0.0	—	在零偏压下的单位面积源侧结电容
CJD	F/m²	CJS	0.0	—	在零偏压下的单位面积漏侧结电容
CJSWS	F/m	5.0×10^{-10}	0.0	—	零偏压下的单位长度侧壁结电容（源极）

（续）

名称	单位	默认值	最小值	最大值	描　述
CJSWD	F/m	CJSWS	0.0	—	零偏压下的单位长度侧壁结电容（漏极）
CJSWGS	F/m	0.0	0.0	—	零偏压下的单位长度栅极处的侧壁结电容（源极）
CJSWGD	F/m	CJSWGS	0.0	—	零偏压下的单位长度栅极处的侧壁结电容（漏极）
PBS	V	1.0	0.01	—	底部结中的内建电动势（源极）
PBD	V	PBS	0.01	—	底部结中的内建电动势（漏极）
PBSWS	V	1.0	0.01	—	绝缘层边缘侧壁结中的内建电动势（源极）
PBSWD	V	PBSWS	0.01	—	绝缘层边缘侧壁结中的内建电动势（漏极）
PBSWGS	V	PBSWS	0.01	—	栅极边缘侧壁结中的内建电动势（源极）
PBSWGD	V	PBSWGS	0.01	—	栅极边缘侧壁结中的内建电动势（漏极）
MJS	—	0.5	—	—	源极底部结电容的等级系数
MJD	—	MJS	—	—	漏极底部结电容的等级系数
MJSWS	—	0.33	—	—	绝缘层边缘侧壁结电容的等级系数（源极）
MJSWD	—	MJSWS	—	—	绝缘层边缘侧壁结电容的等级系数（漏极）
MJSWGS	—	MJSWS	—	—	栅极边缘侧壁结电容的等级系数（源极）
MJSWGD	—	MJSWGS	—	—	栅极边缘侧壁结电容的等级系数（漏极）
SJS	—	0.0	0.0	—	源极处二阶第二个结电容常数
SJD	—	SJS	0.0	—	漏极处二阶第二个结电容常数
SJSWS	—	0.0	0.0	—	侧壁二阶第二个结电容常数（源极）
SJSWD	—	SJSWS	0.0	—	侧壁二阶第二个结电容常数（漏极）

（续）

名称	单位	默认值	最小值	最大值	描述
SJSWGS	—	0.0	0.0	—	栅极边缘侧壁二阶第二个结电容常数（源极）
SJSWGD	—	SJSWGS	0.0	—	栅极边缘侧壁二阶第二个结电容常数（漏极）
MJS2	—	0.125	—	—	源极底部二阶第二个结电容的等级系数
MJD2	—	MJS2	—	—	漏极底部二阶第二个结电容的等级系数
MJSWS2	—	0.083	—	—	绝缘层边缘侧壁二阶第二个结电容的等级系数（源极）
MJSWD2	—	MJSWS2	—	—	绝缘层边缘侧壁二阶第二个结电容的等级系数（漏极）
MJSWGS2	—	MJSWS2	—	—	绝缘层边缘侧壁二阶第二个结电容的等级系数（源极）
MJSWGD2	—	MJSWGS2	—	—	绝缘层边缘侧壁二阶第二个结电容的等级系数（漏极）
JSS	A/m^2	10^{-4}	0.0	—	源极底部结中反向饱和电流的密度
JSD	A/m^2	JSS	0.0	—	漏极底部结中反向饱和电流的密度
JSWS	A/m	0	0.0	—	单位长度下绝缘层边缘源极侧壁结中的反向饱和电流
JSWD	A/m	JSWS	0.0	—	单位长度下绝缘层边缘漏极侧壁结中的反向饱和电流
JSWGS	A/m	0	0.0	—	单位长度下栅极边缘源极侧壁结中的反向饱和电流
JSWGD	A/m	JSWGS	0.0	—	单位长度下栅极边缘漏极侧壁结中的反向饱和电流
JTSS	A/m^2	0	0.0	—	底部源结陷阱辅助饱和电流密度
JTSD	A/m^2	JTSS	0.0	—	底部漏结陷阱辅助饱和电流密度
JTSSWS	A/m	0	0.0	—	隔离边源侧壁结的单位长度陷阱辅助饱和电流
JTSSWD	A/m	JTSSWS	0.0	—	隔离边漏侧壁结的单位长度陷阱辅助饱和电流

（续）

名称	单位	默认值	最小值	最大值	描　　述
JTSSWGS	A/m	0	0.0	—	栅极边源侧壁结的单位长度陷阱辅助饱和电流
JTSSWGD	A/m	JTSSWGS	0.0	—	栅极边漏侧壁结的单位长度陷阱辅助饱和电流
JTWEFF	m	0	0.0	—	陷阱辅助隧穿电流宽度相关性
NJS	—	1.0	0.0	—	源结发射系数
NJD	—	NJS	0.0	—	漏结发射系数
NJTS	—	20	0.0	—	JTSS 的非理想因子
NJTSD	—	NJTS	0.0	—	JTSD 的非理想因子
NJTSSW	—	20	0.0	—	JTSSWS 的非理想因子
NJTSSWD	—	NJTSSW	0.0	—	JTSSWD 的非理想因子
NJTSSWG	—	20	0.0	—	JTSSWGS 的非理想因子
NJTSSWGD	—	NJTSSWG	0.0	—	JTSSWGD 的非理想因子
VTSS	V	10	0.0	—	底部源结陷阱辅助电流电压相关参数
VTSD	V	VTSS	0.0	—	底部漏结陷阱辅助电流电压相关参数
VTSSWS	V	10	0.0	—	侧壁源结的单位长度陷阱辅助电流电压相关参数
VTSSWD	V	VTSSWS	0.0	—	侧壁漏结的单位长度陷阱辅助电流电压相关参数
VTSSWGS	V	10	0.0	—	栅边侧源结单位长度陷阱辅助电流电压相关参数
VTSSWGD	V	VTSSWGS	0.0	—	栅边侧漏结单位长度陷阱辅助电流电压相关参数
IJTHSFWD	A	0.1	$10I_{sbs}$	—	正向源极二极管击穿限流
IJTHDFWD	A	IJTHSFWD	$10I_{sbd}$	—	正向漏极二极管击穿限流
IJTHSREV	A	0.1	$10I_{sbs}$	—	反向源极二极管击穿限流
IJTHDREV	A	IJTHSREV	$10I_{sbd}$	—	反向漏极二极管击穿限流
BVS	V	10.0	—	—	源极二极管击穿电压
BVD	V	BVS	—	—	漏极二极管击穿电压
XJBVS	—	1.0	—	—	源极二极管击穿电流的拟合参数
XJBVD	—	XJBVS	—	—	源极二极管击穿电流的拟合参数
LINTIGEN	m	0.0	—	$L_{eff}/2$	R/G 电流中的失调

（续）

名称	单位	默认值	最小值	最大值	描　述
NTGEN	—	1.0	>0.0	—	R/G 电流参数（根据实验结果）
AIGEN	$1/(m^3 \cdot V)$	0.0	—	—	R/G 电流参数（根据实验结果）
BIGEN	$1/(m^3 \cdot V^3)$	0.0	—	—	R/G 电流参数（根据实验结果）
XRCRG1	—	12.0	0.0 或 $\geqslant 10^{-3}$	—	非准静态栅极电阻参数（NQSMOD = 1 和 NQSMOD = 2）
XRCRG2	—	1.0	—	—	非准静态栅极电阻参数（NQSMOD = 1 和 NQSMOD = 2）
NSEG	—	5	4	10	沟道段数 NQSMOD = 3
EF	—	1.0	>0.0	2.0	闪烁噪声频率指数
LINTNOI	m	0.0	—	$L_{eff}/2$	闪烁噪声计算中的 L_{int} 失调
EM	V/m	4.1×10^7	—	—	闪烁噪声参数
NOIA	$s^{1-EF}/(eV \cdot m^3)$	6.250×10^{39}	—	—	闪烁噪声参数
NOIB	$s^{1-EF}/(eV \cdot m)$	3.125×10^{24}	—	—	闪烁噪声参数
NOIC	$s^{1-EF}m/eV$	8.750×10^7	—	—	闪烁噪声参数
NTNOI	—	1.0	0.0	—	热噪声参数
RNOIA	—	0.577	—	—	热噪声参数
RNOIB	—	0.37	—	—	热噪声参数
TNOIA	1/m	1.5	0.0	—	热噪声参数
TNOIB	1/m	3.5	0.0	—	热噪声参数
NVTM	V	nkT/q	—	—	如果提供 NVTM，则会覆盖模型计算中的 nkT/q
THETASCE	—	Θ_{SCE}	—	—	如果提供 THETASCE，则会覆盖模型中的 Θ_{SCE} 计算
THETASW	—	Θ_{SW}	—	—	如果提供 THETASW，则会覆盖模型中的 Θ_{SW} 计算
THETADIBL	—	Θ_{DIBL}	—	—	如果提供 THETADIBL，则会覆盖模型中的 Θ_{DIBL} 计算

A. 5　几何相关寄生参数 ★★★

本节列出的参数适用于 RGEOMOD = 1 和 CGEOMOD = 2。

名称	单位	默认值	最小值	最大值	描　　述
HEPI	m	10n	—	—	源/漏极在鳍上凸起的高度
TSILI	m	10n	—	—	在凸起的源/漏极上的硅化物的厚度
RHOC	Ωm^2	1p	10^{-18}	10^{-9}	硅/硅化物界面处的接触电阻率
RHORSD	Ωm	计算值	0	—	在凸起的源/漏极区域的硅的平均电阻率
RHOEXT	Ωm	RHORSD	0	—	在鳍片的延伸区域的平均电阻率
CRATIO	—	0.5	0	1	填充硅的转角区域与总转角区之比
DELTAPRSD	m	0.0	− FPITCH	—	由于非矩形外延引起的硅/硅化物界面长度的变化
SDTERM	—	0	0	1	源/漏极硅化物是否终止的指示器
LSP	m	0.2（L + XL）	0	—	栅极侧壁隔离层的厚度
LDG	m	5n	0	—	在鳍片延伸区域横向扩散的浓度
EPSRSP	—	3.9	1	—	栅极侧壁隔离层材料的相对介电常数
TGATE	m	30n	0	—	在硬膜顶的栅极的高度
TMASK	m	30n	0	—	在鳍片顶的硬膜高度
ASILIEND	m^2	0	0	—	FinFET 两端的外延硅化物的截面面积
ARSDEND	m^2	0	0	—	FinFET 两端的外延的源/漏极截面面积
PRSDEND	m	0	0	—	FinFET 两端的外延硅/硅化物的截面周长
NSDE	$1/m^3$	2×10^{25}	10^{25}	10^{26}	沟道边缘的有效掺杂浓度
RGEOA	—	1.0	—	—	RGEOMOD = 1 的拟合参数
RGEOB	$1/m$	0	—	—	RGEOMOD = 1 的拟合参数
RGEOC	$1/m$	0	—	—	RGEOMOD = 1 的拟合参数
RGEOD	$1/m$	0	—	—	RGEOMOD = 1 的拟合参数
RGEOE	$1/m$	0	—	—	RGEOMOD = 1 的拟合参数
CGEOA	—	1.0	—	—	CGEOMOD = 2 的拟合参数
CGEOB	$1/m$	0	—	—	CGEOMOD = 2 的拟合参数
CGEOC	$1/m$	0	—	—	CGEOMOD = 2 的拟合参数
CGEOD	$1/m$	0	—	—	CGEOMOD = 2 的拟合参数
CGEOE	—	1.0	—	—	CGEOMOD = 2 的拟合参数

A.6　温度相关性和自热参数 ★★★

名称	单位	默认值	最小值	最大值	描　述
TNOM	C	27	−273.15	—	提取模型的温度（℃）
TBGASUB	eV/K	7.02×10^{-4}	—	—	带隙基准的温度系数
TBGBSUB	K	1108.0	—	—	带隙基准的温度系数
KT1[b]	V	0.0	—	—	V_{th} 的温度系数
KT1L	Vm	0.0	—	—	V_{th} 的温度系数
TSS	1/K	0.0	—	—	亚阈值摆幅的温度系数
TETA0	1/K	0.0	—	—	温度相关的漏致势垒降低效应
TETA0R	1/K	0.0	—	—	温度相关的反向模式下的漏致势垒降低效应
UTE	—	0.0	—	—	迁移率的温度系数
UTL	—	-1.5×10^{-3}	—	—	迁移率的温度系数
EMOBT	—	0.0	—	—	有效场参数的温度系数
UA1	—	1.032×10^{-3}	—	—	UA 的迁移率温度系数
UC1	—	0.056×10^{-9}	—	—	UC 的迁移率温度系数
UD1	—	0.0	—	—	迁移率的温度系数
UCSTE	—	-4.775×10^{-3}	—	—	迁移率的温度系数
AT	1/K	−0.00156	—	—	饱和速度的温度系数
ATCV	1/K	AT	—	—	$C-V$ 饱和速度的温度系数
A11	$1/(K \cdot V^2)$	0.0	—	—	在强反型区中，温度相关的不饱和效应参数
A21	$1/(K \cdot V)$	0.0	—	—	在中等反型区中，温度相关的不饱和效应参数
K01	V/K	0.0	—	—	K0 的温度相关性
K0SI1	1/K	0.0	—	—	K0SI 的温度相关性
K11	$V^{1/2}/K$	0.0	—	—	K1 的温度相关性
K1SI1	1/K	0.0	—	—	K1SI 的温度相关性
K1SAT1	$1/(K \cdot V^{1/2})$	0.0	—	—	K1SAT 的温度相关性
TMEXP	1/K	0.0	—	—	用于 V_{dseff} 平滑的温度系数
TMEXPR	1/K	TMEXP	—	—	反向模式下用于 V_{dseff} 平滑的温度系数

（续）

名称	单位	默认值	最小值	最大值	描　　述
PTWGT	1/K	0.004	—	—	PTWG 温度系数
PRT	1/K	0.001	—	—	串联电阻的温度系数
TRSDR	1/K	0.0	—	—	源端电阻漂移的温度系数
TRDDR	1/K	TRSDR	—	—	漏端电阻漂移的温度系数
IIT	—	-0.5	—	—	基于 BSIM4 碰撞电离的温度系数（IIMOD = 1）
TII	—	0.0	—	—	基于 BSIMSOI 碰撞电离的温度系数（IIMOD = 2）
ALPHA01	$1/(\mathrm{mV \cdot K})$	0.0	—	—	ALPHA0 的温度相关性
ALPHA11	$1/(\mathrm{V \cdot K})$	0.0	—	—	ALPHA1 的温度相关性
ALPHAII01	$1/(\mathrm{mV \cdot K})$	0.0	—	—	ALPHAII0 的温度相关性
ALPHAIII11	$1/(\mathrm{V \cdot K})$	0.0	—	—	ALPHAII1 的温度相关性
TGIDL	1/K	-0.003	—	—	GISL/GIDL 的温度系数
IGT	—	2.5	—	—	栅极电流的温度系数
AIGBINV1	$(\mathrm{Fs^2/g})^{0.5}/(\mathrm{m \cdot K})$	0.0	—	—	AIGBINV 的温度相关性
AIGBACC1	$(\mathrm{Fs^2/g})^{0.5}/(\mathrm{m \cdot K})$	0.0	—	—	AIGBACC 的温度相关性
AIGC1	$(\mathrm{Fs^2/g})^{0.5}/(\mathrm{m \cdot K})$	0.0	—	—	AIGC 的温度相关性
AIGS1	$(\mathrm{Fs^2/g})^{0.5}/(\mathrm{m \cdot K})$	0.0	—	—	AIGS 的温度相关性
AIGD1	$(\mathrm{Fs^2/g})^{0.5}/(\mathrm{m \cdot K})$	0.0	—	—	AIGD 的温度相关性
TCJ	1/K	0.0	—	—	CJS/CJD 的温度系数
TCJSW	1/K	0.0	—	—	CJSWS/CJSWD 的温度系数
TCJSWG	1/K	0.0	—	—	CJSWGS/CJSWGD 的温度系数
TPB	1/K	0.0	—	—	PBS/PBD 的温度系数
TPBSW	1/K	0.0	—	—	PBSWS/PBSWD 的温度系数
TPBSWG	1/K	0.0	—	—	PBSWGS/PBSWGD 的温度系数
XTIS	—	3.0	—	—	源结电流的温度指数
XTID	—	XTIS	—	—	漏结电流的温度指数
XTSS	—	0.02	—	—	基于温度的 JTSS 功耗相关性
XTSD	—	XTSS	—	—	基于温度的 JTSD 功耗相关性
XTSSWS	—	0.02	—	—	基于温度的 JTSSWS 功耗相关性

（续）

名称	单位	默认值	最小值	最大值	描　述
XTSSWD	—	XTSSWS	—	—	基于温度的 JTSSWD 功耗相关性
XTSSWGS	—	0.02	—	—	基于温度的 JTSSWGS 功耗相关性
XTSSWGD	—	XTSSWGS	—	—	基于温度的 JTSSWGD 功耗相关性
TNJTS	—	0.0	—	—	NJTS 的温度系数
TNJTSD	—	TNJTS	—	—	NJTSD 的温度系数
TNJTSSW	—	0.0	—	—	NJTSSW 的温度系数
TNJTSSWD	—	TNJTSSW	—	—	NJTSSWD 的温度系数
TNJTSSWG	—	0.0	—	—	NJTSSWG 的温度系数
TNJTSSWGD	—	TNJTSSWG	—	—	NJTSSWGD 的温度系数
RTH0	Ωm K/W	0.01	0.0	—	用于自热计算的热电阻
CTH0	W s/m/K	1.0×10^{-5}	0.0	—	用于自热计算的热电容
WTH0	m	0.0	0.0	—	用于自热计算的宽度相关系数

A.7　变量模型参数　★★★

　　在器件行为中，可以鉴别出引起器件变化的一系列参数。用户可以关联适当的变量函数。该参数列表可以根据用户的反馈和建议进行修改。除了 DELVTRAND、U0MULT 和 IDS0MULT 之外，此处列出的参数之前已作为器件参数或模型参数引入。如果变量模型需要，则应将以下所有参数升级为器件参数状态，或者应将其指定为模型参数状态（除非之前已作为器件参数引入）。

名称	单位	默认值	最小值	最大值	描　述
DTEMP	K	0.0	—	—	器件温度变化操作
DELVTRAND	V	0.0	—	—	阈值电压变化操作
U0MULT	—	1.0	—	—	迁移率的倍增（或除以 D_{mob}、D_{mobs}，得到更精确的值）
IDS0MULT	—	1.0	—	—	源/漏极沟道电流的倍增系数
TFIN[(i)]	m	15n	1n	—	衬底（鳍片）厚度
FPITCH[(i)]	m	80n	TFIN	—	鳍片间距
XL[(mod)]	m	0	—	—	由于掩膜/蚀刻效应引起的沟道长度偏差
NBODY[(mod)]	$1/m^3$	10^{22}	10^{18}	5×10^{24}	沟道（衬底）的掺杂浓度
EOT[(mod)]	m	1.0n	0.1n	—	SiO_2 等效栅介质厚度（包括反型层厚度）

（续）

名称	单位	默认值	最小值	最大值	描　　述
TOXP$^{(mod)}$	m	1.2n	0.1n	—	物理氧化层厚度
RSHS$^{(mod)}$	Ω	0.0	0.0	—	源极侧电阻
RSHD$^{(mod)}$	Ω	RSHS	0.0	—	漏极侧电阻
RHOC$^{(mod)}$	Ωm^2	1p	10^{-18}	10^{-9}	硅/硅化物界面处接触电阻
RHORSD$^{(mod)}$	Ωm	计算值	0	—	在凸起源/漏极区域中硅的平均电阻率
RHOEXT$^{(mod)}$	Ωm	RHORSD	0	—	在鳍片延伸区域中硅的平均电阻率

注：已作为器件参数引入的参数标记为（i），模型参数标记为（mod）。

注意

本书涉及领域的知识和实践标准在不断变化。新的研究和经验拓展我们的理解，因此须对研究方法、专业实践或医疗方法作出调整。从业者和研究人员必须始终依靠自身经验和知识来评估和使用本书中提到的所有信息、方法、化合物或本书中描述的实验。在使用这些信息或方法时，他们应注意自身和他人的安全，包括注意他们负有专业责任的当事人的安全。在法律允许的最大范围内，爱思唯尔、译文的原文作者、原文编辑及原文内容提供者均不对因产品责任、疏忽或其他人身或财产伤害及/或损失承担责任，亦不对由于使用或操作文中提到的方法、产品、说明或思想而导致的人身或财产伤害及/或损失承担责任。

北京市版权局著作权登记图字：01 – 2019 – 2161 号。

图书在版编目（CIP）数据

用于集成电路仿真和设计的 FinFET 建模：基于 BSIM – CMG 标准/
（印）尤盖希·辛格·楚罕等著；陈铖颖，张宏怡，荆有波译. —北京：
机械工业出版社，2020.8（2023.11 重印）

（微电子与集成电路先进技术丛书）

书名原文：FinFET Modeling for IC Simulation and Design：Using the BSIM –
CMG Standard

ISBN 978-7-111-65981-5

Ⅰ.①用…　Ⅱ.①尤…②陈…③张…④荆…　Ⅲ.①集成电路 – 电路
设计 – 系统建模　Ⅳ.①TN402

中国版本图书馆 CIP 数据核字（2020）第 122986 号

机械工业出版社（北京市百万庄大街 22 号　邮政编码 100037）
策划编辑：江婧婧　责任编辑：江婧婧　翟天睿
责任校对：张晓蓉　封面设计：鞠　杨
责任印制：单爱军
北京虎彩文化传播有限公司印刷
2023 年 11 月第 1 版第 2 次印刷
169mm×239mm · 15.75 印张 · 303 千字
标准书号：ISBN 978-7-111-65981-5
定价：99.00 元

电话服务　　　　　　　网络服务
客服电话：010-88361066　机　工　官　网：www.cmpbook.com
　　　　　010-88379833　机　工　官　博：weibo.com/cmp1952
　　　　　010-68326294　金　书　网：www.golden-book.com
封底无防伪标均为盗版　机工教育服务网：www.cmpedu.com